複合構造レポート 14

複合構造物の耐荷メカニズム
― 多様性の創造 ―

土 木 学 会

Hybrid Structure Report 14

Load Carrying Mechanism of Hybrid Structures
-- Diversity Creation --

December 2017

Japan Society of Civil Engineers

まえがき

　複合構造委員会では，主として設計に関する内容をとりまとめた「複合構造標準示方書」を2009年に制定したのち，[原則編]，[設計編]，[施工編]，[維持管理編]から構成される「複合構造標準示方書」を新たに2014年に制定した．[設計編]は，複合構造物に共通した標準的な事項が示された「標準編」と，各種合成部材や接合部のより具体的な照査法が示された「仕様編」で構成され，「仕様編」では，合成はり，鋼板コンクリート合成版，鋼コンクリートサンドイッチ合成版，鉄骨鉄筋コンクリート（SRC）部材，コンクリート充填鋼管（CFT）部材，FRP部材，および異種部材接合部が扱われている．2005年の設立以来，複合構造委員会では，第2種委員会において複合構造に関する自由な研究活動が実施されてきたが，FRP構造に関する活動が多く，鋼とコンクリートから構成される合成構造に関しては，現状調査の委員会とずれ止めに焦点を当てた委員会があるのみで，2012年に本小委員会が設立されるまで，設計・照査法に関する研究小委員会は一つもなかった．また，これまでの示方書の制定・改訂においても，各種合成部材の照査法に大きな修正は加えられていない．実際，各種合成部材にはすでに多くの設計・施工の実績があり，この期に及んで新たな研究委員会の設置は難しいと考えられていたが，一方で，各種合成部材に共通する統一的な設計・照査法の構築への期待は少なからずあった．加えて，社会基盤施設の維持管理の重要性が増す中で，変状の生じた構造物の性能を新設時の照査法で評価することの困難さが認識され，また制約条件の大きい構造物の更新・改築における複合構造の利用拡大も相まって，より高度な性能照査（評価）技術の必要性が増してきた．

　そこで，複合構造の耐荷メカニズムに立脚することで，合成部材の種類によらない議論を行うことを目的に，2012年11月に本研究小委員会は設立され，2017年までの2期4年間に亘って活動を行ってきた．本研究小委員会の活動成果をまとめた本報告書の後半部分には，各種合成部材と異種部材接合部に対して，耐荷メカニズムの観点からの分析と設計・照査法の高度化に資する最新の情報が示されている．しかしながら，目標の一つであった「各種合成部材の統一的な照査法の構築」に対する答えは，結局のところ始める前から薄々気づいていた「非線形数値解析法の高度化」であることを再認識したに過ぎないのかもしれない．むしろ，合成構造をその構成材料である鋼材とコンクリート，さらにはそれぞれの損傷イベントにまでばらばらにしていくことで，「標準化は時として自由を奪う」ということに改めて気づくことになり，より抽象的で本質的な議論へと向かうことになった．最終的には，鋼とコンクリートというバックグラウンドにこだわらず，「ボーダーレス」であることが，新たな構造の創造につながるものだと考えるに至った．結局のところ，構造設計の基本中の基本，あるいは原点に回帰することになった．（ただし，新たな周回に入ったものと信じているが・・・．）本報告書の前半は，そのような基本的な（一方で大いに混沌とした）議論の成果をまとめたものであり，複合構造の本質の理解と新たな創造に少しでも貢献できることを期待したい．

　最後に，本委員会の活動をご支援いただいた複合構造委員会に謝意を表します．また，本委員会活動に参画され，活発な議論と研究の推進にご尽力いただいた委員諸氏に深く感謝いたします．とりわけ，複合構造のメカニズムの世界へ（放浪の）旅に出て，共に迷宮（？）に入り込むことになった牧剛史幹事長ならびに渡辺健幹事長に，心より感謝いたします．

2017年12月

土木学会　複合構造委員会
複合構造物の耐荷メカニズム研究小委員会
委員長　斉藤成彦

土木学会 複合構造委員会
H212 複合構造物の耐荷メカニズム研究小委員会

委員名簿

委員長	齊藤 成彦	山梨大学
幹事長	渡辺 健	（公財）鉄道総合技術研究所（2015年5月～）
	牧 剛史	埼玉大学（～2015年4月）
委員	阿部 淳一	北武コンサルタント（株）
	池田 学	前（公財）鉄道総合技術研究所
	葛西 昭	熊本大学
	川端 雄一郎	（国研）海上・港湾・航空技術研究所 港湾空港技術研究所
	篠崎 裕生	三井住友建設（株）
	平 陽兵	鹿島建設（株）
	髙橋 良輔	秋田大学
	土屋 智史	（株）コムスエンジニアリング
	内藤 英樹	東北大学
	中島 章典	宇都宮大学
	西永 卓司	（株）富士ピー・エス
	古内 仁	北海道大学
	溝江 慶久	川田工業（株）
	渡辺 忠朋	北武コンサルタント（株）
旧委員	浅沼 大寿	鹿島建設（株）（～2013年9月）
	横山 貴士	前（株）高速道路総合技術研究所（～2015年7月）
執筆協力	中田 裕喜	（公財）鉄道総合技術研究所

目　次

第1章　はじめに ………………………………………………………………… 1
1.1 各種合成部材，複合構造の設計の現状 ……………………………………… 1
1.2 委員会の設立主旨と最終的な目標 …………………………………………… 2
1.3 本報告書の構成 ………………………………………………………………… 2

第2章　複合構造の耐荷メカニズム …………………………………………… 3
2.1 耐荷メカニズム解明の有用性 ………………………………………………… 3
2.2 複合構造の性能と耐荷メカニズム …………………………………………… 3
2.3 耐荷メカニズムに影響を及ぼす要因 ………………………………………… 8
2.4 複合構造（合成構造）とパフォーマンス …………………………………… 23

第3章　合成はりの耐荷メカニズム …………………………………………… 25
3.1 合成はりの設計曲げ耐力算定法の変遷 ……………………………………… 25
3.2 合成はりの耐荷メカニズムに関する実験的検討 …………………………… 34
3.3 合成はりの耐荷メカニズムに関する解析的検討 …………………………… 47
3.4 おわりに ………………………………………………………………………… 67

第4章　鋼コンクリート合成版の耐荷メカニズム …………………………… 69
4.1 鋼コンクリート合成版の概要 ………………………………………………… 69
4.2 鋼コンクリート合成版の検討課題 …………………………………………… 70
4.3 既存の基準類における安全性の照査方法 …………………………………… 70
4.4 鋼コンクリート合成版のせん断破壊に関する代表的な研究 ……………… 71
4.5 鋼コンクリート合成版のせん断耐荷メカニズムの検討 …………………… 73
4.6 合成版（一方向版）の損傷イベント ………………………………………… 89
4.7 今後の設計思想と課題 ………………………………………………………… 91

第5章　鉄骨鉄筋コンクリート（SRC）部材の耐荷メカニズム …………… 93
5.1 本章のポイント ………………………………………………………………… 93
5.2 軸力と曲げを受けるSRC部材 ………………………………………………… 94
5.3 両端固定支持SRCはりの損傷過程 …………………………………………… 110
5.4 鉄骨配置が耐荷メカニズムに及ぼす影響（単純支持） …………………… 135
5.5 鉄骨配置の違いによる耐荷メカニズムへの影響に関する検討 …………… 173

付録 5A 鋼材配置に応じたせん断耐力評価のその他の解析結果 ……………… 191

第6章　コンクリート充填鋼管（CFT）部材の耐荷メカニズム 219
6.1　検討課題 219
6.2　既存の設計法の整理 219
6.3　繰り返し載荷に対する耐荷メカニズムの検討 221
6.4　供用時の評価および対策 231
6.5　おわりに 233

第7章　異種部材接合部の耐荷メカニズム 235
7.1　概要 235
7.2　既存の接合構造と設計思想 239
7.3　接合部における力の伝達と解析的検討 244
7.4　発展型設計思想について 276

第8章　おわりに 289

第 1 章　はじめに

1.1　各種合成部材，複合構造の設計の現状

　複数の材料から構成される複合構造は，各構成材料の特徴を相互に補完する合理的な構造形式として期待されている．例えば，鋼とコンクリートから構成される合成部材は，引張に強いが圧縮されると座屈の恐れがある鋼板と，圧縮には十分抵抗できるが引張には弱いコンクリートを合成することで，お互いの短所を補間し長所を活かした構造である．複合構造は，各構成材料の特徴を活かすことで，構造物に対する多様な要求に応えることが可能である．近年では，都市部における空間的制約や供用下での時間的制約の下で，老朽化した構造物の改築・更新を行う際の有力な構造形式として活用されている．一方で，複数の材料を使用するため，各材料を効果的に接合し，材料間の相互作用を適切に考慮することが複合構造の成立要件となる．また，複合構造は潜在的に異種材料の接合部を有しており，維持管理に対する配慮も重要である．よって，複合構造の十分な理解に基づいた合理的設計法の構築が望まれる．

　土木学会では，限界状態設計法に基づく性能照査型設計法を適用した複合構造物の設計法に関する示方書を提示している．複合構造委員会からは，2002年に制定された「複合構造物の性能照査指針（案）[1]」の思想を踏襲した「複合構造標準示方書[2]」を2009年に制定し，2014年に改訂版[3]が発刊されている．そこでは，合成部材として合成はり，合成版（鋼板コンクリート合成版，鋼コンクリートサンドイッチ合成版），鉄骨鉄筋コンクリート（SRC）部材，コンクリート充填鋼管（CFT）部材，および異種部材接合部に関する設計法が記されている．また，2014年制定版では，FRP部材編と有限要素解析による性能照査編が新たに追加されている．

　複合構造標準示方書の安全性に関する照査では，各種断面破壊に対して照査法が記載されている．曲げ耐力については，平面保持を仮定した算定法により求めることを原則としているが，異種材料接合部はずれ止めにより一体化されていることが前提となっている．その際，鋼板を鉄筋換算して簡易に扱う場合が多い．また，せん断耐力については，鉄筋コンクリート（以下，RC）部材とみなした場合の修正トラス理論に，鋼部材の効果を累加する方法等が採用されている．このような照査法は非常に簡易ではあるが，新たな材料や構造形式が提案されると，その都度模型実験等を実施し，既往の照査式の見直しや新たな照査式の構築を行わなければならない．また，RC部材の照査法をベースにしている場合には，合成構造としての特徴を最大限に活かすことできていない．そのため，複数材料からなる合成部材の耐荷挙動をその機構（メカニズム）に立脚して説明することができれば，より合理的かつ普遍的な照査法の提案が可能になるものと考えられる．

　一方，すでに供用が開始されている既設構造物に材料劣化等による損傷が生じた場合には，新設設計時の前提条件を満たさなくなる恐れがあり，現有性能を評価する際に新設時の照査法が適用できなくなる可能性がある．例えば，合成部材の接合部に不具合が生じている場合には，照査法の前提としている部材の一体性が担保されていないことが懸念されるため，新設設計に用いた照査法が適用できないことになる．したがって，劣化の生じた複雑な条件下にある既設構造物の性能評価を定量的に実施するには，耐荷メカニズムに立脚した照査法の確立が必要である．

1.2 委員会の設立主旨と最終的な目標

耐荷メカニズムに基づいた複合構造物の合理的な設計・照査法の構築を目指して，複合構造委員会に「複合構造物の耐荷メカニズム研究小委員会（H212委員会）」が設置され，2012年11月より第1期（2年間）の研究活動を行い，更に2015年5月より第2期（2年間）の研究活動を実施した．本委員会では，複数材料から構成される合成部材や異種部材の接合部の耐荷挙動をメカニズムに立脚して説明することにより，より合理的なかつ普遍的な照査法の提案を目標としている．具体的な活動内容としては，信頼性の高い部材実験や有限要素法に代表される非線形数値解析の結果を利用して，各種合成部材の耐荷メカニズムの解明を試みる．特に，ずれ止めの非線形性を考慮した非線形解析法を構築し，合成部材の耐荷挙動に加えて，異種部材接合部の耐荷挙動についても詳細な分析を行い，合成および混合構造の合理的設計法の構築に資する情報の提供を目指す．また，複合構造物の利点を最大限に活用するために．部材単独の照査ではなく，構造系全体の耐荷挙動に基づいた照査法の可能性についても検討を行う．

本委員会の最終目標は，複合構造物の耐荷メカニズムを解明した上で，材料の損傷イベントを定義し，損傷イベントを適切に組み合わせた設計法を構築することで，複合構造を多様な要求に応えることのできる構造形式とすることにある．

1.3 本報告書の構成

第2章では，材料損傷イベント，異種材料間の相互作用，境界条件等を勘案して，耐荷メカニズムを明らかにすることの重要性と有用性について述べる．

第3章～第7章では，合成はり，合成版，SRC部材，CFT部材に対する既往の実験的検討結果を対象として，第2章で整理した材料損傷イベントに基づいた耐荷メカニズムの整理を行う．また，直列接合・直角接合の異種部材接合部を対象として，設計の考え方と今後の設計思想およびそれに向けた課題を抽出して整理する．特に，検討では，各種合成部材および接合部に対する非線形有限要素解析の適用事例と詳細検討結果を示した上で，異種材料および異種部材の接合においてキーとなるずれ止めや支圧等の考慮方法やモデル化手法も含め，非線形有限要素解析の適用に必要となる検討項目や今後の課題を整理する．

第8章では，第7章までの検討結果に基づき，耐荷メカニズムの解明とそれに基づく複合構造物の合理的な設計に関する今後の方向性を簡潔にまとめる．

参考文献
1) 土木学会：複合構造物の性能照査指針（案），1992年10月
2) 土木学会：［2009年制定］複合構造標準示方書，2009年12月
3) 土木学会：［2014年制定］複合構造標準示方書，2015年3月

（執筆者：斉藤成彦）

第2章 複合構造の耐荷メカニズム

2.1 耐荷メカニズム解明の有用性

土木学会・複合構造標準示方書［設計編・仕様編］[1]において，合成はりの曲げ耐力の算定は，鋼部材の局部座屈が生じない条件下では平面保持の仮定に基づいて算出することとしている．鋼部材の局部座屈の発生条件は，鋼材のウェブの純高さをウェブ厚で除したウェブ幅厚比や，鋼材の圧縮フランジ幅を圧縮フランジ厚で除した圧縮フランジ幅厚比等によって規定され，海外基準で定義されている破壊形態の異なる3つの断面クラスに分類した上で，それぞれの耐力算定法を示している．この方法は，適用条件を設けることで比較的簡易に用いることが可能であり，適用条件内で用いる限りは経験的に安全性が保証される．しかしながら，適用範囲外の構造条件に適用する場合や，損傷や材料劣化が生じて適用範囲を逸脱した条件下では，必要な精度が保証されない可能性がある．つまり，現状の複合構造標準示方書［設計編・仕様編］に規定された方法は，新たな構造形式の創造やより合理的な構造形式の考案，あるいは経験のない条件下での適用に対しては，信頼性や有用性が不十分な照査法といえる．

ところで，合成はりの耐荷挙動における構成材料の主な損傷イベントには，鋼部材の降伏，コンクリートの圧縮破壊，鋼部材の座屈等があり，先の3つの破壊形態は，各損傷イベントの発生順序の違いによって説明することができる．この損傷イベントは，合成はりに限ったものではない．例えば，SRC部材でも同様に，コンクリートのひび割れや圧縮破壊，鋼材（鉄骨と鉄筋）の降伏や座屈といった構成材料の損傷イベントが考えられ，鉄骨と鉄筋の2つの鋼材量のバランスによって損傷イベントの発生過程が異なり，部材は種々の破壊挙動を示す．つまり，各種合成部材の耐荷挙動は，構成材料の損傷イベントの種類や発生過程といった同じ指標で説明することが可能である．言い換えれば，構成材料の損傷イベントの種類や発生過程を設計者が任意に設定することで，合成部材の耐荷挙動を自在に制御することができるということになる．例えば，コンクリートの圧縮破壊や軸方向鉄筋の座屈が生じた後も，鋼部材の座屈を抑制することで，RC部材に比べてより大きな変形性能を付与することも可能となる．

このように，複合構造物の耐荷メカニズムを材料損傷に立脚して評価することができれば，複合構造を構成する材料の特性を最大限活かした合理的な構造形式の提案が可能となる．

（執筆者：斉藤成彦）

2.2 複合構造の性能と耐荷メカニズム

2.2.1 複合構造（合成構造）の性能

図2.2.1に，複合構造物の計画作業および設計作業の流れを示す[1]．構造物の要件に基づき，要求性能が設定され，施工・管理を含めて選定された構造形式やその詳細に対して，その妥当性の確認が，信頼性の高い方法を基に実行される．必要に応じて構造詳細に立ち戻り，再設定を行う作業である．

図2.2.2に，要求性能と構造形式，部材パフォーマンス，素材の選定（供用時の必要性と耐荷メカニズムへの寄与）を示す．すなわち，構造物の要件に対して，構造物に求めるパフォーマンスや諸条件をもとに構造形式が選定される．その構造形式が求められたパフォーマンスを発揮するために，構成する梁や柱，それ

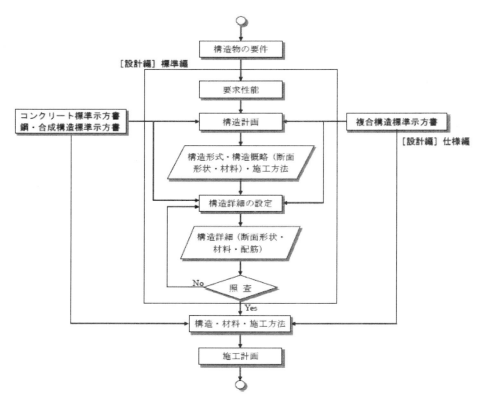

図 2.2.1　複合構造物の計画作業および設計作業の流れ
（2014 年制定複合構造標準示方書［原則編（解説 図 4.1.1)]）[1]

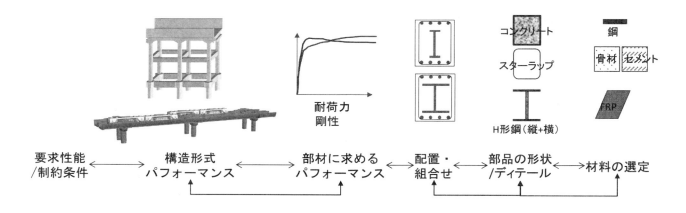

図 2.2.2　要求性能と構造形式，部材パフォーマンス，材料の選定

らの接合部などの部材に求める役割を判断し，その部材パフォーマンスを引き出すために，コンクリートや鋼材などの材料を加工して製作された部品の選定やその形状・配置が工夫される．いわば損傷イベントの管理は，こうした形状や配置に依存してその発生順序が変わり，しいては部材パフォーマンスが変わるものである．それぞれの材料は，剛性や強度，伸び能力，荷重と変位の関係などで表現される性能が，材料製作の際の配合・調合により管理する．一方で，材料や部品の発揮できる性能が条件になると，部材や構造形式を工夫することで損傷イベントを組合せて構造物を設計することになる．

```
┌─────────────────────────────────────────────────────────────────────────────┐
│ 持続性                                    安全性              構造物に要求する性能 │
│   自然環境に対する適合性                    耐荷機能            （制約条件を含む）  │
│     水，空気，温度，地震，風，重力，etc    走行・歩行性 ⇒高剛性                  │
│   社会環境に対する適合性                   安定機能  ⇒構造物の保持               │
│     作業環境                              公衆災害  ⇒かぶり剥落，交通事故回避     │
│       材料入手易さ ⇒材料・形状ディテール，地産   使用性                         │
│       施工 ⇒短期施工，狭隘施工，順序，運搬，騒音回避  防風機能    軌道保持       │
│       維持管理 ⇒点検易さ                  防音機能    防振                     │
│     景観                                  給電機能                             │
│     公衆利用 ⇒高架下利用，横断易さの確保（高架化）  走行・歩行性 ⇒振動，信号・通信設備，照明設備 │
│   経済環境に対する適合性                   復旧性                              │
│     企画・設計から建設，施工，維持管理，解体・   地震，火災，風，衝突等の偶発作用 │
│     撤去されるまでに発生する費用           環境作用，変動作用                   │
│     構造形式の選定                        点検・材料入手易さ                    │
│     計算の省略，簡便さ ⇒実績豊富           材料とその品質                       │
│ 冗長性・頑健性                              鋼，コンクリート ⇒入手易さ，実績豊富 │
│   変化に対する適合性                                                           │
└─────────────────────────────────────────────────────────────────────────────┘
```

図 2.2.3　要求性能の優先と制約条件（都市部に建設する高架橋の例）[2)]

　このように，構造物の設計では，要求に見合う構造物のパフォーマンスを引き出すための，部材，部品，材料の選定・製作でなされる一連の作業が一貫して行われるべきものであり，異種材料の複合構造の理解（照査・評価）の上で，材料設計と構造設計の組み合わせがなされる．

　安全性や使用性を確保しつつ，持続性や復旧性などが考慮されてその構造形式や材料が選定されており，優先事項が変われば，構造物の形も変わることになる．構造物に要求される性能について，都市部における鉄道高架化事業をイメージして，図 2.2.3 に例を示す．このように，構造物の形は，列車の安全・快適な走行に関わる要求のみならず，構造物が持続して供用できるための自然環境，社会環境，経済環境に対する適合性を考慮して，構造形式が定められている．

　これまで鋼とコンクリートの複合構造形式が橋梁に適用された実績を振り返ると，RC 桁と比較して断面積の割合に比べ耐力が大きく桁高を低減できること，鋼部材を活用した吊り型枠により支保工の建設が困難な場所でも施工が容易であること，鉄筋量が少なく配筋作業が軽減できることなどが，採用理由の特徴として挙げられる．PC 構造，RC 構造では施工が困難な市街地の立体交差事業，線路近接工事および線路直上架設など建設用地の制約により架設困難などである．また，柱と梁の断面高さを低減し，支間増大による桁下空間の確保や，鋼橋等と比較して騒音と保守の軽減，急速施工などの要求が優先されたことなども，複合構造が採用された理由として挙げられている．すなわち，社会環境に対する適合性が重視されて複合構造形式が採用された報告がなされることが多い．構造の本来の特徴を評価し，持続性，安全性，使用性や復旧性のそれぞれを評価されることで，形状や材料を適切に選定される．

　橋梁を構成する部材に求める力学的パフォーマンスには，車両走行を保持するための剛性や耐荷力，さらには構造物としての安全や復旧を考慮すると，それぞれの部材をいかに変形させて，エネルギーを逸散させるか，損傷制御が考慮される（**表 2.2.1**）．すなわち，構造物の立地や目的に応じて任意に設定されるが，そのための耐荷メカニズムを引き出すことが望ましい．

表 2.2.1 橋梁の部材に求める供用中に必要な性能の例

要求性能	諸機能	はり	柱	柱はり接合部／支承
安全性	安定走行	接合部，柱に荷重を伝達 破壊しない たわみ抑制（剛性確保）	基礎・地盤に荷重を伝達 倒壊しない 軸力保持	部材（柱，梁）の応答を"円滑"に伝達 桁ずれ防止
	地震時	破壊しない 剛性確保	倒壊しない	ずれ・落橋防止
使用性	乗り心地	たわみ抑制	高い軸剛性	桁ずれ防止
	外観		顕著なひび割れ・さび防止	
	高架下空間の活用	スパン大，梁高の縮小 剥落・落下防止	小径柱	落橋防止

2.2.2 材料の損傷イベント

　一般の土木構造物の多くは，鋼とコンクリートにより構成される．図 2.2.4 に示すように，鋼材は強度が高く品質が安定しているが，比較的高価であり維持管理の手間を要する．図では，このように優れた特徴にハッチをつけている．一方，コンクリートは比較的安価で強度・形状の自由度に優れるが，施工時間がかかるとともに品質が施工条件に左右される．鋼とコンクリートを合成した複合構造は，両者の欠点を補完し合うことで最大限の材料特性を発揮させた構造となり得る．

　鋼とコンクリートから構成される合成構造を対象とした場合，表 2.2.2 に示されるような材料の損傷イベントが考えられる．コンクリートおよび鋼材については，引張および圧縮の主応力に基づいて損傷を定義すればよいと考えられる．せん断も同様に引張および圧縮主応力に基づいて定義できるが，コンクリートのせん断ひび割れや鋼板のせん断座屈のように，ややマクロ的な視点で定義することも考えられる．また，軸方向力のみ作用している場合は，部材の断面力として扱うことも可能であるが，曲げが作用する場合には，断面内の局所の損傷に対して定義することが基本となる．なお，有限要素法等の非線形解析により損傷評価を行う場合には，局所の情報を平均化して用いるなどして，部材の離散化の影響をできるだけ受けないように配慮が必要な場合がある．

　一方，ずれ止めのように材料単体ではなく構造的な機構を持った部位では，部位の耐荷特性が境界の影響を受けるため，損傷イベントの定義はやや難しくなる．例えば，頭付きスタッドや孔あき鋼板ジベル等を用いた接合部は，複数の破壊形態を有したり，ずれ止め周辺の拘束力のような多軸効果を呈したりするため，接合部を構成する材料の損傷イベントで定義が難しい場合には，部位をややマクロ的に捉えた損傷イベントを定義する必要があると考えられる．

コンクリート		鋼材
安価	←	高価
強度・形状の自由度が高い	←	強度・形状の自由度が低い
耐火性・遮音性に優れる	←	耐火性・遮音性に劣る
維持管理の手間が小さい	←	腐食しやすく維持管理の手間が大きい
強度・弾性係数が小さい	→	強度・弾性係数が大きい
部材の重量が大きい	→	部材の重量が小さい
品質が施工環境の影響を受ける	→	品質が安定している
解体・撤去,リサイクルが困難	→	リサイクル可能

コンクリート		鋼材
補強筋によるひび割れの制御	引張	小さい断面で抵抗
大きな断面で抵抗	圧縮	コンクリートや補剛材による座屈の防止
補強筋によるひび割れの制御	せん断	補剛材やコンクリートによる座屈の防止

図 2.2.4 鋼材とコンクリートの主な特徴

表 2.2.2 構成材料の各種損傷イベントの例

構成材料・部位	損傷イベント			
	局所(ミクロ)的 ←		→ 巨視(マクロ)的	
コンクリート	ひび割れ	圧壊		せん断ひび割れ
鉄筋	破断	降伏	座屈(はらみ出し)	
鋼板	破断(き裂進展)	降伏	座屈(局部,全体)	せん断座屈
接合部(ずれ止め)	ずれ止めの破断	ずれ止めの降伏	コンクリートのひび割れ	せん断破壊
接合部(接着)	破断	剥離		

参考文献

1) 土木学会:[2014年制定]複合構造標準示方書,2015年3月
2) 例えば,大槻茂雄,為替千佳,高橋裕行,前澤二郎:日本初のCFT構造を用いた鉄道高架橋の設計・施工,コンクリート工学,Vol.36, No.6, 1998.6

(執筆者:渡辺 健,斉藤成彦)

2.3 耐荷メカニズムに影響を及ぼす要因

2.3.1 構成材料の特徴と損傷イベント

材料または部位の損傷イベントは，様々な要因によってその発生種類，発生箇所，発生順序等を変え，部材の耐荷メカニズムを複雑なものとする．部材の耐荷メカニズムに影響を及ぼす要因を**表 2.3.1**に示す．

構成材料の力学特性は，損傷イベントを定義するうえでの基本となる．特に，材料の応力－ひずみ関係はその材料の力学挙動を決定するものであり，どのような関係を仮定するかにより，耐荷メカニズムの解釈が変わってくる．また，構成材料の相互作用としては，鋼材とコンクリート間のテンション・スティフニング効果のように，部材の剛性や損傷形態に及ぼす付着・摩擦の影響が考えられる．また，鋼材の座屈や接合部の損傷を評価する場合には，コンクリートや補強筋による拘束の影響を考慮することも重要となる．

耐荷メカニズムは，境界の影響を強く受ける．部材の支持条件や受ける作用（荷重）によって，損傷イベントの種類や発生箇所は大きく異なる．もちろん，材料の損傷イベントに基づいて評価を行うことで，境界条件によらない評価が可能であるが，ずれ止め等の構造的要素を持つ部位は，損傷評価において境界条件の扱いをどうすべきか議論が必要である．

鋼材量，断面寸法，形状といった構造諸元は，損傷イベントの種類，発生箇所，発生順序を決定し，目的通りの耐荷メカニズムを得るための制御パラメータとなる．例えば，より冗長性の高い合成柱にしたり，設計者の意図する耐荷挙動を示す合理的な異種部材接合にしたりするなど，多様な要求に応えることのできる構造形式の実現が可能となる．

コンクリートの収縮やクリープのような材料の時間依存性，環境作用による材料の劣化，架設や段階施工といった作用の時間変化等，時間軸に対する様々な要因について検討を行うことは，設計・施工・維持管理に亘る構造物のライフサイクルをより合理的なものとするために極めて重要である．

表 2.3.1 耐荷メカニズムに影響を及ぼす要因の例

分類		影響因子
材料諸元	力学特性	強度，弾性係数，熱特性，応力－ひずみ関係
	相互作用	付着や摩擦，鋼材によるコンクリートの拘束効果
		コンクリート・補強筋による鋼材の座屈抑制効果
		コンクリート・補強筋による接合部の拘束効果
境界条件	支持条件	ヒンジ，固定，座屈長さ
	作用（荷重）条件	単調，正負交番，静的・動的，高・低サイクル，軸力，ねじり 面内・面外，集中・分布，偏心，環境作用
	接合方法	継手，溶接，ずれ止め，接着
構造諸元	鋼材量	鋼材量（主鋼材，補強材）
	断面寸法	断面高さ，かぶり・コア，有効幅
	形状	円形・矩形，中実・中空，変断面，ハンチ
時間軸	材料	収縮・クリープ，材料劣化・腐食
	構造	架設，段階施工
	経過	損傷の進展，条件の変化

（執筆者：斉藤成彦）

2.3.2 鋼材のディテール

耐荷力の算定には通常見込まれておらず，施工上の理由から細目的に決められているディテールが，使用性や耐荷性に寄与する可能性について言及する．

使用性や耐荷性に寄与する可能性がある鋼材のディテールとして，鋼・コンクリート合成床版と合成はりを対象に，コンクリート内に埋設される下表の金具等部材について記述する．

表 2.3.2 使用性や耐荷性に寄与する可能性がある鋼材のディテール（コンクリート内埋設物）

部　　材	ディテール	機　　能
鋼・コンクリート合成床版	底鋼板（鋼板パネル）の連結部材	輸送車両の幅に合わせて分割製作された底鋼板を繋ぎ合わせて一体化する．
	補剛リブ	底鋼板をコンクリート施工時の型枠として使用するための剛性を確保する．
	鋼板パネル取付金具	コンクリートが硬化するまでの間，鋼板パネルと主桁とのずれを防止する．
	鋼板パネル定着金具	架設部材として使用する鋼板パネルを主桁に結合して架設時の作用力に抵抗する．
	吊り金具	鋼板パネルを輸送車両に積載したり，現場で主桁上に敷設したりする．
合成はり	主桁上フランジの連結部材	輸送の制限（ブロック長，ブロック重量）を超えない範囲で分割製作された主桁部材を繋ぎ合わせて一体化する．
	床版支保工取付け金具	現場打ちのRC床版やPC床版の型枠を主桁上フランジから吊下げ支持する．
	検測筋	床版コンクリートの打ち上がり高さを確認する．
	吊り金具	主桁部材を輸送車両に積載したり，現場で架設したりする．

(1) 鋼・コンクリート合成床版

鋼板とコンクリートを組み合わせた鋼板コンクリート合成版は，橋梁用床版をはじめ，沈埋函，ケーソン，浮き桟橋等の港湾構造物およびロックシェッド等に広く適用されている．ここでは，橋梁用床版に適用されている合成版を対象とするが，同合成版は図 2.3.1 に示すように，部材の片面に型枠と構造材を兼ねる鋼板を配置して適当なずれ止めを取り付け，コンクリートを充填して，鋼板とコンクリートが一体となって挙動するように構成されている．

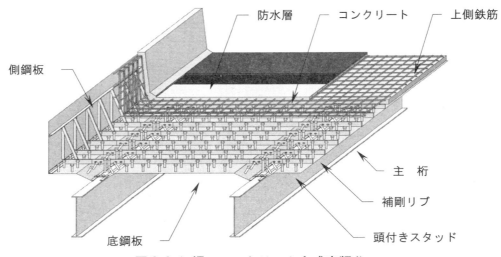

図 2.3.1 鋼・コンクリート合成床版 [1)]

a) 底鋼板（鋼板パネル）の連結部材

鋼コンクリート合成床版設計・施工指針(案)[2)]によると，「鋼コンクリート合成床版に用いる底鋼板には，鋼材あるいはずれ止めを溶接することとなるので，それらが機能するのに必要な鋼板の最小厚さは 6mm 以上を原則とする．」とある．すなわち，底鋼板の最小板厚は，製作時や現場施工時における不測の変形を防ぐ目的で決められている．

このような底鋼板は，工場で製作した後，現場まで輸送するために，図 2.3.2 に示すように，輸送車両の幅に合わせて橋軸方向に 2.5m 以下の間隔で分割される（幅員が大きい場合には，橋軸直角方向にも分割される）．よって，底鋼板には，2.5m以下の間隔で高力ボルト継手が発生する．図 2.3.3 や図 2.3.4 からわかるように，同継手によって高さ 50mm ほどの突起が約 75mm 間隔でコンクリート内に埋設されることになる．

図 2.3.2 底鋼板の輸送車両への積載状況

第2章 複合構造の耐荷メカニズム

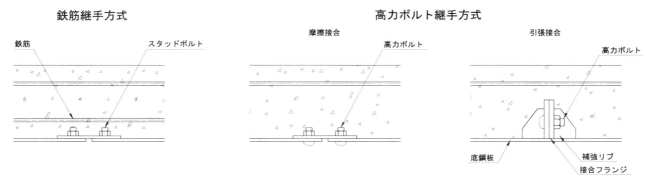

図 2.3.3 底鋼板の継手構造[2]

図 2.3.4 底鋼板の高力ボルト摩擦接合継手の例

b) 補剛リブ

　鋼コンクリート合成床版設計・施工指針(案)[2]によると,「鋼板パネルは,コンクリート施工時の型枠としての剛性を確保できるようにリブ等で補剛されていなければならない.」とあり,合成前のたわみが設計限界値（床版支間 / 500）以下であることを照査して,図 2.3.1 に示した補剛リブの断面寸法と設置間隔が決められている.補剛リブは 500mm 程度の間隔で配置されるうえ,図 2.3.5 に示すように,ずれ止めを兼ねて孔あきのリブやT型の孔あきリブを用いることもある.

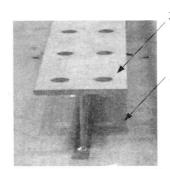

図 2.3.5 ずれ止めを兼ねた補剛リブ例[2]

c) 鋼板パネル取付金具

鋼コンクリート合成床版設計・施工指針(案)[2]によると，「鋼板パネルは，底鋼板取付金具等により確実に主桁に連結しておかなければならない．」とあり，鋼板パネルがコンクリート打設後に主桁上のずれ止めによって固定されるまでの間，鋼板パネルと主桁とのずれを防止するために取付金具が用いられる．同取付金具には，図 2.3.6 に示すように，主桁上フランジにスタッドボルトを溶植した構造が多く，一般に 2.5m 以下の間隔で分割された鋼板パネル 1 枚ごとに 2 箇所（おおむね 1.25m 間隔）設けられる．

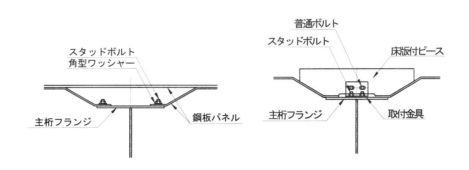

図 2.3.6 鋼板パネル取付金具の例[2]

d) 鋼板パネル定着金具

また，鋼コンクリート合成床版設計・施工指針(案)[2]によると，「架設部材として鋼板パネルを使用する場合は，架設時に発生する断面力に抵抗できる定着金具により主桁と結合し，構造解析などにより架設時の安全性を確認する必要がある．」とある．例えば，主桁を送り出し架設する際や開断面鋼箱桁橋の架設に際し，主桁と鋼板パネルを結合して疑似箱桁を構成することによりねじり剛性を確保する場合，鋼板パネルと主桁は，図 2.3.7 に示すような定着金具で固定される．

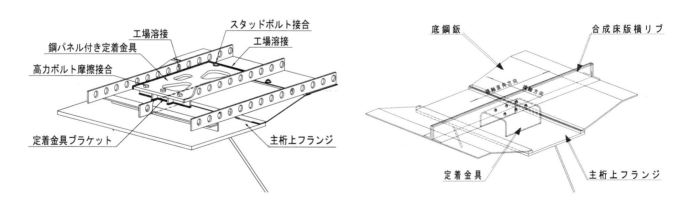

図 2.3.7 定着金具の例[2]

e) 吊り金具

工場製作した鋼板パネルを輸送車両に積載したり，現場で主桁上に敷設したりするために，鋼板パネルには図 2.3.8 に示すような吊り金具が鋼板パネル 1 枚あたり 4 箇所設けられる．吊金具は使用後に切断撤去せず，そのままコンクリート内に埋設される場合が多い．

第 2 章 複合構造の耐荷メカニズム

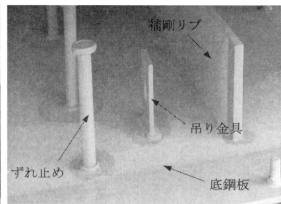

図 2.3.8 吊り金具の例

(2) 合成はり

ここでは，橋梁において一般に合成桁と称されるはりを対象とする．図 2.3.9 は非合成桁と称されるはりの例であるが，合成桁においても，同図と同様に，主桁上にはスタッドジベルやスラブアンカーなどのずれ止めとともに，連結部材，床版支保工取付け金具，検測筋や吊り金具が配置され，コンクリート床版内に埋設される．

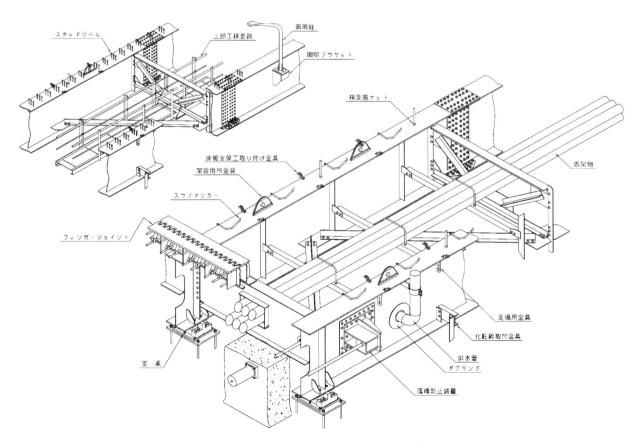

図 2.3.9 鋼鈑桁橋の付属物マップ [3]

a) 主桁上フランジの連結部材

　主桁は，工場で製作した後，現場まで輸送されるため，図 2.3.10 に示すような輸送の制限（ブロック長，ブロック重量）を超えない範囲で分割製作される．このため，連結部が約 10m 間隔で設けられることになるが，連結を高力ボルトを用いて行う場合，図 2.3.11 に示すように，高さ 50mm ほどの突起が約 75mm 間隔でコンクリート床版内に埋設されることになる．

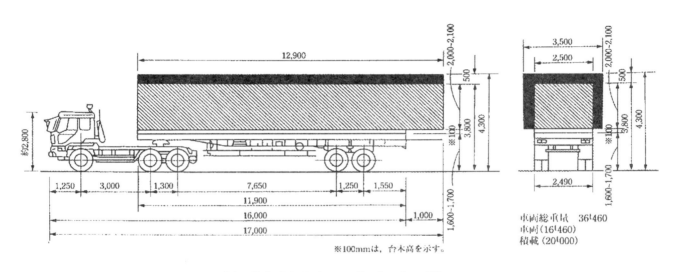

(a) 高床式セミトレーラ（20 トン積）

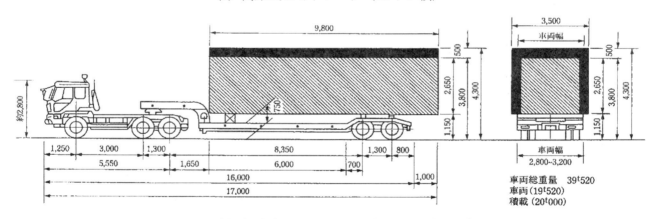

(b) 低床式セミトレーラ（20 トン積）

図 2.3.10　主な車両の積載荷姿図[4]

第 2 章　複合構造の耐荷メカニズム

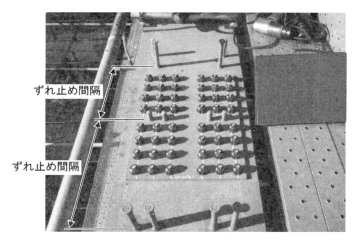

図 2.3.11　少数鈑桁橋上フランジの高力ボルト継手の例

b) 床版支保工取付け金具

　合成はりに用いる床版が現場打ちの RC 床版や PC 床版である場合，主桁上フランジ上面に，図 2.3.12 に示すような，床版型枠を主桁から吊下げ支持するための床版支保工取付け金具が溶接取付けされる．橋軸方向の取付け間隔はおおむね 1m 程度であり，型枠やコンクリートの重量を考慮して決定される．打設後は，吊下げ用の棒のみ撤去されるため，金具はそのまま床版内に残置される．

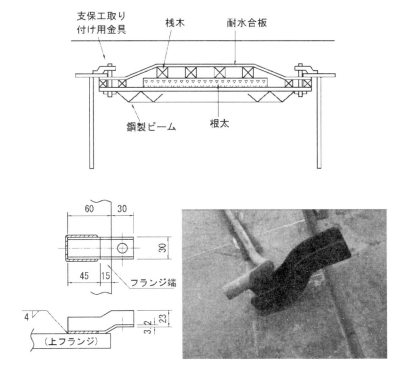

図 2.3.12　床版支保工取付け金具の例 [3]

c) 検測筋

合成はりに用いる床版コンクリートの打ち上がり高さを確認するため，主桁上フランジ上面には，図2.3.13に示すような検測筋（検測筋ナット）が溶接取付けされる．床版コンクリートの打ち上がり高さは主桁と横桁の交点（格点）上で確認するため，検測筋は主桁ごとにおおむね5m程度の間隔で配置されることになる．コンクリートの打設後は，上側かぶりよりも下側で検測筋を切断撤去するため，それよりも下側の検測筋はそのまま床版内に残置される．

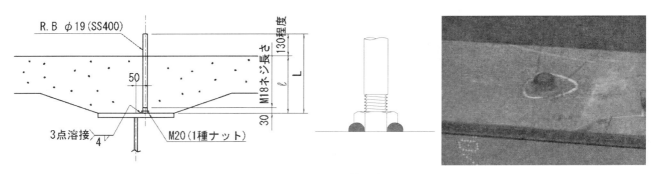

図 2.3.13 検測筋の例 [3]

d) 吊り金具

工場製作した主桁を輸送車両に積載したり，現場で架設したりするために，主桁上フランジ上面には図2.3.14に示すような吊り金具が主桁1部材あたり2箇所設けられる．ただし，主桁は複数部材を地組立し，一括吊上げすることもあり，その場合，図2.3.15に示すように，単一部材で吊り上げる際の金具と複数部材を一括吊上げする際の金具の両方が取り付けられる．なお，吊り金具は，架設完了後，溶接部を残して切断撤去される．

 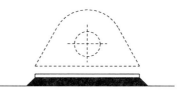

図 2.3.14 吊り金具の例 [3]

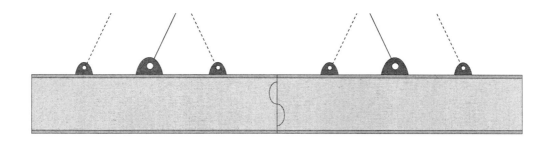

図 2.3.15 吊り金具の設置例

(3) まとめ

鋼・コンクリート合成床版や合成はりを対象として，施工上の理由から鋼材に取付けられ，コンクリート内に埋設される金具等の部材について記述した．

鋼・コンクリート合成床版においては，底鋼板の連結部材（高力ボルト），補剛リブ，鋼板パネル取付・定着金具，吊り金具を紹介したが，このうち，連結部材や補剛リブ，吊り金具は，鋼とコンクリートを一体化するために設計上の理由から設けられるずれ止めとともに，鋼－コンクリート間のずれに抵抗し，合成版の初期剛性に寄与する可能性がある．しかしながら，コンクリートの浮き上がりには抵抗できないため，耐荷力に寄与する可能性は低いと考えられる．また，鋼板パネルの取付・定着金具は，底鋼板を鋼はりに固定する金具であることから，鋼はりと床版の合成効果を高め，はりの初期剛性や耐荷力に影響を及ぼす可能性がある．

一方，合成はりにおいては，主桁上フランジの連結部材（高力ボルト），床版支保工取付け金具，検測筋，吊り金具を紹介した．いずれも，頭付きスタッドの頭部や孔あき鋼板ジベルの孔部のように，コンクリートの浮き上がりに抵抗する形状ではないため，はりの初期剛性に寄与する可能性はあるものの，耐荷力に及ぼす影響は小さいと考えられる．

参考文献

1) 土木学会：複合構造標準示方書 2014 年版，2015.3.
2) 土木学会：複合構造シリーズ 07　鋼コンクリート合成床版設計・施工指針（案），2016.1.
3) 日本鋼構造協会：テクニカルレポート No.81　鋼橋付属物の疲労，2008.7.
4) 日本橋梁建設協会：デザインデータブック，2016.6.

（執筆者：溝江慶久）

2.3.3　コンクリートのディテール

コンクリートは自在な形状の構造物を構築できる特性を有する一方，フレッシュ時または硬化後の材料としての種々の制約条件を有する．ここでは，フレッシュコンクリートおよび硬化コンクリートに求められるディテールについて記載する．

(1) コンクリートの施工

コンクリートの施工の打込みおよび締固めは，コンクリート硬化後に鋼材と一体となって性能を発揮するために重要である．2014年制定土木学会複合構造標準示方書施工編によれば，鋼板に囲まれた空間へのコンクリートの打込みについて，以下の記述がある．

1) 流動性と材料分離抵抗性に優れ，施工にあたって締固めを必要としない高流動コンクリートを用いることを原則とする．
2) 鋼板に囲まれ，閉じた空間である1つの隔室内には，コンクリートを連続して打ち込む．
3) 隔室内の上側鋼板の中央付近にコンクリート打込み用の充填孔を設けられる場合には，そこに充填孔を設け，コンクリートを打ち込む．
4) 隔室の上側の鋼板に充填孔を設けられない場合には，横側の鋼板にコンクリート移動用の開口部を設け，隣の隔室から開口部を通してコンクリートを横移動させながら，隔室内に打ち込む．
5) 隔室内に空気が残らないように，コンクリートの打込み速度を設定する．
6) コンクリートの充填の確認は，隔室の上側の鋼板に設けられた空気抜き孔からコンクリートをオーバーフローさせることにより行う．
7) コンクリートの打込み後は，充填孔，空気抜き孔等を鋼板と溶接で密閉するのがよい．

このように，高流動コンクリートを用いることを原則とし，またコンクリート打込み用の充填孔や空気抜き孔を設けることが複合構造におけるコンクリート打設に対する配慮事項の特徴である．このような記述の背景として，複合構造部材では，打込み状況を目視で確認することや締固めを行うことが極めて困難である場合があることが挙げられる．

また，高流動コンクリートには以下の3ランクが設けられており，各ランクで自己充填性が異なる．これらは JSCE-F 511「高流動コンクリートの充填試験方法」によって**表 2.3.1** のように評価される．

ランク1： 鋼材の最小あきが35～60mm程度で，複雑な断面形状，断面寸法の小さい部材または箇所に自重のみで均質に充填できるレベル
ランク2： 鋼材の最小あきが60～200mm程度の鉄筋コンクリート構造物または部材に自重のみで均質に充填できるレベル
ランク3： 鋼材の最小あきが200mm程度以上で，断面寸法が大きく配筋量の少ない部材または箇所，無筋のコンクリート構造物に自重のみで均質に充填できるレベル

表 2.3.3 自己充填性の各ランクを満足する特性値

評価手法		自己充填性のランク		
		1	2	3
高流動コンクリートの充填試験	障害条件	R1	R2	障害なし
	充填高さ（mm）	300以上	300以上	300以上

※R1，R2は流動障害の種類を示す

なお，コンクリートの締固めや打込み状況を確認できる場合や，鋼板に囲まれた空間が大きく，作業員が内部に入ってコンクリートの打込みができる場合は，上記規定による必要はない．また，コンクリートが確実に充填されるよう，鋼材のあきが規定されている．2014年制定土木学会複合構造標準示方書設計編では，コンクリートの流動を阻害する鋼材の量を規制するため，鋼材の総断面積 A に対する閉そくする鋼材の全断

面積 F の比率である閉そく率 q（$=100\times F/A$）を50%以下とすることが望ましいとしている．

2012年制定土木学会コンクリート標準示方書によれば，例えばはりに対して，軸方向鉄筋の水平のあきは20mm以上，粗骨材の最大寸法の4/3以上，鉄筋の直径以上としなければならない．あきが小さいと充填不良が生じるほか，充填されたとしても鉄筋間隙通過時にコンクリートの配合が変化する（例えば，図2.3.16）．また，例えば孔あき鋼板ジベルでは，コンクリート粗骨材の最大寸法と孔径の相対関係に留意して孔径を設定する必要がある．ジベル孔部分で骨材閉そく等が発生すると，期待する接合状態と異なることとなる．また鋼材等の障害によって生じるコンクリートの配合変化は硬化コンクリートの空間的な特性値の変化をもたらし，ひいては複合構造の耐荷メカニズムが変化する可能性がある．したがって，部材または構造物内におけるコンクリートの品質が可能な限り均質となるような施工計画を立てる，またはこのようなコンクリートの特性値の空間分布を考慮した設計を行う必要がある．

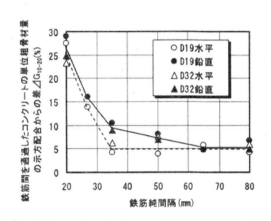

図2.3.16　普通コンクリートの鉄筋間隙通過時の配合変化 [1]

(2) 硬化コンクリートの特性（収縮・クリープ）

硬化コンクリートの特徴的な挙動として収縮・クリープが挙げられる．これらは部材またはコンクリートの変形解析または応力解析等で重要な要因となっている．なお現在，複合構造委員会には，「複合構造におけるコンクリートの収縮・クリープの影響に関する研究小委員会（H215委員会，委員長：下村匠教授）」が設立されているため，ここでは概要のみ記載する．

現行の土木学会複合構造標準示方書設計編の仕様編では，各部材で収縮・クリープについて，以下のような取扱いがなされている

1) 合成はり

合成はりでは，コンクリートの収縮によるコンクリート床版の軸力およびそれに伴う曲げモーメントを算定する．この時，コンクリートの収縮には一般に 200×10^{-6} が用いられる．なお，ずれ止めの設計水平せん断力の算出においてもコンクリートの収縮の影響を考慮することが明記されている．

2) 鋼板コンクリート合成版・鋼コンクリートサンドイッチ合成版

コンクリートの収縮・クリープに関する記載はない．

3) 鉄骨鉄筋コンクリート部材

鉄骨鉄筋コンクリート部材では，作用において収縮・クリープの影響を考慮する，との記載がある．特に，鉄骨鉄筋コンクリート部材における曲げひび割れの算定において収縮の影響を考慮する必要がある．

4) コンクリート充填鋼管部材

コンクリート充填鋼管部材の構造系が施工中と施工後で変化する場合には，充填コンクリートのクリープにより生じる不静定力の影響を考慮しなければならない．また，コンクリート充填鋼管部材では，コンクリートの乾燥が極めて緩慢と考えられることから，収縮の影響について一般に無視してよい．

コンクリートの収縮は，内部の水分状態に依存するものであり，周囲の温度や相対湿度，日射などの気象条件だけでなく，コンクリートの使用材料にも強く影響される．また，コンクリートのクリープは主に載荷応力に依存するが，収縮と同様に，周囲の温湿度や部材の形状寸法，コンクリートの配合などにも強く影響される．特に，コンクリートの乾燥によってクリープは促進されるため封緘条件でのコンクリートのクリープを基本クリープ，乾燥条件でのコンクリートのクリープを乾燥クリープと区別される場合がある．いずれにしても，コンクリートの収縮・クリープは乾湿の影響を強く受ける．

複合構造の特徴として，コンクリートが複数面鋼材に覆われており，封緘状態にあることが挙げられる．乾燥条件によってはコンクリート内部での収縮・クリープの分布が発生する．しかしながら，現状では，これらを精度よく算定することは難しい．例えば収縮では，構造物の応答値算定には簡便にコンクリートの断面平均値が与えられる．コンクリートの断面平均の収縮の設計値が以下の式(2.3.1)で与えられる．

$$\varepsilon'_{sh}(t,t_0) = \frac{\frac{1-RH/100}{1-60/100} \cdot \varepsilon'_{sh,inf}(t-t_0)}{\left(\frac{d}{100}\right)^2 \cdot \beta + (t-t_0)} \quad (2.3.1)$$

ここに，$\varepsilon'_{sh}(t,t_0)$ ：部材の収縮ひずみ
 t, t_0 ：コンクリートの材齢および乾燥開始時材齢（日）
 RH ：構造物の置かれる環境の平均相対湿度（%）
 d ：有効部材厚（mm）
 $\varepsilon'_{sh,inf}$ ：乾燥収縮ひずみの最終値
 β ：乾燥収縮ひずみの経時変化を表す係数

$\varepsilon'_{sh,inf}$，β は 100×100×400mm 供試体の水中養生 7 日後，温度 20°C，相対湿度 60%の環境下での収縮ひずみの経時変化を回帰することで求める．100×100×400mm 供試体の収縮ひずみの経時変化曲線によらない場合は，以下の式(2.3.2)，(2.3.3)により求める．

$$\varepsilon'_{sh,inf} = \left(1+\frac{\beta}{182}\right) \cdot \varepsilon'_{sh} \quad (2.3.2)$$

$$\beta = \frac{30}{\rho}\left(\frac{120}{-14+21\,C/W} - 0.70\right) \quad (2.3.3)$$

ここで，有効部材厚 d の取扱いについて，複合構造では特有の考え方が必要になる．有効部材厚 d について，コンクリート標準示方書では，断面の平均部材厚を用いてよいとされており，乾燥面が一面のみで，隣り合う面が乾燥状態にない場合は，平均部材厚の 2 倍にする．複合構造では，複数面のコンクリートが封緘状態になる場合があり，これらに対する考え方は明確でない．また，RH について，構造物の置かれる環境の平均相対湿度を与えることとなっているが，部材によっては乾湿の影響を受け，平均相対湿度の設定が難しい場合がある．降雨などにより乾湿の影響を受ける場合，部材厚自体が断面平均の収縮に強く影響する[2),3)]．

これらのパラメータは複合構造の耐荷メカニズムにも密接な関係がある．H215 委員会では，これらの考え方や適切な設定法などについて検討が進められている．

参考文献

1) 尾上幸造，亀澤靖，松下博通：鉄筋間通過によるコンクリートの配合変化，土木学会論文集 E，Vol. 62，No. 1，pp. 119-128，2006

2) T. Shimomura, T. Shiga and T. Abe: Field test and numerical simulation of long term deflection of RC and PC beams, Proceedings of 7th International Conference of Asian Concrete Federation, 2016

3) 早坂駿太郎，千々和伸浩，岩波光保：セメント効果体の時間依存変形に及ぼす気象作用の影響評価，コンクリート工学年次論文集，Vol.36，No. 1，pp. 436-441，2014

（執筆者：川端雄一郎）

2.3.4 接合要素

鋼とコンクリートの間の力の伝達は，図 2.3.17 に示すように，境界面における支圧と摩擦の 2 つの基本抵抗機構に帰着する．すなわち，境界面に垂直に働く圧縮力は支圧応力として，境界面に沿って働くせん断力は摩擦力としてそれぞれ伝達される．なお，境界面に垂直に働く引張力は，界面での固着（付着）力によって伝達されるが，支圧や摩擦に比べて非常に小さいと考えられること，および固着が一旦切れると復元しないことから，一般には無視しても差し支えない．ただし，固着力が存在する場合には，境界面に沿ったせん断力が働く際に摩擦力の発現に先立って，この固着力が抵抗することから，必要に応じて考慮するのが望ましい．

鋼－コンクリート間で圧縮力が働く場合には，その境界面の接触面積が適切に確保されていれば，境界面に特段の処理を施すことなく，圧縮力が伝達される．ただし，引張力やせん断力が働く箇所には，固着力や摩擦力の不確実性から，一般には支圧板やアンカー，機械式ずれ止め等を配置することによって，作用力の方向を変えて支圧力に変換して接合される．図 2.3.18 に示すように，境界面での摩擦を無視した場合，引張力に対しては，鋼材を延長して先端に支圧板を取り付けたアンカーやずれ止めを配置することにより，引張力を 180 度回転させた圧縮力に変換して支圧力として伝達する．せん断力に対しては，鋼に支圧板やずれ止めを直接配置することにより，せん断力を 90 度回転させた圧縮力に変換して支圧力として伝達する．いずれの場合においても，鋼－コンクリート間の摩擦を期待する場合には，支圧力と摩擦力を足し合わせた力に相当する引張力ないしせん断力に対して抵抗可能な機構となる．

部材同士に作用する引張力やせん断力は図 2.3.18 に示すように，すべて支圧力に変換できる．これは，実際にはアンカーやずれ止め，支圧板などを用いて力の作用する境界面を引張力の場合は 180 度，せん断力の場合は 90 度回転していることになる．

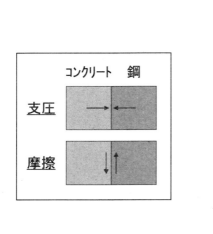
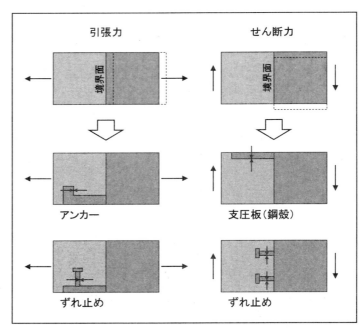

図 2.3.17　基本抵抗機構　　　　　図 2.3.18　引張力やせん断力の支圧力への変換

　また，鋼とコンクリートの接着方法とその方法について少し詳細に言及する．図 2.3.19 に，鋼とコンクリートの接合方法と耐荷メカニズムへの影響の例を示す．鋼材とコンクリートは，ある程度の一体性を確保することが前提で組み合わせがなされている．従来の接合方法を参考にすると，端部の定着を確保する方法では，(a)に示す通り鋼材の端部を折り曲げてコンクリートに定着する方法や，(b)に示す直線形状であっても鋼材の表面を凹凸加工などでコンクリートとの定着を確保する方法が考えられる．また，(c)(d)に示すように凹凸加工を上下に配置した鋼板に分散して配置することで，コンクリート－鋼材間の力の伝達を確保する方法がある．この凹凸加工の方法は様々であり，鋼板表面のエンボス加工，異形鉄筋のような節加工，スタッドのように棒状を離散的に配置する方法，板状のリブ，孔あき鋼板ジベルなど，詳細については後述する通りである．

　単純支持された部材を対象に，載荷点とコンクリートに形成される圧縮力をイメージすると，コンクリートから鋼にはこの突起から力が伝達されるため，この凹凸加工の形状や剛性に依存して，コンクリートに発生する応力状態は異なるとともに，耐荷メカニズムに大きく影響を及ぼす．

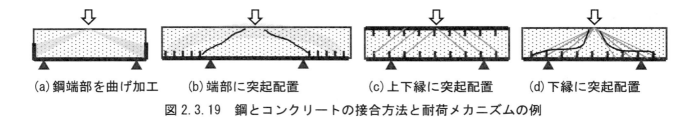

(a) 鋼端部を曲げ加工　　(b) 端部に突起配置　　(c) 上下縁に突起配置　　(d) 下縁に突起配置

図 2.3.19　鋼とコンクリートの接合方法と耐荷メカニズムの例

（執筆者：牧　剛史，渡辺　健）

2.4 複合構造（合成構造）とパフォーマンス

図2.4.1に，既存形式を参考に「組合せ」と「パフォーマンス」の整理を示す．これは，桁など，単純支持条件された，既存の鋼とコンクリートの組み合わせについて，その損傷イベントとそれを補うために鋼材やコンクリートにより補強する，という行為を整理したものである．ここで着目した損傷イベントは、鋼材の降伏・座屈，コンクリートの圧壊である。すなわち、これらの損傷イベントの発生をいかに抑えるか、という視点で鋼とコンクリートの配置を考えた、ということになる．なお，前述したとおり，鋼とコンクリートの接合方法に依存して耐荷メカニズムが変わるが，ここでは接着方法にはあまり言及せずに，凡例の通り付着・定着を簡易に取り扱っている．

鋼板のみを設置したケース(a1)では，荷重作用に対して剛性を高めるために，鋼板設置が考えられる(b1)．さらに，圧縮縁の座屈を防止するに圧縮縁に鋼材比を高めるフランジの取付(c1)や，腹板のせん断座屈先行を阻止するためにリブ(d1)がある．この(c1)(d1)に対して，圧縮側鋼板の座屈防止や圧縮抵抗を得るために上縁にコンクリートを配置すると(d2)(e2)(c3)(d3)(e3)のようになる．一方，(b1)(c1)(d1)に対して，コンクリートを全断面に充填することによる剛性確保を図る(c4)(d4)(e4)や，(a1)に対して(b2)が考えられる．この場合(b2)では，一般にスタッドやリブなどによる接合で構成される．コンクリートの斜めひび割れ進展や，コンクリートの圧壊を抑制するように鋼板でコンクリートを拘束すると(f5)(f6)になる．

以上を俯瞰してみると，図2.4.1のようになる．図の上になるにつれて，荷重作用に対する耐荷力や剛性が向上するイメージになる．鋼とコンクリートの配置には上下に構成するケース，内外に構成されるケースなどの特徴がある．3章以降に議論される既存の構造形式の名称を併記する．

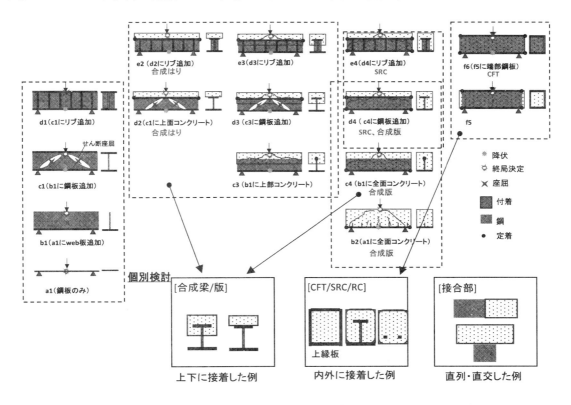

図2.4.1 既存形式を参考に「組合せ」と「パフォーマンス」の整理

（執筆者：渡辺 健）

第3章　合成はりの耐荷メカニズム

3.1　合成はりの設計曲げ耐力算定法の変遷

3.1.1　鋼構造物設計指針 PART B（特定構造物）1987[1]

(1) 合成はりの設計曲げ耐力算定法の概要

1987年に制定された鋼構造物設計指針，PART B（特定構造物）における合成はり（原本では合成桁）の指針では，限界状態を照査するに際しての曲げ耐力を以下のように求めることとなっている．つまり，合成はりにおける合成断面の計算は，一般に，版のコンクリートをその$1/n$（n：ヤング係数比）の面積を有する鋼断面に換算することにより，鋼のみから構成される断面と仮定して行うことができる．そして，限界状態の照査についても，鋼構造物設計指針，PART A の条項の規定に準じて行うことができる．

曲げの照査は以下の式（3.1.1）～（3.1.3）において，鋼はりの引張縁，圧縮縁および版のコンクリートについて照査することとなっている．この際，それぞれの設計曲げ耐力は，合成前死荷重については鋼はり断面の曲げ耐力を求め，合成後死荷重と活荷重に対しては，合成断面の曲げ耐力を求めている．鋼断面および合成断面とも引張縁で照査する場合の終局曲げモーメントは鋼材の降伏強度を基準として求めている．一方，圧縮縁で照査する場合の終局曲げモーメントは合成前では，ウェブ高さの1/6と圧縮フランジからななる部材の弾性横倒れ座屈強度に基づいている．合成後では，断面二次モーメントおよび中立軸からの距離を合成断面に基づいて算定しているが，やはり同じ座屈強度に基づいて終局曲げモーメントを求めている．もちろん，合成後の引張縁で照査する場合には，降伏強度に基づいている．さらに，合成後については合成断面での鋼部材の照査に加えて，コンクリート床版の圧縮縁についても照査を行っている．この場合の終局曲げモーメントはコンクリートの圧縮強度試験の保証値σ_{ck}の1/2を限界値として終局曲げモーメントを算定している．

(2) 合成はりの設計曲げ耐力の照査

a) 鋼はりの引張縁に対して

$$\nu \left(\frac{M_{zd1}}{M_{tuzs}} + \frac{M_{zd2} + M_{zl}}{M_{tuzv}} \right) \leq 1.0 \tag{3.1.1}$$

b) 鋼はりの圧縮縁に対して

$$\nu \left(\frac{M_{zd1}}{M_{cuzs}} + \frac{M_{zd2} + M_{zl}}{M_{cuzv}} \right) \leq 1.0 \tag{3.1.2}$$

c) 版のコンクリート上縁に対して

$$\nu \frac{M_{zl}}{M'_{cuzv}} \leq 1.0 \tag{3.1.3}$$

ただし，

　M_{zd1}：合成前死荷重により鋼はりの強軸まわりに作用する曲げモーメント

　M_{zd2}：合成後死荷重により合成断面の強軸まわりに作用する曲げモーメント

M_{zl} ：活荷重により合成断面の強軸まわりに作用する曲げモーメント

M_{tuzs} ：鋼はり断面の引張側における終局曲げモーメントで次式により算出する．

$$M_{tuzs} = \frac{I_{zz}}{Z_{ts}} \sigma_{tu} \tag{3.1.4}$$

I_{zz} ：鋼はり断面の強軸まわりの断面二次モーメント

Z_{ts} ：鋼はり断面の中立軸から鋼はりの引張縁までの距離

σ_{tu} ：文献 1)の式（5.1）に示す軸方向引張強度（降伏強度）

M_{cuzs} ：鋼はり断面の圧縮側における終局曲げモーメントで次式により算出する．

$$M_{cuzs} = \frac{I_{zz}}{Z_{cs}} \sigma_{bugz} \tag{3.1.5}$$

Z_{cs} ：鋼はり断面の中立軸から鋼はりの圧縮縁までの距離

σ_{bugz} ：文献 1)の式（5.3）に示す局部座屈を考慮しない橋軸まわりの曲げ圧縮強度

M_{tuzv} ：合成断面の引張側における終局曲げモーメントで次式により算出する．

$$M_{tuzv} = \frac{I_{vv}}{Z_{tv}} \sigma_{tu} \tag{3.1.6}$$

I_{vv} ：合成断面の強軸まわりの断面二次モーメント

Z_{tv} ：合成断面の中立軸から鋼はりの引張縁までの距離

M_{cuzv} ：合成断面の圧縮側（鋼げた部）における終局曲げモーメントで次式により算出する．

$$M_{cuzv} = \frac{I_{vv}}{Z_{cv}} \sigma_{bugz} \tag{3.1.7}$$

Z_{cv} ：合成断面の中立軸から鋼はりの圧縮縁までの距離

M'_{cuzv} ：合成断面の圧縮側（版のコンクリート部）における終局曲げモーメントで次式により算出する．

$$M'_{cuzv} = \frac{I_{vv}}{Z'_{cv}} \sigma_{cu} \tag{3.1.8}$$

Z'_{cu} ：合成断面の中立軸から鋼はりの圧縮縁までの距離

σ_{cu} ：文献 1)の **12.2.3** に規定するコンクリートの圧縮強度（$\sigma_{ck}/2$）

ν ：文献 1)の **12.2.4** の解説に示す安全率

3.1.2 鋼構造物設計指針 PART B（合成構造物）1997[2)]

(1) 合成はりの設計曲げ耐力算定法の概要

1997 年に制定された鋼構造物設計指針，PART B（合成構造物）における合成はり（原本では合成桁）の指針では，諸外国の合成桁設計法の動向を踏まえて，曲げ耐力算定に際して，コンパクト断面，ノンコンパクト断面という概念が初めて導入されたものと思われる．コンパクト断面では，正曲げおよび負曲げに対して全塑性曲げモーメントを曲げ耐力としている．また，ノンコンパクト断面では，床版の有効幅およびコンクリートの設計圧縮強度を用いて，弾性はり理論により曲げ強度を算出するものとしているが，詳細は不明である．

第3章 合成はりの耐荷メカニズム

(2) 合成はりの設計曲げ耐力の照査

a) 正曲げモーメントの場合

$x \leqq h_c$ のとき,

$$M_{uv} = A_s \cdot F_u \cdot Z_a \tag{3.1.9}$$

$$x = \frac{A_s \cdot F_u}{0.85 f'_{cd} \cdot b_e} \tag{3.1.10}$$

$$Z_a = \frac{1}{2}h_a + h_c - \frac{1}{2}x \tag{3.1.11}$$

ここに,

- x : 中立軸の位置 (cm)
- b_e : 版のコンクリートの有効幅 (cm)
- f'_{cd} : コンクリートの設計圧縮強度 (kgf/cm²)
- A_s : 鋼はりの横断面積 (cm²)
- F_u : 鋼材の設計基準強度 (kgf/cm²)
- Z_a : アーム長 (cm)
- h_a : 鋼はりの全高 (cm)
- h_c : 床版の厚さ (cm)

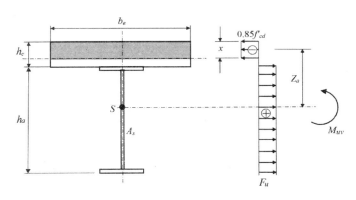

(a) 合成はり断面　　(b) 作用曲げモーメントと応力分布

図 3.1.1 正曲げに対するコンパクト断面の応力分布 [2]

b) 負曲げモーメントの場合

$$\left.\begin{array}{l} M_{uv} = M_{pl.s} - \dfrac{1}{4}t_w \cdot \widetilde{d} \cdot F_u + Z_a \cdot A'_s \cdot F_r \\[6pt] \widetilde{d} = \dfrac{A_s \cdot F_u}{A_w \cdot F_r}d \\[6pt] \alpha = \dfrac{1}{2} + \dfrac{\widetilde{d}}{2d} \end{array}\right\} \tag{3.1.12}$$

ここに,

- $M_{pl.s}$: 鋼桁のみの全塑性モーメント (kgf/cm²)

A'_s ：床版コンクリート中の鉄筋の断面積（cm²）
F_r ：鉄筋の設計基準強度（kgf/cm²）
A_w ：ウェブの横断面積（cm²）
d ：ウェブ高（cm）

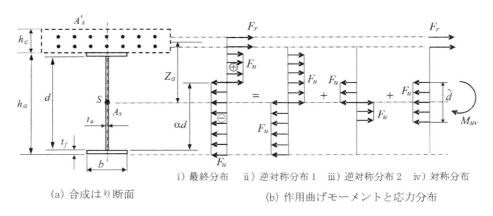

図 3.1.2 負曲げに対するコンパクト断面の応力分布 [2]

3.1.3 複合構造標準示方書 2014 [3]

(1) 合成はりの設計曲げ耐力算定法の概要

コンパクト断面では，正曲げおよび負曲げに対して，鋼ウェブおよび圧縮フランジに対して，幅厚比制限を設けた上で鋼部材の局部座屈は生じないとして，以下の仮定に基づき曲げ耐力 M_{ud} を算定して良いとしている．

- 繊ひずみは，断面の中立軸からの距離に比例する．
- コンクリートの引張応力は，無視する．
- コンクリートの応力－ひずみ曲線は，文献 3)の**標準編** 4.2.4 による．
- 鋼部材の応力－ひずみ曲線は，文献 3)の**標準編** 4.3.4 による．

あるいは，正曲げでは**図 3.1.3** のような応力ブロックに基づき，負曲げでは**図 3.1.4** のような応力ブロックに基づいて全塑性曲げモーメントを求めることとしている．ここで，全塑性曲げモーメントとは塑性中立軸より上のコンクリート部分は設計圧縮強度の 85% の応力ブロック，鋼部分は設計強度の応力ブロックを考え，このときの曲げモーメントと定義される．

ただし，鋼部材に局部座屈が生じないとしても，塑性中立軸が断面の下方に位置する場合，鋼部材内部が全塑性状態になる前にコンクリート床版上縁部が限界ひずみに達し，圧縮破壊が生じるため曲げ耐力が全塑性曲げモーメントに到達できない場合がある．このようなコンクリート床版の圧縮破壊による影響を考慮することとしている．

一方，上述の幅厚比制限を満足しない場合には，全塑性曲げモーメントに達する前に鋼ウェブあるいは鋼フランジに局部座屈が発生する可能性がある．そのため，コンパクト断面としての幅厚比制限を満足しない場合には，弾塑性座屈の影響を考慮して，降伏曲げモーメントを曲げ耐力として良いこととしている．このような断面をノンコンパクト断面と呼んでいる．この中でノンコンパクト断面の幅厚比制限を規定して，これを満足しない場合には断面の鋼部材が降伏する前に局部座屈が発生する可能性があるため，その場合には，鋼部材の弾性座屈の影響を考慮して曲げ耐力を算定する必要があるとしている．

以上のように，現在の複合構造標準示方書では，合成はりを構成する鋼部材ウェブおよびフランジの幅厚

比制限を設けて，断面を分類し，曲げ耐力の算定法を規定している．

(2) 合成はりの設計曲げ耐力の照査

曲げモーメントが作用する合成はりの破壊は，コンクリートの圧壊，鋼部材の弾塑性もしくは弾性座屈の影響を受ける．これらの破壊形態によって，曲げ耐力の算定方法が大きく異なるため，座屈に対する破壊形態に応じて断面耐力を算定することとしている．

a) 全塑性モーメントまで座屈しない断面の設計曲げ耐力

鋼とコンクリートの一体性が保たれ，かつ，鋼部材の諸元が，式（3.1.13）または式（3.1.14）および式（3.1.15）を満足する場合は，鋼部材の局部座屈の影響は考慮しなくてもよいとし，設計曲げ耐力の算出式を以下の①～③に示している．

＜正曲げ＞

$$\frac{h_w}{t_w} \leq \frac{2.0}{\alpha}\sqrt{\frac{E_s}{f_{yd}}} \quad （ただし，\alpha<0.4） \tag{3.1.13}$$

ここに，
h_w ：鋼材のウェブの純高さ
t_w ：鋼材のウェブ厚
α ：鋼材ウェブの塑性中立軸から圧縮域の高さとウェブ純高さの比
E_s ：鋼材のヤング係数
f_{yd} ：鋼材の設計降伏強度

＜負曲げ＞
（ⅰ）ウェブ幅厚比

$$\frac{h_w}{t_w} \leq 3.8K_1\sqrt{\frac{E_s}{f_{yd}}}$$
$$\left(K_1 = 1 - 0.63 N'_d / N'_{pd}\right) \tag{3.1.14}$$

（ⅱ）圧縮フランジ幅厚比

$$\frac{b_f}{2t_f} \leq 0.37\sqrt{\frac{E_s}{f_{yd}}} \tag{3.1.15}$$

ここに，
h_w ：鋼材のウェブの純高さ
t_w ：鋼材のウェブ厚
N'_d ：設計軸圧縮力
N'_{pd} ：設計全塑性軸圧縮力
b_f ：圧縮フランジ幅

t_f ：圧縮フランジ厚

E_s ：鋼材のヤング係数

f_{yd} ：鋼材の設計降伏強度

① 正の曲げモーメントの場合

正の曲げモーメントを受ける合成はりの塑性中立軸の位置は，ほとんどの場合，コンクリート断面中に存在するため，式（3.1.16）のみを提示した．しかし，コンクリート断面厚が薄い場合，塑性中立軸が鋼部材に入ることもあり得る．一般のコンクリートを用いる場合には，図3.1.3に示す応力分布を参考にできる．

$x \leq h_c$ の時

$$x = \frac{f_{yd} A_s}{0.85 f'_{cd} b_e} \tag{3.1.16}$$

$$Z_a = d - \frac{1}{2} x \tag{3.1.17}$$

$$M_{ud} = \frac{f_{yd} A_s Z_a}{\gamma_b} \tag{3.1.18}$$

ここに，

x ：コンクリート断面上縁から塑性中立軸の距離

h_c ：コンクリート断面厚

A_s ：鋼部材の断面積

f_{yd} ：鋼材の設計降伏強度

f'_{cd} ：コンクリートの設計圧縮強度

b_e ：圧縮側のコンクリート断面の有効幅

Z_a ：アーム長

d ：コンクリート断面上縁から鋼部材の図心位置までの距離

M_{ud} ：設計曲げ耐力

γ_b ：部材係数で一般的に 1.1 としてよい．

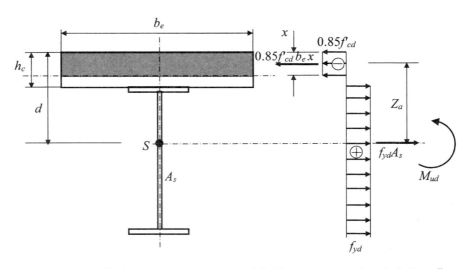

図 3.1.3　正の曲げモーメントにおける全塑性モーメント時の応力分布 [3]

② 負の曲げモーメントの場合

負の曲げモーメントを受ける合成はりの塑性中立軸の位置は，ほとんどの場合，**図 3.1.4** に示す通り，鋼部材にあるため，鋼断面の全塑性応力状態に加え，コンクリート断面を無視し，橋軸方向鉄筋のみを考慮して塑性中立軸位置および設計曲げ耐力を算定することができる．それぞれの算定式を式（3.1.19）および式（3.1.20）に示す．

$$x' = h_c + t_f + \frac{f_{yd} A_s - 2 f_{yd} A_{fu} - f_{ryd} A_r}{2 f_{yd} t_w} \tag{3.1.19}$$

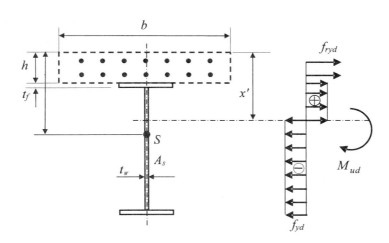

図 3.1.4　負の曲げモーメントにおける全塑性モーメント時の応力分布 [3)]

$$M_{ud} = \left\{ f_{yd} A_s (d - d') - f_{yd} A_{fu} (2h_c - 2d' + t_f) - f_{yd} t_w (x' - h_c - t_f)(x' + h_c + t_f - 2d') \right\} / \gamma_b \tag{3.1.20}$$

ここに，

- x' ：コンクリート断面上縁から塑性中立軸の距離
- h_c ：コンクリート断面厚
- t_f ：上フランジ厚
- f_{yd} ：鋼材の設計降伏強度
- A_s ：鋼部材の断面積
- f_{ryd} ：コンクリート断面中の橋軸方向鉄筋の設計降伏強度
- A_{fu} ：上フランジ断面積
- A_r ：軸方向鉄筋の断面積
- t_w ：鋼材のウェブ厚
- M_{ud} ：設計曲げ耐力
- d ：コンクリート断面上縁から鋼部材の図心位置までの距離
- d' ：コンクリート断面上縁から軸方向鉄筋までの距離
- γ_b ：部材係数で一般的に 1.1 としてよい．

③ 正の曲げモーメント時でコンクリート床版の圧縮破壊の影響を考慮する場合

前々節①では，鋼部材に局部座屈のおそれがない場合で，コンクリートの圧縮破壊の影響を無視した場合の曲げ耐力の簡易計算法の例を式（3.1.18）で示した．ここでは，①と同様にコンクリート，鋼材の応力-ひずみ関係を直接用いず，応力ブロックを用いて曲げ耐力を算定する方法を用いた場合の，コンクリートの圧縮破壊の影響を考慮する方法を示す．

鋼部材に局部座屈のおそれがなく，コンクリートの圧縮破壊の影響を無視した場合，曲げ耐力は全塑性モーメント M_{pl} に達すると考えてよい．ここで，全塑性モーメントとは塑性中立軸より上のコンクリート部分は設計圧縮強度の85%の応力ブロック，鋼部分は設計強度の応力ブロックを考え，このときの曲げモーメントと定義される（**図3.1.5**参照）．

しかし，塑性中立軸が断面の下方に位置する場合，鋼部材内部が全塑性状態になる前にコンクリート床版上縁部が限界ひずみに達し，圧縮破壊が生じるため曲げ耐力が全塑性モーメントに到達できない場合がある．このようなコンクリート床版の圧縮破壊による影響を考慮する場合，設計曲げ耐力 M_{ud} は次式より求めてよい．

$$M_{ud} = \begin{cases} \dfrac{M_{pl}}{\gamma_b} & \left(\dfrac{D_p}{D_t} \leq 0.15\right) \\ \left(1.05 - 0.33\dfrac{D_p}{D_t}\right)\dfrac{M_{pl}}{\gamma_b} & \left(0.15 < \dfrac{D_p}{D_t} < 0.4\right) \end{cases} \quad (3.1.21)$$

ここに，

M_{ud} ：設計曲げ耐力

M_{pl} ：全塑性モーメント

D_p ：コンクリート床版上面から塑性中立軸までの距離（**図3.1.5**参照）

D_t ：合成断面の全高（**図3.1.5**参照）

γ_b ：部材係数で一般的に1.1としてよい．

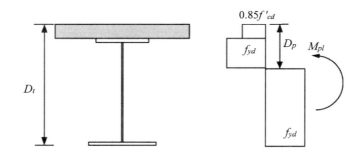

図3.1.5 全塑性モーメント時における応力分布と塑性中立軸[3]

式（3.1.21）において，$0.15 < D_p / D_t$ の場合は，コンクリートの圧縮破壊の影響によって全塑性モーメントから曲げ耐力が低減されることを表している．

b) 弾性座屈は生じないが，弾塑性座屈によって全塑性モーメントまで達することのできない断面の設計曲げ耐力

鋼とコンクリートの一体性が保たれ，鋼部材の諸元が，式（3.1.13）または式（3.1.14）および式（3.1.15）を満足しない場合は，鋼部材の局部座屈の影響を考慮して設計断面耐力を算定しなければならない．

正曲げの場合は式（3.1.22）または式（3.1.23）を，負曲げの場合は式（3.1.25）および式（3.1.26）を満足する断面は，弾塑性座屈により終局状態となるため，曲げ耐力を降伏モーメントとしてよい．

＜正曲げ＞

$$\frac{h_w}{t_w} \leq \frac{1.7\Lambda}{0.67+0.33\psi}\sqrt{\frac{E_s}{f_{yd}}} \quad (\psi > -1.0) \tag{3.1.22}$$

$$\frac{h_w}{t_w} \leq 2.5\Lambda(1-\psi)\sqrt{-\psi}\sqrt{\frac{E_s}{f_{yd}}} \quad (\psi \leq -1.0) \tag{3.1.23}$$

ただし，Λ は初期モーメントの影響を表す係数であり，次式で定義される．

$$\Lambda = \left\{1-0.1\left(\frac{M_{d1d}}{M_{ysd}}\right)+2.31\left(\frac{M_{d1d}}{M_{ysd}}\right)^2\right\} \left(\frac{M_{d1d}}{M_{ysd}} \leq 0.4\right) \tag{3.1.24}$$

ここに，

- h_w ：鋼材のウェブの純高さ
- t_w ：鋼材のウェブ厚
- ψ ：ウェブ内の応力勾配を表すパラメータ
- M_{ysd} ：鋼部材のみの設計降伏曲げモーメント
- E_s ：鋼材のヤング係数
- f_{yd} ：鋼材の設計降伏強度
- M_{d1d} ：合成前の死荷重による設計曲げモーメント

＜負曲げ＞

（ⅰ）ウェブ幅厚比

$$\frac{h_w}{t_w} \leq 4.2K_2\sqrt{\frac{E_s}{f_{yd}}} \tag{3.1.25}$$

$$\left(K_2 = 1-0.67N'_d/N'_{pd}\right)$$

（ⅱ）圧縮フランジ幅厚比

$$\frac{b_f}{2t_f} \leq 0.45\sqrt{\frac{E_s}{f_{yd}}} \tag{3.1.26}$$

c) 弾性座屈によって降伏モーメントに達することのできない断面の設計曲げ耐力

弾性座屈の影響を考慮して断面耐力を算定しなければならない．

3.2 合成はりの耐荷メカニズムに関する実験的検討 [4]

複合構造標準示方書 [3] では，合成はりの曲げ破壊照査に際し，鋼はりの座屈挙動に応じて以下の 3 つの断面に分類し，それぞれコンクリートの圧縮破壊，鋼部材の降伏，鋼部材の座屈といった異なる材料損傷を限界状態とすることにしている．

a) コンパクト断面：
　全塑性モーメントまで座屈しない断面
b) ノンコンパクト断面：
　弾性座屈は生じないが，弾塑性座屈によって全塑性モーメントまで達することのできない断面
c) スレンダー断面：
　弾性座屈によって降伏モーメントに達することのできない断面

しかしながら，このような断面分類を行うことなく，発生する材料損傷の種類やそれらの発生順序を任意に設定し，耐荷挙動（降伏耐力や曲げ耐力，それら耐力に対応する変位など）を自在に制御することができれば，鋼とコンクリートの材料特性を最大限に活かした合理的な設計を行える可能性がある．

そこで本検討では，配置する頭付きスタッドの間隔が異なる 2 体の合成はり模型試験体の静的載荷試験結果を整理し，床版コンクリートの圧縮破壊や鋼はりの降伏など，合成はりを構成する部材の損傷順序から耐荷挙動の解明を試みる．また，頭付きスタッド間隔が，それらの耐荷挙動に及ぼす影響について検討する．

3.2.1 静的載荷試験

検討に用いたはり試験体の側面図と断面図を**図 3.2.1** および**図 3.2.2** に，試験体に用いた各材料の特性を**表 3.2.1** に示す．試験体は，載荷フレームの寸法およびジャッキ能力の制約から，全高 520mm，スパン 4,000mm の単純合成はりとし，上フランジ（100×9mm）と下フランジ（120×12mm），ウェブ（379×9mm）で構成される鋼はりに厚さ 120mm のコンクリート床版を軸径 16mm，高さ 90mm の頭付きスタッドを介して合成している．床版内にははり軸方向に D13 鉄筋を配置するとともに，せん断補強筋として D10 鉄筋を頭付きスタッド間の中央に配置している．また，Type I と Type II では，鋼はりおよびコンクリート床版の寸法は同じで，頭付きスタッドの配置間隔がそれぞれ 200mm，150mm と異なっている．なお，この配置間隔は，下記に示すように，試験体の全塑性モーメント到達前後で頭付きスタッドが破壊するように設定した．

試験では，スパン1/3点に集中荷重を載荷し，図3.2.3に示すように，載荷点のたわみや鋼はりとコンクリート床版間のずれ変位のほか，鉄筋や鋼はりの部材軸方向ひずみをおもに設計せん断力が大きい左支点側で計測している．また，鋼はりウェブの上方では，3軸方向ゲージを用いて主ひずみも計測している．

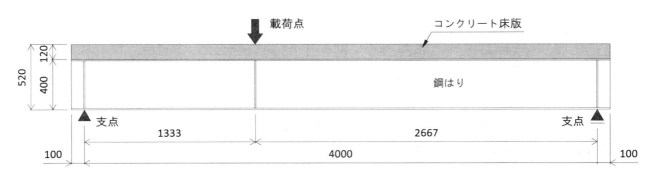

図 3.2.1　はり試験体側面図

第3章 合成はりの耐荷メカニズム

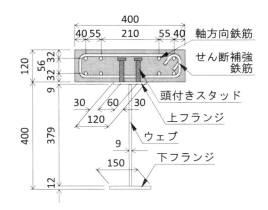

図 3.2.2 はり試験体断面図

表 3.2.1 使用材料の特性

材　料		Type I	Type II
コンクリート	圧縮強度 (N/mm^2)	36.4	36.1
	引張強度 (N/mm^2)	3.2	3.3
	弾性係数 (N/mm^2)	26,900	28,000
軸方向鉄筋 D13	降伏強度 (N/mm^2)	343	353
	引張強度 (N/mm^2)	466	458
せん断補強鉄筋 D10	降伏強度 (N/mm^2)	353	384
	引張強度 (N/mm^2)	480	502
スタッド φ16	降伏強度 (N/mm^2)	395	401
	引張強度 (N/mm^2)	463	465
上フランジ，ウェブ t 9	降伏強度 (N/mm^2)	380	429
	引張強度 (N/mm^2)	532	519
下フランジ t 12	降伏強度 (N/mm^2)	396	410
	引張強度 (N/mm^2)	537	529

※鋼材（鉄筋，スタッド，上下フランジ，ウェブ）の弾性係数は 205,000 N/mm^2 とした．

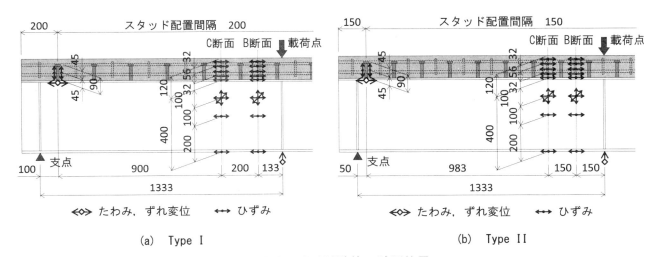

(a) Type I　　　　　　　　　　　(b) Type II

図 3.2.3 はり試験体の計測位置

はり試験体の断面は，複合構造標準示方書に示された式（3.2.1）を満足するため，全塑性モーメントまで座屈しない断面（コンパクト断面）に相当する．

$$\frac{h_w}{t_w} \leq \frac{2.0}{\alpha}\sqrt{\frac{E_s}{f_{yd}}} \tag{3.2.1}$$

ここに，h_w：鋼はりウェブの純高さ (mm)，t_w：鋼はりウェブ厚 (mm)，α：鋼はりウェブの塑性中立軸から圧縮域の高さと純高さの比，E_s：鋼はりウェブの弾性係数 (N/mm²)，f_{yd}：鋼はりウェブの設計降伏強度 (N/mm²)である．

そこで，全塑性モーメント時の応力分布を図 3.2.4 に示すように仮定して曲げ耐力に対応する荷重値を算出すると，Type I で 701kN，Type II で 743kN となる．しかしながら，はり試験体の塑性中立軸位置は鋼はりウェブ内にあり，鋼はりが全塑性状態になる前にコンクリート床版上縁が圧縮破壊し，曲げ耐力が全塑性モーメントに到達できない場合がある．そこで，複合構造標準示方書に示された式（3.2.2）に従い，曲げ耐力（＝全塑性モーメント）を低減して設計曲げ耐力に対応する荷重値を求めると，Type I で 611kN，Type II で 640kN となる．

$$M_{ud} = \left(1.05 - 0.33\frac{D_p}{D_t}\right)\frac{M_{pl}}{\gamma_b} \tag{3.2.2}$$

ここに，M_{ud}：設計曲げ耐力 (N·mm)，D_p：コンクリート床版上縁から塑性中立軸までの距離 (mm)，D_t：合成断面の全高さ (mm)，M_{pl}：全塑性モーメント (N·mm)，γ_b：部材係数 (=1.1)である．

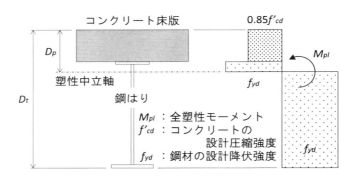

図 3.2.4　全塑性モーメント時の応力分布

一方，試験に用いた頭付きスタッドのせん断耐力を複合構造標準示方書を参考に式（3.2.3）から算出すると，Type I で93.1kN／本，Type II で93.4kN／本となる．

$$\begin{aligned} V_{ssu} &= \min(V_{ssu1}, V_{ssu2}) \\ V_{ssu1} &= 31A_{ss}\sqrt{(h_{ss}/d_{ss})f_c'} + 10000 \\ V_{ssu2} &= A_{ss}f_{ssu} \end{aligned} \tag{3.2.3}$$

ここに，V_{ssu}, V_{ssu1}, V_{ssu2}：せん断耐力 (N)，A_{ss}：頭付きスタッドの軸部断面積 (mm²)，h_{ss}：頭付きスタッドの高さ (mm)，d_{ss}：頭付きスタッドの軸径 (mm)，f_c'：コンクリートの圧縮強度 (N/mm²)，f_{ssu}：頭付きスタッドの引張強度 (N/mm²)である．

また，全塑性モーメント時にコンクリート床版が受け持つ軸力は，図 3.2.4 に基づき算出すると，Type I で 1,490kN，Type II で 1,470kN である．これをはり試験体に配置した頭付きスタッドが等しく負担すると仮

定すれば，全塑性モーメント時に頭付きスタッドに作用する水平せん断力はType Ⅰで106kN／本，Type Ⅱで82kN／本となる．よって，頭付きスタッドの配置間隔が広い Type Ⅰ では，作用する水平せん断力がせん断耐力を約 1 割だけではあるが上回っており，全塑性モーメント時に頭付きスタッドが破壊する可能性がある．

なお，本試験では，頭付きスタッドに作用する水平せん断力とずれ変位の関係を得るため，それぞれのはり試験と並行して押抜き試験を実施している．試験体の形状と寸法は図3.2.5に示すとおりで，それぞれのはり試験体と同じ材料を用い，頭付きスタッドに対するコンクリートの打設方向を同一にして製作した．コンクリートブロックの配筋もはり試験体のコンクリート床版と同一としている．また，荷重載荷は，頭付きスタッドの押抜き試験方法（案）[5]に準じて実施したが，はり試験体内の頭付きスタッドの挙動を再現するため，試験体はコンクリートブロックの中央下を回転および水平移動が可能なように支点支持した[6]．

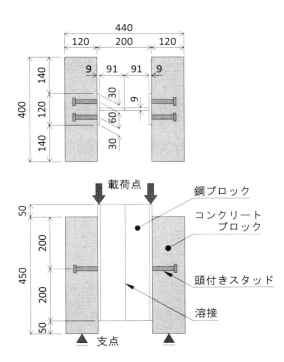

図 3.2.5 押抜き試験体

3.2.2 全体挙動

(1) 載荷点のたわみ

載荷点直下で計測したたわみと荷重の関係を図3.2.6に示す．図中には，完全合成ならびに非合成を仮定した場合の計算値をともに示した．計算にはType Ⅰの材料特性を用いたが，Type ⅠとType Ⅱの計算値の差異はほとんどない．なお，本文中に示す非合成とは，コンクリート床版と鋼はりが各々の弾性係数の比に応じて荷重を分担し合い，重ねはりとして挙動することを示している．

図3.2.6より，Type Ⅱが載荷初期に完全合成に近似した挙動を示す一方で，Type Ⅰは載荷初期から完全合成とは乖離したたわみを示していることがわかる．また，いずれもたわみが約13mmに到達して以降に急増し始めているが，その際の荷重値はType Ⅰで約550kN，Type Ⅱで約630kNであり，1割ほど異なる．なお，急増前の500kN到達時のたわみはType Ⅰで10.8mm，Type Ⅱ で8.7mmであり，Type Ⅰのほうが2割ほど大きい．

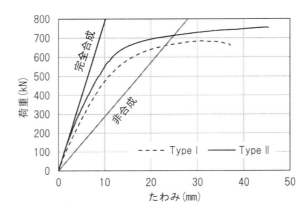

図 3.2.6　載荷点のたわみ

このように，両者のたわみに差異が生じたのは頭付きスタッドの配置間隔によるものであり，Type I は配置間隔が広いために不完全度[7]（完全合成からの乖離）が大きくなり，たわみが大きくなったものと推測される．また，Type II は載荷初期に完全合成にかなり近似した挙動を示したことから，鋼はりとコンクリート床版の間に付着力が存在していた可能性があり，この点も両者のたわみに差異が生じた一因であると考えられる．

(2) 頭付きスタッドのずれ変位とひずみ

左支点側最端部の頭付きスタッド位置（図3.2.3参照）で計測した鋼はりとコンクリート床版間のずれ変位を図3.2.7に，合わせて実施した押抜き試験の結果を図3.2.8に示す．

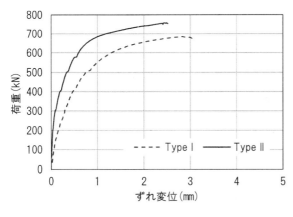

図3.2.7　頭付きスタッドのずれ変位

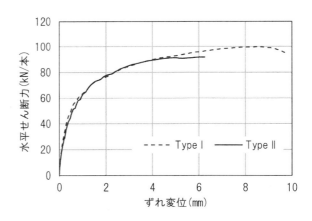

図3.2.8　押抜き試験結果

図 3.2.7 より，ずれ変位はいずれの試験体においても約 0.8mm に到達して以降に急増し始めているが，その際の荷重値は Type I で約 510kN，Type II で約 660kN であり，たわみが急増した際の荷重値に近い．また，最大荷重時のずれ変位は Type I で約 3.0mm，Type II で約 2.5mm である．ここで，図 3.2.8 の押抜き試験結果と比較すると，これら最大荷重時のずれ変位は，押抜き試験における最大ずれ変位の半分程度以下であり，Type I, Type II とも，最大荷重時に頭付きスタッドは破壊に至っていないと考えられる．また，押抜き試験におけるずれ変位の急増は約 1.0mm に到達して以降に生じており，はり試験体のずれ変位の急増点とほぼ一致する．

上記のずれ変位計測位置にある頭付きスタッドの表面ひずみを図3.2.9(a)に，それらから算出したひずみ成分を図3.2.9(b)に示す．ひずみは頭付きスタッドの中央高さの支点側および載荷点側の両面で計測しており，軸成分はそれらの和の半分，曲げ成分は差の半分として計算している．

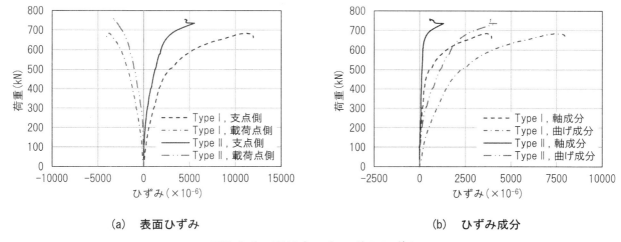

(a) 表面ひずみ　　　　　　　　　　(b) ひずみ成分

図3.2.9　頭付きスタッドのひずみ

図3.2.9(a)より，頭付きスタッドの表面ひずみは，Type Ⅰでは約520kN時に，Type Ⅱでは約660kN時に両面が降伏ひずみ（Type Ⅰは1930μ，Type Ⅱは1960μ）に達している．すなわち，頭付きスタッドの中央高さにおける降伏は，ずれ変位の急増とほぼ同じタイミングで生じている．また，図3.2.9(b)のひずみ成分に着目すると，表面ひずみが降伏ひずみに達するまでは，軸方向にひずみはほとんど生じておらず，曲げひずみのみ発生していることがわかる．

このように，両試験体で降伏ひずみ到達時の荷重値に差異が生じたのは，降伏ひずみ到達時の荷重比 1.27（= 660kN / 520kN）が頭付きスタッドの配置間隔の比 1.33（= 200mm / 150mm）にほぼ一致していることから，作用した水平せん断力の差によるものと考えられる．

3.2.3 各部材のひずみ挙動

(1) 床版上下縁のひずみ

床版上下縁のひずみは，コンクリート床版内に配置した上下鉄筋のひずみから平面保持を仮定して算出したが，図3.2.3に示したように，鉄筋のひずみはそれぞれの上下面で計測しており，床版上下縁のひずみの算出にはこれらの各平均値を用いた．

はじめに図3.2.10と図3.2.11の鉄筋ひずみについて概説する．図中には，完全合成ならびに非合成を仮定した場合の計算値をともに示したが，計算にはType Ⅰの材料特性を用いている（Type Ⅰ と Type Ⅱ の計算値の差異は0〜6%）．上段鉄筋のひずみは荷重の増加とともに圧縮方向に増加し，B断面では，Type Ⅰ，Type Ⅱ ともに，660〜670kN程度で圧縮側の降伏ひずみ（Type Ⅰ は1670μ，Type Ⅱ は1720μ）に達している．また，Type Ⅱ では最高荷重に等しい755kN時にC断面においても圧縮側の降伏ひずみに達している．一方，下段鉄筋のひずみ挙動はType Ⅰ と Type Ⅱ で異なり，頭付きスタッドの配置間隔が広いType Ⅰ では，B断面，C断面ともに，載荷荷重が500kNを超えて以降に引張方向へ増加する傾向を示した．なお，Type Ⅱ では，約750kN時にB断面で，最高荷重に等しい755kN時にC断面で圧縮側の降伏ひずみに到達している．なお，C断面において，下段鉄筋のひずみが上段鉄筋よりも圧縮側に大きく増加したのは，試験中に載荷点からC断面にむかって発生したせん断ひび割れ（写真3.2.1参照）による影響であると推測される．

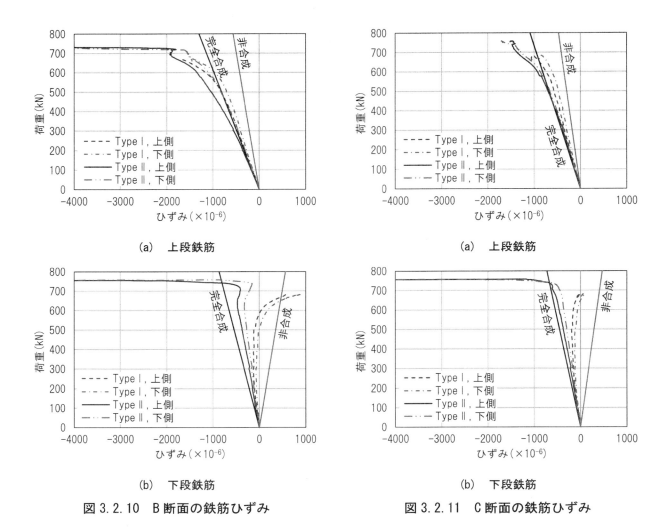

(a) 上段鉄筋 　　　　　　　　　　　　(a) 上段鉄筋

(b) 下段鉄筋 　　　　　　　　　　　　(b) 下段鉄筋

図 3.2.10　B 断面の鉄筋ひずみ　　　　図 3.2.11　C 断面の鉄筋ひずみ

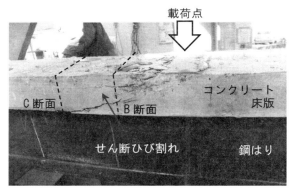

写真 3.2.1　Type II 試験体に生じたせん断ひび割れ

B 断面における床版上下縁のひずみを図 3.2.12 に示す．図中には，完全合成を仮定した場合の計算値をともに示したが，計算には Type I の材料特性を用いている（Type I と Type II の計算値の差異は 4～7%）．床版上縁のひずみは，載荷荷重が 600kN 程度までの範囲で Type I が小さい値を示したが，いずれの試験体も約 620kN 時に圧縮強度に相当するひずみ 2000μ に到達している．また，最高荷重が大きい Type II は約 680kN 時に終局圧縮ひずみに相当する 3500μ に到達した．一方，床版下縁のひずみは，Type II が載荷初期に圧縮を呈していたのに対し，Type I は載荷初期から引張を呈していた．また，いずれの試験体も引張強度に相当するひずみ 100μ に到達したが，その際の荷重値は Type I で約 300kN，Type II で約 620kN である．

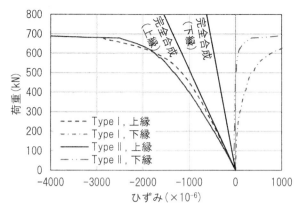

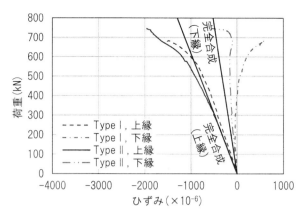

図 3.2.12　B 断面の床版ひずみ　　　　　　　　　図 3.2.13　C 断面の床版ひずみ

C 断面における床版上下縁のひずみを図 3.2.13 に示す．図中には，完全合成を仮定した場合の計算値をともに示したが，計算には Type I の材料特性を用いている（Type I と Type II の計算値の差異は 0〜2%）．床版上縁のひずみは，B 断面と同様，各荷重段階において Type I が小さい値を示した．いずれの試験体も，圧縮強度に相当するひずみ 2000μ には到達していない．一方，床版下縁のひずみは，Type II が常に圧縮を呈していたのに対し，Type I は載荷初期に圧縮を呈していたものの，途中で引張側に転じ，約 500kN 時に引張強度に相当するひずみ 100μ に到達した．

以上のように，頭付きスタッドの配置間隔が広い Type I の床版上縁ひずみは，各荷重段階において Type II よりも小さい値を示し，床版下縁ひずみは引張側に大きい値を示した．これは，上述したたわみの差異と同様に，Type I の不完全度が Type II よりも大きいためであると考えられる．さらに，Type II のコンクリート床版が上下鉄筋がともに降伏するほど圧縮を負担していたのに対し，Type I のコンクリート床版は早期かつ広範囲にわたって引張強度に達した点が両者の大きな相違である．

なお，ここでの床版ひずみは，床版内の鉄筋ひずみの計測値から推測しているため，床版下縁の引張強度到達後は，下段鉄筋のひずみが大きくなり，推測した床版上縁のひずみが過大であった可能性があることを付記しておく．

(2) 鋼はり上下縁のひずみ

B 断面および C 断面における鋼はり上下縁のひずみを図 3.2.14 と図 3.2.15 に示す．同ひずみは，それぞれ上フランジ上面の中央，下フランジ下面の中央で計測している．また，図中には，完全合成ならびに非合成を仮定した場合の計算値をともに示したが，計算には Type I の材料特性を用いており，Type I と Type II の計算値の差異は 2〜7%である．

まず，載荷点に近い B 断面に着目する．図 3.2.14 より，鋼はり上縁のひずみは，載荷荷重が 500kN 程度までの範囲ではほぼ等しい値を示したが，それ以降は頭付きスタッドの配置間隔が広い Type I のほうが大きくなり，Type I では約 670kN 時に，Type II では約 730kN 時に圧縮側の降伏ひずみ（Type I は 1850μ，Type II は 2090μ）に到達していることがわかる．また，鋼はり下縁のひずみは，Type I では 430kN 時に，Type II では約 510kN 時に引張側の降伏ひずみ（Type I は 1930μ，Type II は 2000μ）に達し，その後，Type I では約 500kN 時に，Type II では約 610kN 時に急増する傾向を示したが，その際のひずみはいずれも 2500〜3000μ 程度である．

次に，載荷点から少し離れた C 断面に着目する．図 3.2.15 より，鋼はり上縁のひずみは，B 断面と同様，載荷荷重が 500kN 程度を超えて以降に Type I が若干大きい値を示し，Type I では最高荷重到達直後の約 680kN 時に圧縮側の降伏ひずみに達したものの，Type II では降伏ひずみに到達することはなかった．また，鋼はり下縁のひずみは，Type I では約 550kN 時に，Type II では約 540kN 時に引張側の降伏ひずみに達した．なお，Type II では，B 断面と同様に，2500～3000μ に到達した約 690kN 時に急増する傾向を示した．

以上のように，鋼はり下縁のひずみは，降伏後の 2500～3000μ に到達した際に急増する傾向を示したが，これは降伏域が下フランジの全断面に拡がり，鋼はり下フランジが塑性化したことを表しているものと推測される．

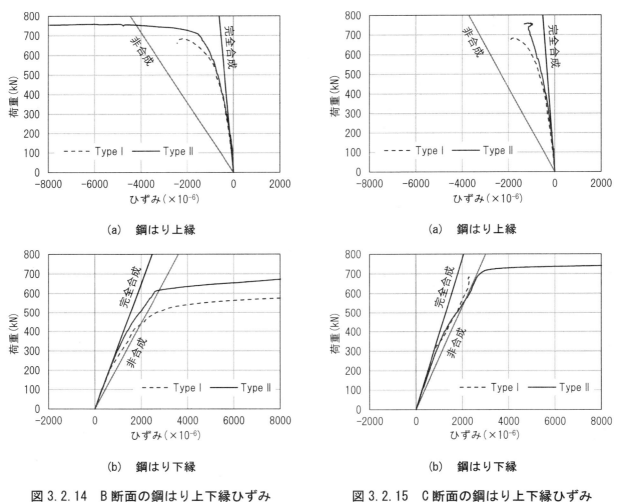

図 3.2.14　B 断面の鋼はり上下縁ひずみ　　　　図 3.2.15　C 断面の鋼はり上下縁ひずみ

(3) 鋼はりウェブのひずみ

B 断面および C 断面における鋼はりウェブのひずみを図 3.2.16 と図 3.2.17 に示す．同ひずみは，ウェブの片面で計測している．また，図中には，完全合成ならびに非合成を仮定した場合の部材軸方向ひずみに関する計算値をともに示したが，計算には Type I の材料特性を用いた．Type I と Type II の計算値の差異は，完全合成を仮定した場合に，ウェブ上方において中立軸位置の違いによる影響が大きく表れて約 15%あるが，その他は 2～3%である．

まず，載荷点に近い B 断面に着目する．図 3.2.16 より，完全合成を仮定した場合の中立軸位置に近いウェブ上方において，部材軸方向ひずみの絶対値は Type I，Type II ともに最大・最小主ひずみの絶対値に比べ

てかなり小さいことがわかる．また，Type I では降伏ひずみ（1850μ）に到達することはなかったが，Type II では 720〜730kN 時に最大・最小主ひずみがそれぞれ引張・圧縮側の降伏ひずみ（2090μ）に達している．一方，鋼はりの中央高さに位置するウェブ中央の部材軸方向ひずみは，Type I では約 520kN 時に，Type II では約 600kN 時に急増し始めているが，その際のひずみは降伏ひずみに比べてかなり小さい．

次に，載荷点から少し離れた C 断面に着目する．図 3.2.17 からわかるように，ウェブ上方の部材軸方向ひずみの絶対値は，B 断面と同様，Type I，Type II ともに最大・最小主ひずみの絶対値に比べてかなり小さく，載荷終了まで降伏ひずみには達しなかった．最大・最小主ひずみは，Type I では約 680kN 時に，Type II では約 750kN 時にそれぞれ引張・圧縮側の降伏ひずみに到達している．また，ウェブ中央のひずみは，Type I では約 500kN 時に，Type II では約 600kN 時に急増し始めているが，B 断面と同様，その際のひずみは降伏ひずみに比べてかなり小さい．

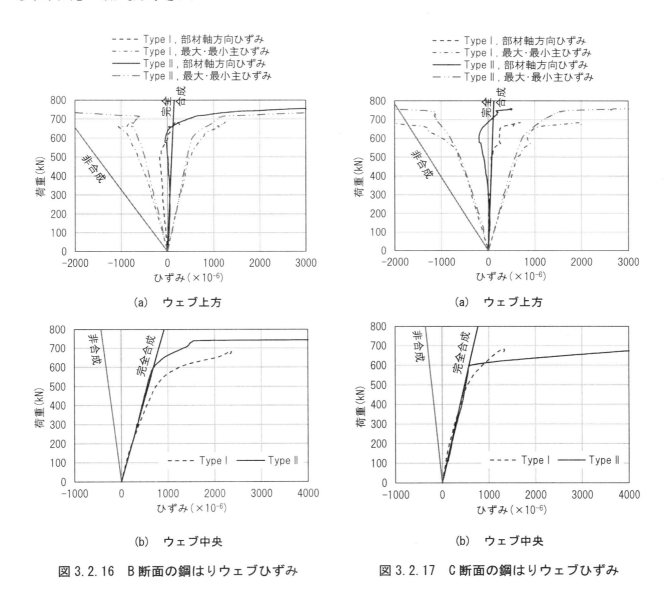

図 3.2.16　B 断面の鋼はりウェブひずみ　　図 3.2.17　C 断面の鋼はりウェブひずみ

以上のように，ウェブ上方では，最大・最小主ひずみの絶対値が部材軸方向ひずみの絶対値よりもかなり大きくなったが，各主ひずみの絶対値がほぼ等しいため，同位置ではせん断ひずみが支配的になっているものと考えられる．また，同様に，ウェブ中央では，曲げモーメントに加え，せん断力が影響を及ぼし，部材軸方向ひずみがかなり小さい段階でウェブが塑性化したと考えられる．なお，ウェブ中央に関し，頭付きス

タッドの配置間隔が広い Type I が Type II に比べて早期に塑性化したが，これはウェブ材料の降伏強度が1割ほど小さいのに加え，鋼桁下縁の降伏が早期に生じたために，それ以降，ウェブの引張負担が大きくなり，そこにせん断の影響が加わったためと考えられる．

3.2.4 各部材の損傷順序

Type I および Type II の最高荷重に至るまでの材料損傷の状況を表 3.2.2 にまとめる．表中には上記で算出した両試験体の曲げ耐力および設計曲げ耐力をともに示した．

頭付きスタッドの配置間隔が広い Type I では，床版下縁が早期に引張強度に達し，これに追従するように，鋼はり下縁が塑性化した．また，同時に鋼はり－床版間のずれが急増したが，たわみが急増するよりも約 40kN ほど早い．たわみの急増後は，鋼はり下縁の降伏範囲が部材軸方向に拡がり，本試験体の設計曲げ耐力に近い荷重段階で床版上縁が圧縮強度に達して以降は，床版内鉄筋の降伏や，鋼はり上縁およびウェブ上方の降伏など，圧縮領域にある材料の損傷を経て最高荷重に達している．

表 3.2.2　材料損傷のまとめ

荷　重	Type I（スタッド配置間隔 200mm）			Type II（スタッド配置間隔 150mm）		
	全体挙動	B 断面 載荷点から 133mm	C 断面 載荷点から 333mm	全体挙動	B 断面 載荷点から 150mm	C 断面 載荷点から 300mm
300kN		床版下縁引張強度				
430kN		鋼はり下縁降伏				
500kN		鋼はり下縁塑性化	床版下縁引張強度 ウェブ中央塑性化			
510kN	ずれ急増				鋼はり下縁降伏	
520kN	スタッド降伏	ウェブ中央塑性化				
540kN						鋼はり下縁降伏
550kN	たわみ急増		鋼はり下縁降伏			
600kN					ウェブ中央塑性化	ウェブ中央塑性化
610kN	＜設計曲げ耐力＞				鋼はり下縁塑性化	
620kN		床版上縁圧縮強度			床版下縁引張強度	
630kN				たわみ急増	床版上縁圧縮強度	
640kN				＜設計曲げ耐力＞		
660kN				ずれ急増 スタッド降伏	上段鉄筋降伏	
670kN		鋼はり上縁降伏 上段鉄筋降伏				
680kN			ウェブ上方降伏		床版上縁圧縮破壊	
684kN	最高荷重					
701kN	＜曲げ耐力＞					
720kN					ウェブ上方降伏	
730kN					鋼はり上縁降伏	
743kN				＜曲げ耐力＞		
750kN					下段鉄筋降伏	ウェブ上方降伏
755kN				最高荷重		上段鉄筋降伏 下段鉄筋降伏

一方，頭付きスタッドの配置間隔が狭い Type II では，鋼はり下縁が降伏に至った後，鋼はりウェブ中央と鋼はり下縁が順に塑性化し，床版上縁が圧縮強度に，床版下縁が引張強度に達した．また，同時に鋼はりー床版間のずれやたわみも急増しており，この際の荷重値は同試験体の設計曲げ耐力に近い．その後，床版内鉄筋の降伏や，鋼はり上縁およびウェブ上方の降伏など，圧縮領域にある材料の損傷を経て最高荷重に達したことは，Type I と同様である．

以上より，頭付きスタッドの配置間隔を狭くし，不完全度を小さくすることで，床版下縁の引張強度への到達や鋼はり下縁の降伏，鋼はりー床版間のずれやたわみの急増など，使用性に係わる事象の発生荷重を大きくできるとともに，床版上縁が圧縮強度に到達してから最高荷重に至るまでの荷重増分も大きくできると考えられる．また，両試験体とも，塑性中立軸位置が鋼はり内にありながら，床版下縁が引張強度に到達するなど，曲げ耐力算出時に仮定した図 3.2.4 の応力分布と異なる挙動を示したが，最高荷重は設計曲げ耐力を大きく上回り，全塑性モーメントから算出した曲げ耐力とほぼ一致した．

ここで，B 断面における鋼はりの中立軸位置の変化を図 3.2.18 に示す．縦軸の中立軸位置は，図 3.2.3 に示した鋼はり上縁，腹板上方および腹板中央の部材軸方向ひずみから求めた，ひずみがゼロとなった位置である．また，図中には，完全合成ならびに非合成を仮定した場合の弾性中立軸と塑性中立軸をともに示した．これより，鋼はりの中立軸位置は，非合成よりも完全合成を仮定した場合に近く，載荷終了直前には上方に移動し，塑性中立軸に近づく傾向を示している．

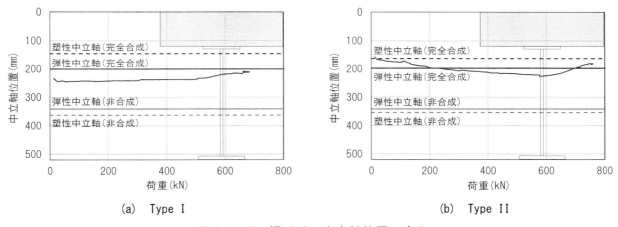

図 3.2.18　鋼はりの中立軸位置の変化

よって，本試験体では，頭付きスタッドが載荷終了まで破壊することなくコンクリート床版と鋼はりを結合し続けたことにより，床版下縁が引張強度に，床版上縁が圧縮強度に到達して以降も，床版コンクリートや床版内鉄筋が鋼はり上縁と共同して圧縮力を負担したため，抵抗モーメントが完全合成を仮定した場合の全塑性モーメントに近づいたと考えられる．同時に，このような合成はりの耐荷挙動を精緻に追跡するためには，コンクリート床版や鋼はりの材料損傷に伴う頭付きスタッドのずれ性状の変化を適切にモデル化した数値解析を行う必要があると考えられる．その上，同解析に鋼はりの弾塑性座屈の影響を考慮することができれば，鋼はりの断面分類によらない統一的な曲げ破壊照査を行える可能性がある．

3.2.5　まとめ

本検討では，コンパクト断面（全塑性モーメントまで座屈しない断面）に分類され，頭付きスタッドの配置間隔が異なる 2 種類の合成はり試験体を対象に，両者の構成部材の損傷順序を比較し，耐荷挙動の違いに

ついて検討した．

本検討によって得られた主な結果をまとめると以下のようになる．

1. 頭付きスタッドの配置間隔によらず，合成はり試験体は，鋼はり下縁が降伏に至った後，床版上縁が圧縮強度に達し，その後，床版内鉄筋の降伏や，鋼はり上縁およびウェブの降伏など，圧縮領域にある材料の損傷を経て最高荷重に到達する．
2. 頭付きスタッドの配置間隔を狭くすることで，床版下縁の引張強度への到達や鋼はり下縁の降伏，鋼はり－床版間のずれやたわみの急増など，使用性に係わる事象の発生荷重を大きくできる．その上，床版上縁が圧縮強度に到達してから最高荷重に至るまでの荷重増分を大きくできる．
3. 塑性中立軸位置が鋼はり内にある場合でも，最高荷重の段階では床版下縁が引張強度に到達するなど，完全合成を仮定した全塑性モーメント時の応力分布と異なる挙動を示す．しかし，最高荷重に到達するまで，コンクリート床版と鋼はりが結合され続ければ，最高荷重は全塑性モーメントに対応する荷重にほぼ一致する．

このように，鋼はりの座屈が生じない条件下では，合成はりを構成する鋼はりとコンクリート床版の諸元が同等であっても，頭付きスタッドの配置間隔によって耐荷挙動が変化するため，鋼とコンクリートの材料特性を最大限に活かすには，構成部材の諸元の設定に加え，ずれ止め配置に関する検討も必要であると考えられる．

3.3 合成はりの耐荷メカニズムに関する解析的検討[8]

合成はりの耐荷挙動は，頭付きスタッドの配置間隔のみならず，鋼はりやコンクリート床版の断面諸量，載荷条件の違いによっても異なることが予想される．このため，本検討では，これらの諸因子が合成はりの耐荷挙動に及ぼす影響を明らかにすることを目的として，剛体ばねモデルを用いた非線形解析を実施する．

3.3.1 剛体ばねモデル解析

本検討で行う解析において，非線形挙動の追跡方法は既往の検討[9),10)]と同じであるため，以下では各ばね要素の構成関係について説明する．

剛体ばねモデルを用いて合成はりを解析するにあたり，**図 3.3.1** のように鋼はりおよび鉄筋コンクリート床版を橋軸方向に分割し，その分割した剛体間に，はり要素として，複数の軸ばねとせん断ばねを設ける．また，コンクリート床版と鋼はりの剛体間には，ずれ止め要素として，水平方向の力に抵抗する水平ばねと鉛直方向の力に抵抗する鉛直ばねを設ける．さらに，支承位置の鋼はり下フランジ下面と固定面との間には，水平ばねと鉛直ばねでモデル化した支承要素を設ける．各ばねは材料の構成関係を表すものであり，剛体ばねモデルを用いて合成はりの非線形挙動を追跡するためには，各ばねが表す材料の非線形の構成関係を決定しておく必要がある．

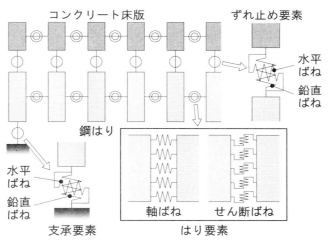

図 3.3.1 合成はりモデルにおける剛体間のばね要素

鋼はりは上・下フランジを部材軸直角方向に 10 分割，ウェブを高さ方向に 10 分割し，各分割断面の重心位置の隣接する剛体間に軸ばねとせん断ばねを 1 本ずつ設ける．このように，各分割断面に軸ばねとせん断ばねを設け，直応力とせん断応力を合成した相当応力を用いることにより，鋼はりの弾塑性の判定を行う．鋼はりの軸ばね特性およびせん断ばね特性は，各々，鋼材の直応力と伸びひずみ，せん断応力とせん断ひずみの関係を表し，鋼はりの応力状態は，軸ばねの直応力とせん断ばねのせん断応力を合成した相当応力と相当ひずみの関係が**図 3.3.2** の完全弾塑性型を示すようにした．ただし，せん断力にはウェブのみが抵抗するものとしている．

コンクリート床版のばね要素も軸ばねとせん断ばねによって構成し，これらを隣接する床版の剛体間に配置した．軸ばねは，床版を高さ方向に 6 分割して各分割断面の重心位置に 1 本ずつ配置し，せん断ばねは，隣接する剛体間に 1 本だけ配置した．軸ばね特性は，**図 3.3.3** に示すように，圧縮領域において係数 γ で定まる曲線の応力－ひずみ関係を適用し，1/3 割線勾配が弾性係数に等しくなるように係数 γ を決定した．また，

引張には抵抗しないものとした．せん断ばね特性は，コンクリートのせん断応力とせん断ひずみの関係を線形で表し，せん断弾性係数をポアソン比を 0.2 として算出して用いた．

コンクリート床版内に配置する鉄筋のばね要素は，床版断面と重複させて配置し（鉄筋の断面積は控除していない），軸ばね特性には，鋼はりと同じ図 3.3.2 の完全弾塑性型の応力－ひずみ関係を用いた．

コンクリート床版と鋼はりの剛体間の接触面には，ずれ止め要素として，水平ばねと鉛直ばねをそれぞれ 1 本ずつ設ける．ずれ止めを配置する位置での水平ばね特性には，図 3.3.4 に示すように，複合構造標準示方書[3]に示されている頭付きスタッドの水平せん断力 V (kN) とずれ変位 δ (mm) の関係を適用した．この曲線は，漸近値であるせん断耐力 V_u と頭付きスタッドの軸径 d，係数 α，β で定まる形になっており，静的押抜き試験より得られるずれ止めの水平せん断力－ずれ変位関係を容易にモデル化することができる．

一方，ずれ止めを配置する位置での鉛直ばね特性は，図 3.3.5 に示すように，引張側ではずれ止めがコンクリート床版の浮き上がりに抵抗すると考え，近似的に頭付きスタッドの軸部断面積と軸部長さに基づいて鋼材の応力－ひずみ関係（図 3.3.2）で表した．また，圧縮力は連結している剛体間の界面全域（1 つの剛体要素の鋼桁上フランジ上面の面積）で伝達されると考え，コンクリートの線形の応力－ひずみ関係を構成関係として用いた．ずれ止めを配置しない位置での鉛直ばね特性は，引張には抵抗しないものとし，圧縮側においては上記と同じとした．

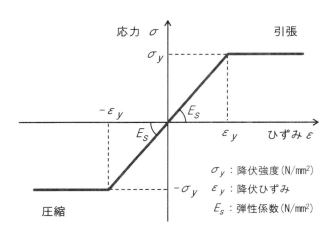

図 3.3.2　鋼はりおよび床版内鉄筋の軸ばね特性

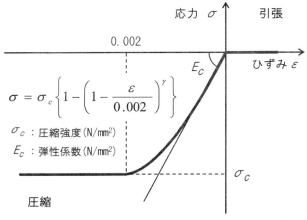

図 3.3.3　コンクリート床版の軸ばね特性

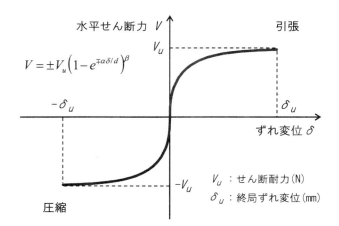

図3.3.4　ずれ止めの水平ばね特性

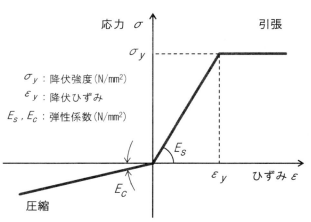

図3.3.5　ずれ止めの鉛直ばね特性

支承要素の水平ばねおよび鉛直ばねは，常に弾性範囲で挙動するものとし，水平ばねのばね定数の大きさによって，支承の可動（ばね定数 1 kN/m）と固定（ばね定数 100 GN/m）を仮定した．なお，鉛直ばねのばね定数は，固定を仮定した水平ばねと同じ 100 GN/m である．

3.3.2 試験体の解析

上記のように設定した各ばね要素の構成関係の妥当性を検証するため，3.2に示した模型はり試験体の静的載荷試験[4]を対象として非線形解析を実施し，得られた解析結果を試験結果と比較する．

(1) ずれ止めの水平せん断力－ずれ変位関係

解析に用いるずれ止めの水平せん断力－ずれ変位関係は，はり試験とともに実施した頭付きスタッドの押抜き試験[4]の結果から求めた．解析に用いた水平せん断力－ずれ変位関係を押抜き試験の結果と合わせて**図 3.3.6**に示す．解析に用いた関係式は，上述の**図 3.3.4**に示したとおり，V_{ssud}，α，β で定まる形になっているが，押抜き試験結果に近似するように，頭付きスタッドの配置間隔が 200mm である Type I では V_{ssud} = 99.8 kN，α = 6.0，β = 0.4 とし，150mm である Type II では V_{ssud} = 91.7 kN，α = 11.5，β = 0.6 とした．

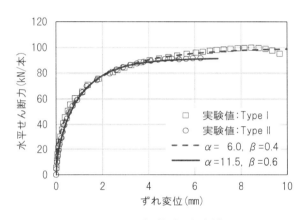

図 3.3.6　押抜き試験結果

(2) 解析結果

解析より得られた載荷点直下のたわみを試験結果と比較して**図 3.3.7**に示す．この図から，解析結果は試験結果よりも耐力を若干高めに評価していることがわかる．この理由として，解析では，コンクリートの応力ひずみ関係に，圧縮強度に到達して以降の応力低下を考慮していないことが考えられる．また，試験において確認された載荷点近傍の床版コンクリートのせん断に伴う損傷（**写真 3.2.1**参照）をモデル化できていないことも一因であると考えられる．しかしながら，頭付きスタッドの配置間隔が狭いほうが，初期勾配，耐力ともに大きいという傾向は，試験結果と一致している．

左支点側最端部の頭付きスタッド位置で計測した鋼はりとコンクリート床版間のずれ変位を**図 3.3.8**に示す．この図から，Type II で多少の乖離があるものの，解析結果と試験結果は概ね一致していると考えられる．なお，乖離が生じた理由としては，解析では，コンクリート床版と鋼はりの間の摩擦や付着をモデル化していないことが考えられる．

床版内鉄筋のひずみを**図 3.3.9**と**図 3.3.10**に示す．**図 3.3.9**(a)，**図 3.3.10**(a)の上段鉄筋に関し，頭付きスタッドの配置間隔が狭い Type II では，解析結果は試験結果よりもひずみを若干小さく評価しているものの，配置間隔が広い Type I では，解析結果と試験結果はよく一致している．一方，**図 3.3.9**(b)，**図 3.3.10**(b)の

下段鉄筋に関しては，Type I の試験結果に見られる，圧縮から引張へひずみの増分方向が変化する挙動は再現できていないものの，初期勾配や Type II のひずみが急増する様子は再現できているものと考えられる．なお，下段鉄筋のひずみが圧縮から引張へ増分方向を変える挙動は，後述の**図 3.3.14(a)**に示すとおり，載荷点位置の断面で認められていることから，解析結果と試験結果とでは，床版ひずみの部材軸方向分布が若干異なるものと推測され，上述した載荷点近傍における床版損傷のモデル化がなされていないことが一因と考えられる．

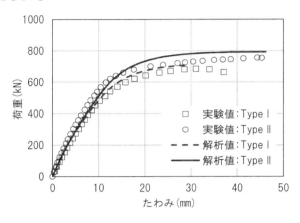

図 3.3.7　載荷点のたわみ

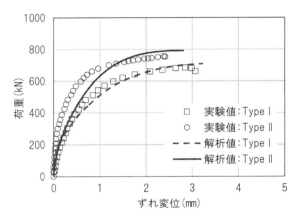

図 3.3.8　頭付きスタッドのずれ変位

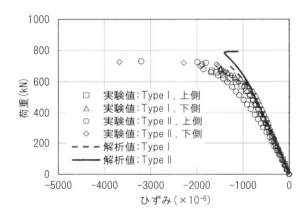

(a)　上段鉄筋

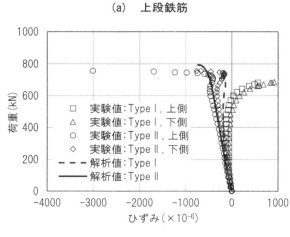

(b)　下段鉄筋

図 3.3.9　B 断面の鉄筋ひずみ

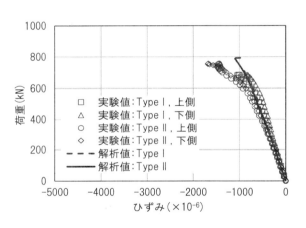

(a)　上段鉄筋

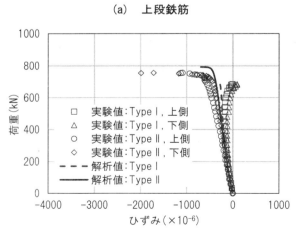

(b)　下段鉄筋

図 3.3.10　C 断面の鉄筋ひずみ

鋼はりのひずみを図3.3.11と図3.3.12に示す．これより，載荷点の近いB断面では，初期勾配やひずみが急増する様子など，解析結果と試験結果はよく一致していることがわかる．しかしながら，載荷点から300mm程度離れたC断面におけるウェブ中央と下縁において，解析では，試験結果に見られるひずみが大きく増加する傾向が再現できていない．これは，載荷点近傍に損傷が生じた後の応力の拡がりを解析で再現できていないことによるものと推察され，載荷点直下の垂直補剛材をモデル化していないことが一因であると考えられる．

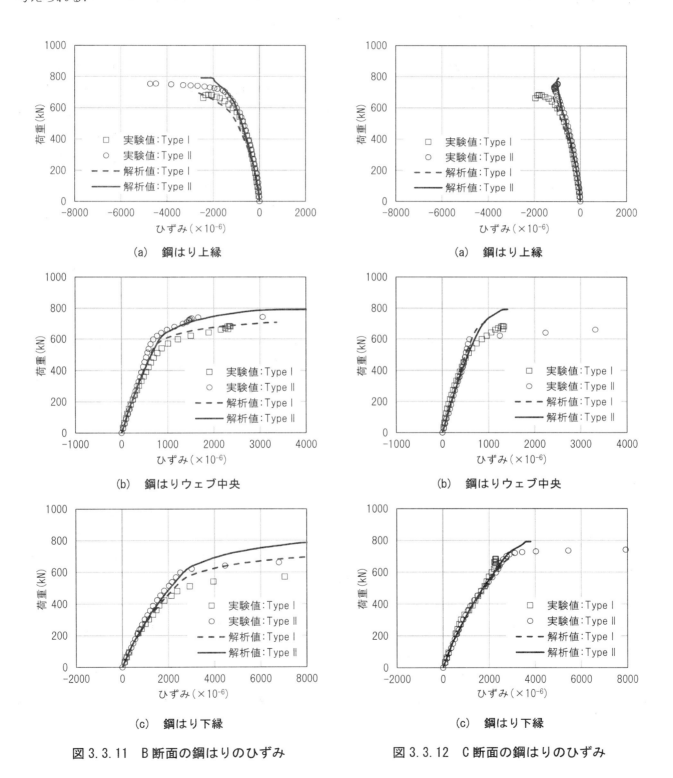

図3.3.11　B断面の鋼はりのひずみ　　　　図3.3.12　C断面の鋼はりのひずみ

以上より，載荷点付近に損傷が生じて以降のひずみ挙動を若干過小評価する傾向が認められるものの，頭付きスタッドの配置間隔の違いによるたわみやひずみの大きさの違いやそれらが急増する荷重の違い，耐力の違いなどは，本解析でおおむね評価できるものと考えられる．

3.3.3 パラメトリック解析

上記で妥当性を検証した試験体モデルを対象として，頭付きスタッドの配置間隔，鋼材の降伏強度およびコンクリートの圧縮強度を種々変化させたパラメトリック解析を行う．

(1) 頭付きスタッドの配置間隔

図 3.2.1 に示した試験体において，全塑性モーメント時に載荷点より左側のコンクリート床版が受け持つ単位長さあたりの軸力を図 3.2.4 に基づき算出すると，Type I で 1.11 kN/mm, Type II で 1.10 kN/mm となる．これに対し，試験に用いた頭付きスタッドのせん断耐力は，上述の式 (3.2.3) から Type I で 93.1 kN/本, Type II で 93.4 kN/本となる．よって，全塑性モーメント時に必要となる頭付きスタッドの配置間隔は，1 列に 2 本配置するものとして，Type I で 168 mm, Type II で 170 mm となる．すなわち，Type II に適用した頭付きスタッドの配置間隔 150 mm は，全塑性モーメントに対応した配置間隔であると言える．

一方，弾性時の断面平面保持を仮定した鋼はりとコンクリート床版の界面に作用する単位長さあたりの水平せん断力 q (N/mm) は以下の式から求められる．

$$q = \frac{Q A_c d_c}{n I_v} \tag{3.3.1}$$

ここに，Q：断面に作用するせん断力 (N)，A_c：床版コンクリートの断面積 (mm^2)，d_c：合成断面の図心とコンクリート断面の図心との間の距離 (mm)，n：ヤング係数比 ($= E_s / E_c$)，I_v：合成断面の鋼換算断面 2 次モーメント (mm^4) である．この式から，鋼はりの下フランジが許容応力度（SM490 材で 185 N/mm^2）に達する際の水平せん断力を求めると，Type I で 0.38 kN/mm, Type II で 0.39 kN/mm となる．これに対し，道路橋示方書・同解説 II 鋼橋編[11] に基づく頭付きスタッドの許容せん断力 Q_a (N) は，スタッドの全高と軸径の比が 5.5 以上である場合，以下の式で求められる．

$$Q_a = 9.4 d_{ss}^2 \sqrt{f'_{ck}} \tag{3.3.2}$$

ここに，f'_{ck} はコンクリートの設計基準強度 (N/mm^2)，d_{ss}：頭付きスタッドの軸径 (mm) である．この式から，はり試験体に用いた頭付きスタッドの許容せん断力を求めると，Type I, Type II ともに 14.5 kN となる．よって，鋼はり下フランジが許容応力度に達する際に必要となる頭付きスタッドの配置間隔は，1 列に 2 本配置するものとして，Type I で 76mm, Type II で 74mm となり，道路橋示方書の規定を満足するには，頭付きスタッドを 74mm 以下の間隔で配置する必要がある．

以上を踏まえ，頭付きスタッドの配置間隔をパラメータとして，表 3.3.1 に示す 4 ケースの解析を実施する．Case A1 は頭付きスタッドの配置間隔が全塑性モーメントに対応している Type II 試験体を再現した基本モデルであり，Case A2 は道路橋示方書の規定を満足するように配置間隔を狭くしたモデルである．また，Case A3 は配置間隔を 2 倍とし，Case A4 は中央部と端部で配置間隔を変えて配置本数を Case A1 とほぼ同じにした．

表 3.3.1 頭付きスタッドの配置間隔をパラメータとした解析ケース

ケース名	配置間隔	ケース内容
Case A1	150 mm	Type II 試験体を再現したモデル．スタッドの配置は全塑性モーメントに対応しており，配置本数は 54 本．
Case A2	50 mm	Case A1 のスタッド配置間隔を 50mm としたケース．スタッドの配置は道路橋示方書の規定に対応し，配置本数は 162 本．
Case A3	300 mm	Case A1 のスタッド配置間隔を 300mm としたケース．スタッドの配置本数は 28 本．
Case A4	50～300 mm	Case A1 のスタッド配置間隔を両端部で 50mm，中央部で 300mm としたケース．スタッドの配置本数は 52 本．

図 3.3.13 に示す各要素の，載荷点位置における荷重ひずみ関係を図 3.3.14～図 3.3.17 に示す．なお，床版 02 および床版 05 の荷重ひずみ関係は，それぞれ同等の高さにある上段鉄筋，下段鉄筋のそれとほぼ一致するため，省略している．これより，頭付きスタッドの配置本数がほぼ等しい Case A1 と Case A4 では，コンクリート床版および鋼はりの各中立軸の位置がそれぞれ下段鉄筋とウェブ 03 の位置にあり，不完全合成はり[7]の挙動を示していることがわかる．これに対し，頭付きスタッドの配置本数が多い Case A2 では，コンクリート床版と鋼はりの各中立軸の位置がそれぞれ床版 06 とウェブ 02 の位置にあり，両者が近接して完全合成はりに近い挙動を示している．一方，頭付きスタッドの配置本数が少ない Case A3 では，コンクリート床版および鋼はりの各中立軸の位置がそれぞれ床版 04 とウェブ 04 の位置にあり，両者が離れて非合成はり

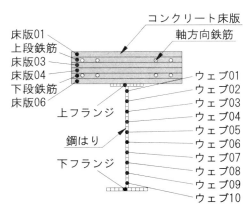

図 3.3.13 解析結果の抽出要素

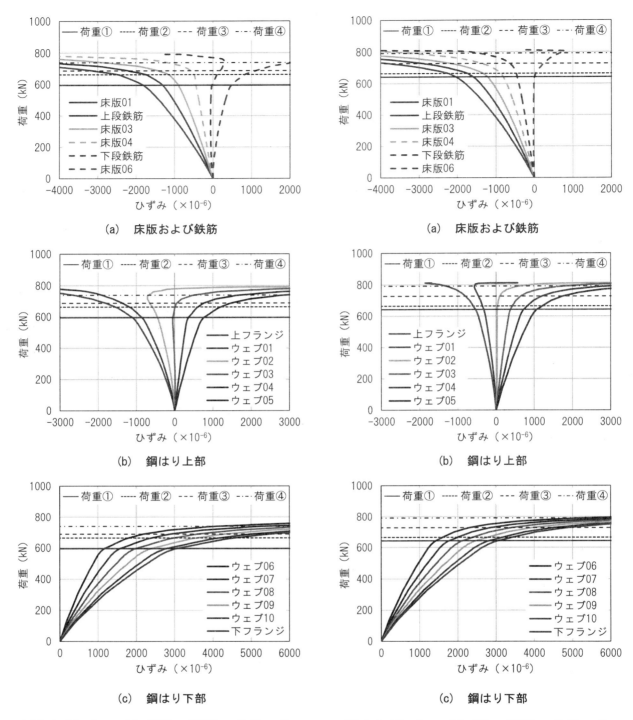

図 3.3.14　Case A1（150mm 間隔）の荷重ひずみ　　図 3.3.15　Case A2（50mm 間隔）の荷重ひずみ

に近い挙動を示している．ただし，非合成はりと仮定した場合の中立軸は，コンクリート床版で上縁から 60mm（床版 03 と床版 04 の間），鋼はりで上縁から 221mm（ウェブ 06 付近）の位置になるため，Case A3 でもある程度の合成効果は発揮されていると言える．

また，それぞれの図中には 4 種類の水平な直線を示したが，それらは各ケースでひずみの急変が認められた荷重値を表しており，以下にその詳細を示す．

・ひずみ急変荷重①：実線

各要素のひずみの線形性が失われたり，鋼はりの下フランジや引張域にあるウェブのひずみが急増した

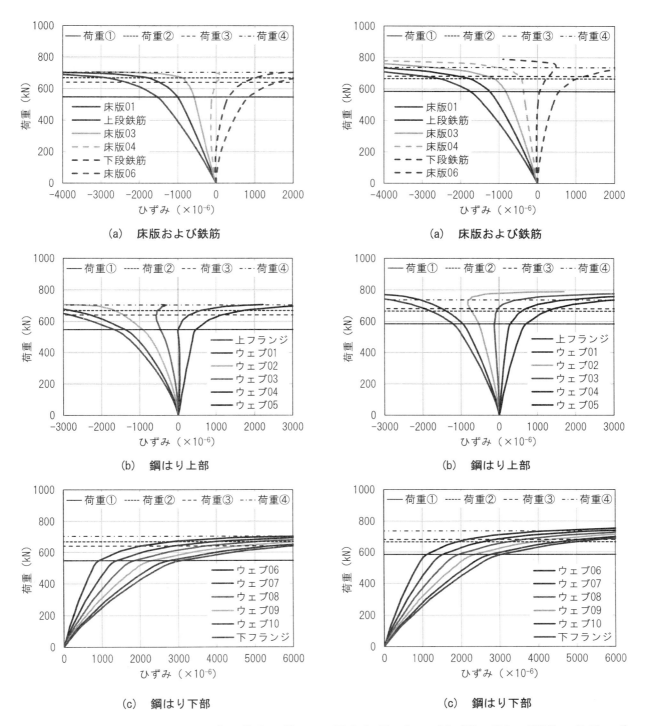

図 3.3.16　Case A3（300mm 間隔）の荷重ひずみ　　図 3.3.17　Case A4（50〜300mm 間隔）の荷重ひずみ

りし始める際の荷重であり，同荷重の前後でウェブ 08 のひずみが降伏ひずみ（2090μ）に到達している．なお，この時点で，下フランジのひずみはすでに降伏ひずみ（2000μ）に到達しており，この荷重段階は鋼はり下フランジ付近の塑性化を表しているものと考えられる．

・ひずみ急変荷重②：点線

コンクリート床版の圧縮域にある要素（例えば，床版 03 や床版 04）のひずみが急増し始める際の荷重であり，同荷重の前後で上段鉄筋のひずみが降伏ひずみ（1720μ）に到達している．なお，この時点で，床版上縁の 01 要素のひずみはすでに圧縮強度に対応するひずみ（2000μ）に到達している．ただし，終局

圧縮ひずみ（3500μ）には達していない．
・ひずみ急変荷重③：破線

鋼はりの中立軸付近にあるウェブ要素（例えば，ウェブ02やウェブ03）のひずみが引張側に急増し始める際の荷重であり，同荷重の前後でウェブ06のひずみが降伏ひずみ（2090μ）に到達している．この荷重段階は，鋼はりの塑性化が進行し，中立軸位置が上フランジ側に移行し始める状態を表しているものと考えられる．

・ひずみ急変荷重④：一点鎖線

床版要素や圧縮域にあるウェブ要素にひずみ増分方向が反転する挙動が現れる際の荷重であり，同荷重の前後で鋼はりの引張域にあるほぼすべての要素が降伏に至っている．なお，頭付きスタッドの配置間隔を50mmとしたCase A2を除き，この荷重段階で，鋼はり上フランジのひずみは圧縮の降伏ひずみ（2090μ）に到達している．

この荷重①～④を荷重たわみ関係にプロットして図 3.3.18 に示す．これより，荷重たわみ関係の初期勾配は頭付きスタッドの配置間隔が狭いほど大きくなっており，コンクリート床版と鋼はりの合成の程度に起因した結果であると考えられる．また，各ケースの最高荷重は，Case A1で792 kN，Case A2で812 kN，Case A3で707 kN，Case A4で789 kNであり，Case A3を除けば3つのケースでほぼ等しく，Case A3のみ荷重④に到達してすぐに解析が終了している．これは，頭付きスタッドの配置間隔が広く，非合成はりに近い挙動を示したことに伴い，荷重④に到達する時点ですでに各要素の塑性化が部材軸方向に大きく拡がっていたためであり，その詳細については後述する．さらに，初期勾配が小さいCase A3を除き，各ケースともたわみは荷重③付近から急増していることがわかる．すなわち，引張域の鋼はり下フランジ付近が塑性化したり，圧縮域にある床版内の上段鉄筋が降伏したりして以降，たわみは線形性を徐々に失いながら増大を続けるが，鋼はりの塑性化とともに中立軸が上方に移行すると，合成はりとしての剛性が急激に低下してたわみが急増すると考えられる．また，頭付きスタッドの配置間隔が狭いほど，荷重①，③，④は大きくなっているが，逆にその際のたわみは小さくなっており，初期勾配と同様，コンクリート床版と鋼はりの合成の程度に起因した結果であると考えられる．一方，荷重②は，頭付きスタッドの配置間隔に関わらず，その大きさは同程度である．これは，頭付きスタッドの配置間隔が広いほど，非合成はりの挙動に近いために床版が受け持つ軸力は小さいが，鋼はり下フランジ付近の塑性化の進行とともに床版が負担する曲げが大きくなり，床版のひずみが増大するためであると考えられる．

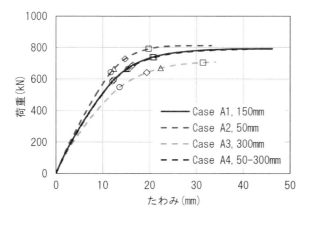

図 3.3.18(a)　Case A1～A4の荷重たわみ

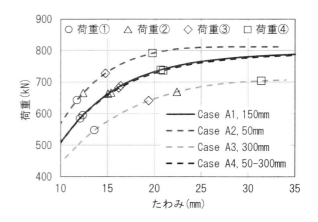

図 3.3.18(b)　左図の拡大

荷重④以降は，各要素の塑性化が部材軸方向に拡がって最高荷重に到達する．そこで，最高荷重時における塑性化の拡がりの程度を確認するため，同荷重時に塑性化していた要素の分布を，載荷点付近の1mの範囲を取り出して図 3.3.19 に示す．ここで，床版コンクリートについては，圧縮強度に対応するひずみに達した要素あるいは引張ひずみが生じた要素を着色し，鋼はりについては，圧縮あるいは引張の降伏ひずみに達した要素を着色している．また，図中には，平面保持を仮定して求めた合成はりあるいは非合成はり（鋼はり）の弾性中立軸を示した．

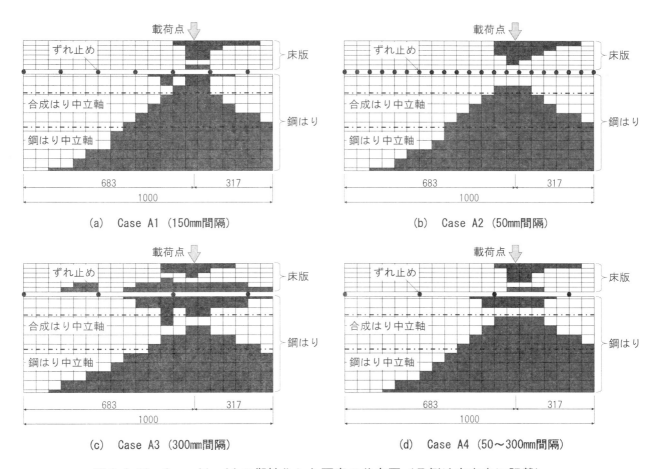

図 3.3.19　Case A1〜A4 の塑性化した要素の分布図（凡例は本文中に記載）

まず，Case A1 に着目すると，載荷点直下では床版の上下縁，鋼はりの上下縁とも塑性化している．また，塑性化範囲が載荷点を中心に大きく拡がっている．これに対し，頭付きスタッドの配置間隔を50mmと狭くしたCase A2では，載荷点を中心とした塑性化範囲の拡がりの程度はCase A1とほぼ同等であるものの，床版下縁や鋼はり上縁が塑性化していないことがCase A1と異なる．よって，頭付きスタッドの配置本数が多く，合成効果が高いこのケースでは，中立軸付近にあってひずみが小さい床版下縁や鋼はり上縁が塑性化する前に，鋼はり下縁の塑性化が著しく進行し，終局状態に至るものと考えられる．また，塑性化が全断面にまで至っていないことが，最高荷重時のたわみが比較的大きくならなかった要因であるとも考えられる．次に，頭付きスタッドの配置間隔を300mmと広くしたCaseA3では，先の2ケースとは異なり，床版下縁や鋼はり上縁の塑性化範囲が広く，非合成はりに似た性状を示している．また，合成はりの弾性中立軸からすぐ下の要素の塑性化が部材軸方向にさほど拡がっていないことから，頭付きスタッドの配置本数が少なく，合成効果が低いこのケースでは，中立軸付近にあるウェブ要素の塑性化が部材軸方向に拡がる前に，床版下縁

や鋼はり上下縁の塑性化が著しく進行し，終局状態に至るものと考えられる．最後に，頭付きスタッドの配置間隔を50mmから300mmに変化させたCase A4では，載荷点付近の配置間隔が同じCase A3よりもむしろ，配置本数が同じCase A1に近い分布になっている．よって，単純はりを対象とした本検討の範囲内ではあるが，コンクリート床版と鋼はりのずれが大きいはり端部に配置する頭付きスタッドの本数を多くすることで，はりの耐荷挙動を非合成はりの挙動から完全合成はりの挙動に近づけることができると考えられる．

図3.3.20に最高荷重時の部材軸方向のずれ変位分布を示す．ずれ変位の最大値は，Case A1で2.8mm，Case A2で0.4mm，Case A3で5.4mm，Case A4で2.0mmである．複合構造標準示方書[3]によれば，頭付きスタッドの終局ずれ変位は軸径の0.3倍で表される．このため，頭付きスタッドの配置間隔が広いCase A3では，はりが最高荷重を迎える前に，頭付きスタッドが終局ずれ変位4.8mm（＝0.3×16mm）に到達したことになる．よって，非合成はりとして設計し，頭付きスタッドの配置間隔を広くしたはりは，たわみやひずみが合成効果によって小さくなる反面，頭付きスタッドのずれ変位が大きくなり，早期に損傷する可能性があると考えられる．なお，頭付きスタッドが終局ずれ変位に到達した際の荷重値は，荷重④より少し手前の703kN（たわみで31mm時）である．

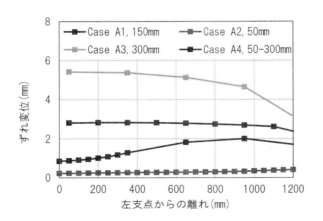

図3.3.20 Case A1～A4の部材軸方向のずれ変位分布

(2) 鋼材の降伏強度

鋼材の降伏強度をパラメータとして，表3.3.2に示す4ケースの解析を実施する．CaseB1～B4は，鋼はりに用いる鋼材の降伏強度を，それぞれSM570材，SM520材，SM490材，SM400材の降伏点の下限値に設定している．鋼材の降伏強度以外の材料特性はCase A1と同じである．

表3.3.2 鋼材の降伏強度をパラメータとした解析ケース

ケース名	降伏強度	ケース内容
Case B1	460 N/mm^2	Case A1の鋼材の降伏強度を460 N/mm^2（降伏ひずみ2240μ）としたケース．設定した降伏強度はSM570材の降伏点の下限値．
Case B2	365 N/mm^2	Case A1の鋼材の降伏強度を365 N/mm^2（降伏ひずみ1780μ）としたケース．設定した降伏強度はSM520材の降伏点の下限値．
Case B3	325 N/mm^2	Case A1の鋼材の降伏強度を325 N/mm^2（降伏ひずみ1590μ）としたケース．設定した降伏強度はSM490材の降伏点の下限値．
Case B4	245 N/mm^2	Case A1の鋼材の降伏強度を245 N/mm^2（降伏ひずみ1200μ）としたケース．設定した降伏強度はSM400材の降伏点の下限値．

載荷点位置における各要素の荷重ひずみ関係を図 3.3.21〜図 3.3.24 に示す．これより，各ケースの最高荷重は降伏強度に比例して大きくなっていることがわかる．また，4 ケースとも頭付きスタッドの配置本数が同じであるため，コンクリート床版および鋼はりの中立軸の位置にそれぞれ違いはなく，下段鉄筋とウェブ 03 の位置にあることがわかる．

それぞれの図中には，上記の頭付きスタッドの配置間隔をパラメータとした解析の結果と同様に，ひずみ急変荷重①〜④を示した．荷重①における挙動は各ケースで差異は無く，上記の解析結果と同様，ウェブ 08 のひずみが降伏ひずみに到達した前後で，荷重ひずみ関係の線形性が失われたり，荷重の増加とともにひず

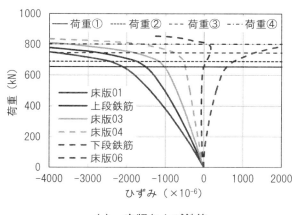

(a) 床版および鉄筋

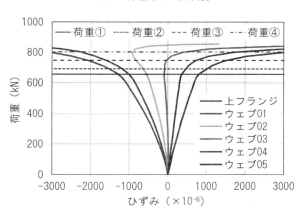

(b) 鋼はり上部

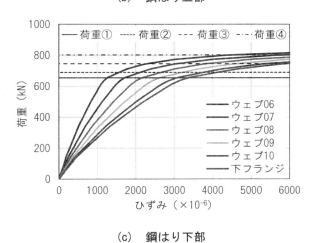

(c) 鋼はり下部

図 3.3.21 CaseB1（f_{sy}=460N/mm^2）の荷重ひずみ

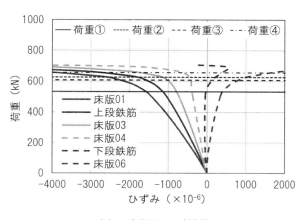

(a) 床版および鉄筋

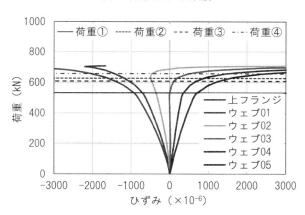

(b) 鋼はり上部

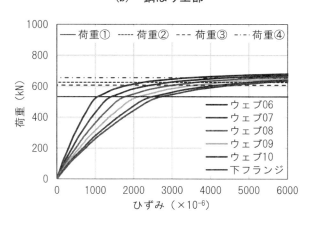

(c) 鋼はり下部

図 3.3.22 CaseB2（f_{sy}=365N/mm^2）の荷重ひずみ

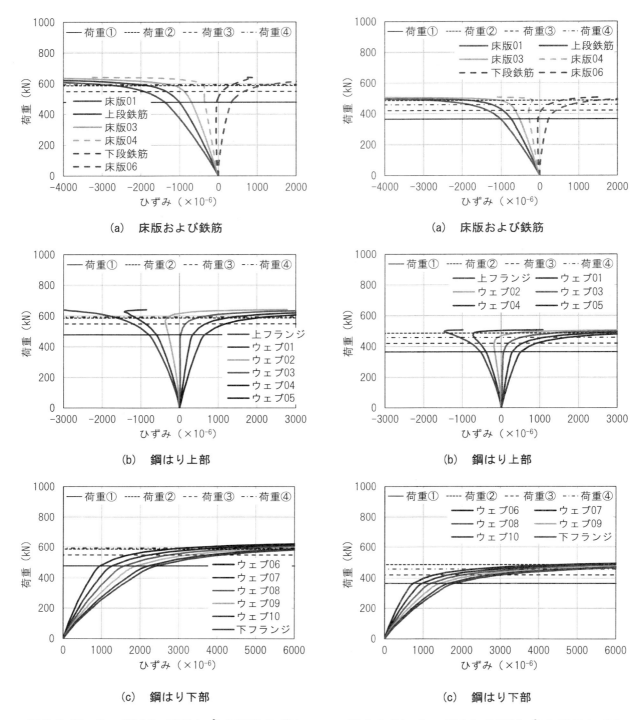

図 3.3.23 CaseB3 (f_{sy}=325N/mm^2) の荷重ひずみ　　図 3.3.24 CaseB4 (f_{sy}=245N/mm^2) の荷重ひずみ

みが急増したりしている．また，上段鉄筋のひずみが降伏ひずみに到達して，コンクリート床版の圧縮域にある要素のひずみが急増する荷重②については，荷重①〜④の中での発生順が各ケースで異なる．具体的には，鋼材の降伏強度が高いCase B1では荷重①と荷重③の間で生じているのに対し，鋼材の降伏強度が低いCase B4では荷重④以降に生じている．この理由については，後述の荷重たわみ関係をもとに説明する．一方，荷重③における挙動は上記の解析結果と同様であり，ウェブ06のひずみが降伏ひずみに到達した前後で，鋼はりの中立軸付近のひずみ（この場合はウェブ03のひずみ）が引張側に急増している．また，荷重④以降のひずみ挙動も先の解析結果と同様であり，引張域にある要素のほぼすべて（この場合は下フランジからウ

第3章 合成はりの耐荷メカニズム

ェブ04まで）が降伏して以降，床版要素や圧縮域にあるウェブ要素にひずみ増分方向が反転する挙動が認められ，荷重③から荷重④に至るまでの間に，鋼はり上フランジのひずみが降伏ひずみに到達している．

この荷重①～④を荷重たわみ関係にプロットして図3.3.25に示す．この図から，荷重①，③，④は，降伏強度に比例して大きく，その際のたわみも大きくなっていることがわかる．また，荷重②は降伏強度に比例して大きくなっているものの，その際のたわみはほとんど変わらない．すなわち，鋼はりは降伏強度に応じて異なる変形量で降伏に至ったものの，コンクリート床版内の鉄筋はある一定の変形量で降伏に至ったという結果となっており，床版の剛性を一定にしたまま，鋼材の降伏強度だけを変化させたことによるものと考

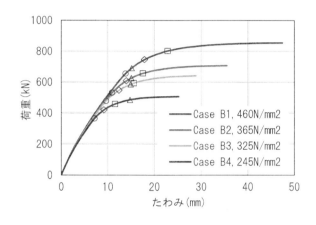

図3.3.25(a)　Case B1～B4の荷重たわみ

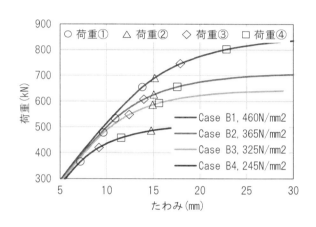

図3.3.25(b)　左図の拡大

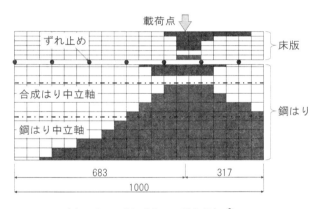

(a)　Case B1（$f_{sy} = 460$ N/mm^2）

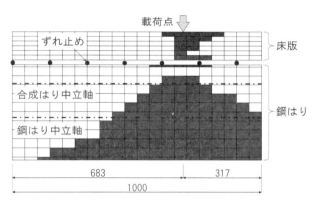

(b)　Case B2（$f_{sy} = 365$ N/mm^2）

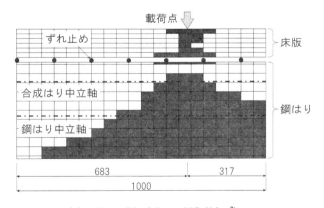

(c)　Case B3（$f_{sy} = 325$ N/mm^2）

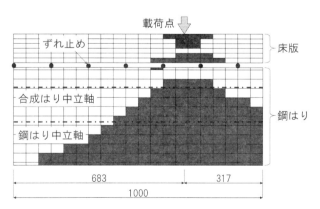

(d)　Case B4（$f_{sy} = 245$ N/mm^2）

図3.3.26　Case B1～B4の塑性化した要素の分布図（凡例は図3.3.19参照）

えられる．一方，たわみ挙動については，荷重①を境に線形性が失われ，荷重③以降に急増している．以上のことから，鋼材の降伏強度は，合成はりの使用性と耐荷性に大きく影響する因子であると考えられる．

図3.3.19と同様に，Case B1～B4について，最高荷重時に塑性化していた要素の分布を**図3.3.26**に示す．これより，鋼材の降伏強度が高いほど，鋼はり下縁の着色部が少なく，塑性化範囲が狭いことがわかる．また，降伏強度が低いCase B4では，鋼はり上縁が塑性化していない．よって，鋼材の降伏強度が低いと，鋼はり上縁が塑性化する前に，鋼はり下縁の塑性化が著しく進行し，終局状態に至るものと考えられる．また，その場合，全断面の塑性化に至らないために，最高荷重時のたわみが大きくならないとも考えられる．

図3.3.27に，最高荷重時の部材軸方向のずれ変位分布を示す．ずれ変位の最大値は，鋼材の降伏強度すなわち最高荷重に比例して大きくなっているが，いずれのケースも軸径の0.3倍で表される終局ずれ変位（4.8mm）には至っていない．ただし，鋼材の降伏強度が高いCase B1では，最大ずれ変位が終局ずれ変位の7割程度に達していることから，鋼材の降伏強度が高く，最高荷重が大きくなる場合には，頭付きスタッドの配置間隔を大きくしすぎないように配慮する必要がある．

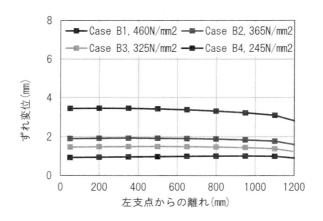

図3.3.27 Case B1～B4の部材軸方向のずれ変位分布

(3) コンクリートの圧縮強度

コンクリートの圧縮強度をパラメータとして，**表3.3.3**に示す4ケースの解析を実施する．Case C1～C4は，床版に用いるコンクリートの圧縮強度を，合成はりに一般的に適用される範囲で6 N/mm^{2}ずつ変化させている．圧縮強度以外の材料特性はCase A1と同じである．

表3.3.3 コンクリートの圧縮強度をパラメータとした解析ケース

ケース名	圧縮強度	ケース内容
Case C1	42 N/mm^2	Case A1のコンクリートの圧縮強度を42 N/mm^{2}としたケース．弾性係数は2.95×10^4 N/mm^{2}に設定．
Case C2	36 N/mm^2	Case A1のコンクリートの圧縮強度を36 N/mm^{2}としたケース．弾性係数は2.81×10^4 N/mm^{2}に設定．
Case C3	30 N/mm^2	Case A1のコンクリートの圧縮強度を30 N/mm^{2}としたケース．弾性係数は2.64×10^4 N/mm^{2}に設定．
Case C4	24 N/mm^2	Case A1のコンクリートの圧縮強度を24 N/mm^{2}としたケース．弾性係数は2.45×10^4 N/mm^{2}に設定．

解析に用いるコンクリートの応力ひずみ関係は，**図3.3.3**に示したとおりであるが，弾性係数E_c (N/mm^2)は複合構造標準示方書[3]を参考にして式（3.3.3）により設定した．

$$E_c = 8500 f'_{ck}{}^{1/3} \tag{3.3.3}$$

ここに，f'_{ck} はコンクリートの設計基準強度 (N/mm²) である．

載荷点位置における各要素の荷重ひずみ関係を図 3.3.28～図 3.3.31 に示す．これより，各ケースの最高荷重はコンクリートの圧縮強度に比例して大きくなっているものの，その増分量は鋼材の降伏強度を変化させたケースよりも小さいことがわかる．これは，圧縮強度が高くなると，塑性中立軸が床版側へ近づくこと

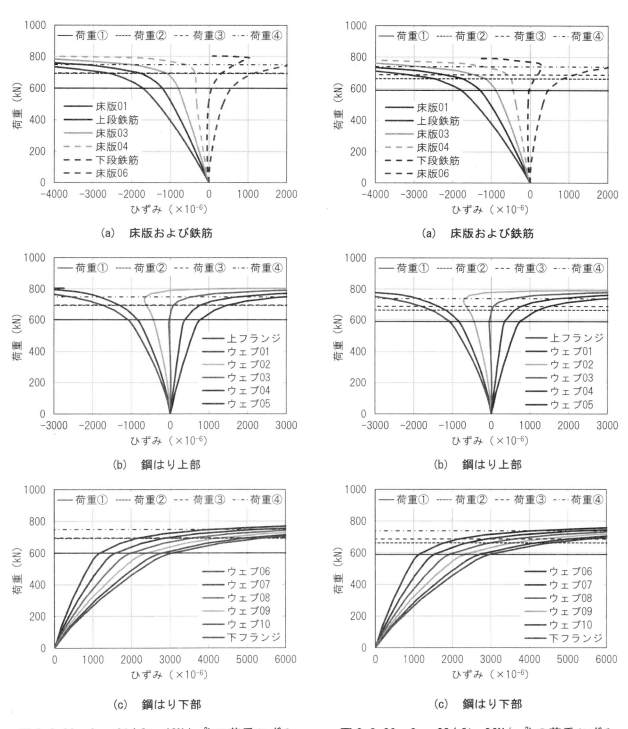

図 3.3.28　CaseC1 (f'_{ck}=42N/mm²) の荷重ひずみ　　図 3.3.29　CaseC2 (f'_{ck}=36N/mm²) の荷重ひずみ

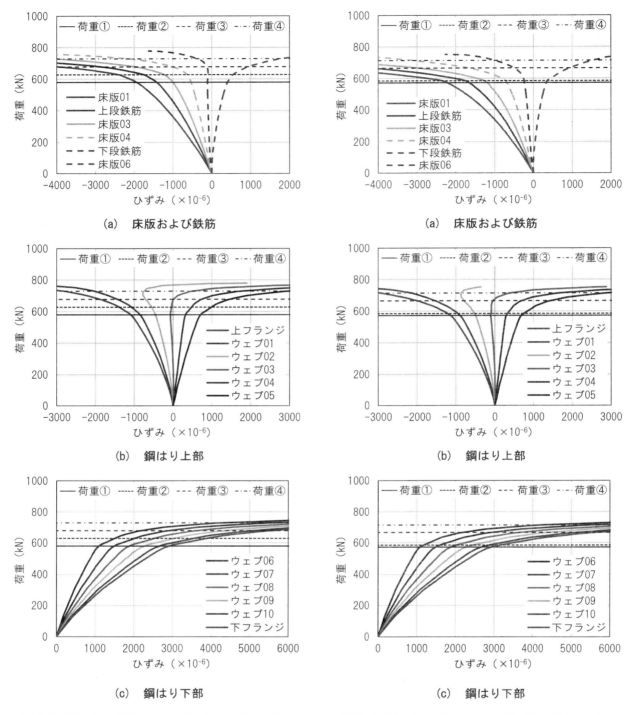

図 3.3.30 CaseC3（f'_{ck}=30N/mm²）の荷重ひずみ　　図 3.3.31 CaseC4（f'_{ck}=24N/mm²）の荷重ひずみ

から，結果として床版が負担する曲げモーメントは大きく変化せず，合成はりの耐力としてはさほど大きくならないためである．一方，コンクリート床版の中立軸位置，すなわちひずみがゼロになる要素の位置は，圧縮強度が高くなるにつれて上方に移動しているようである．これは圧縮強度に比例して弾性係数が大きくなることに起因するものと考えられるが，鋼はり側の中立軸はすべてのケースでウェブ03の位置にあり，圧縮強度の違いによる影響は無い．

それぞれの図中には，これまでと同様にひずみの急変が認められた荷重①～④を示した．鋼はりのひずみに関連した荷重①，③，④の大きさは各ケースでさほど違いはない．また，それらの荷重以降のひずみ挙動

第3章 合成はりの耐荷メカニズム

は，頭付きスタッドの配置間隔や鋼材の降伏強度をパラメータとした解析の結果と同様である．しかしながら，荷重②の大きさは各ケースで大きく異なり，圧縮強度が高いCase C1では荷重③と，圧縮強度が低いCase C4では荷重①とほぼ等しい．この理由については，後述の荷重たわみ関係をもとに説明する．

荷重①～④を荷重たわみ関係にプロットして図3.3.32に示す．これより，荷重①，③，④は，コンクリートの圧縮強度に比例して大きくなっているものの，その際のたわみはほとんど変わらないことがわかる．しかしながら，荷重②は圧縮強度に比例して大きく，その際のたわみも大きくなっている．これは，鋼材の降伏強度をパラメータとした解析とは逆の傾向であり，鋼はりの降伏強度を一定としたまま，コンクリートの

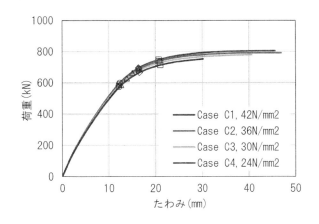

図3.3.32(a)　Case C1～C4の荷重たわみ

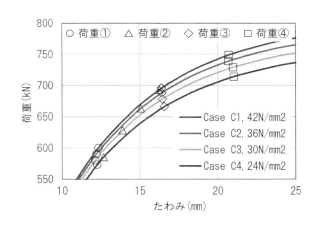

図3.3.32(b)　左図の拡大

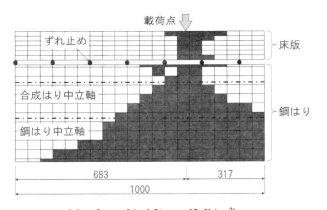

(a)　Case C1（f'_{ck} = 42 N/mm^2）

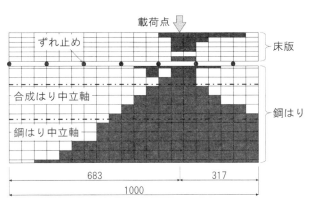

(b)　Case C2（f'_{ck} = 36 N/mm^2）

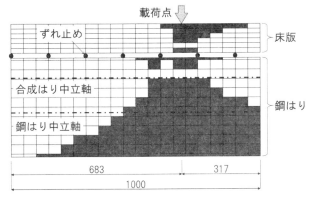

(c)　Case C3（f'_{ck} = 30 N/mm^2）

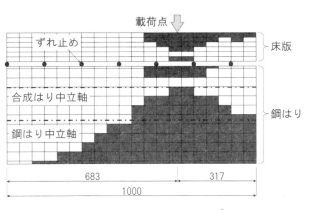

(d)　Case C4（f'_{ck} = 24 N/mm^2）

図3.3.33　Case C1～C4の塑性化した要素の分布図（凡例は図3.3.19参照）

圧縮強度のみ変化させることで，鋼はりはある一定の変形量で降伏に至るものの，コンクリート床版内の鉄筋は圧縮強度に比例した弾性係数に応じ，異なる変形量で降伏に至ることを表していると考えられる．

図 3.3.33 に，最高荷重時に塑性化していた要素の分布を示す．これより，コンクリートの圧縮強度が高いほど，床版上縁の着色部が少なく，塑性化範囲が狭いことがわかる．また，圧縮強度が高い Case C1 と Case C2 では，鋼はりが全断面にわたって塑性化している．よって，圧縮強度が低いと，鋼はりの塑性化が全断面に拡がる前に床版上縁の塑性化が著しく進行し，終局状態に至るものと考えられる．

図 3.3.34 に，最高荷重時の部材軸方向のずれ変位分布を示す．ずれ変位の最大値は圧縮強度に比例して大きくなっているが，いずれのケースも軸径の 0.3 倍で表される終局ずれ変位 4.8mm には至っておらず，最も大きい Case C1 の最大ずれ変位でさえ，終局ずれ変位の 6 割程度である．

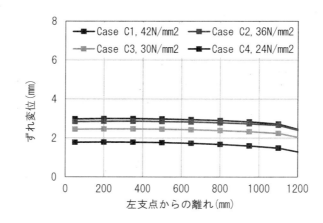

図 3.3.34　Case C1～C4 の部材軸方向のずれ変位分布

3.3.4 まとめ

本検討では，正曲げを受ける単純支持された合成はりを対象として，頭付きスタッドの配置間隔，鋼材の降伏強度，コンクリートの圧縮強度が，同はりの耐荷挙動に及ぼす影響について，剛体ばねモデルを用いた非線形解析により検討した．

本検討によって得られた主な結果をまとめると以下のようになる．

1. 合成はりの耐荷挙動は，頭付きスタッドの配置間隔，鋼材の降伏強度やコンクリートの圧縮強度によらず，ひずみが急変する 4 つの荷重段階で特徴付けることができる．具体的には，荷重ひずみ関係の線形性が失われたり，鋼はりの引張域のひずみが急増したりし始める際の荷重①と，コンクリート床版の圧縮域のひずみが急増し始める荷重②と，鋼はりの中立軸付近のひずみが引張側に急増し始める際の荷重③と，床版や鋼はりの圧縮域のひずみが増分方向を反転させる際の荷重④である．

2. 荷重①～④は，合成はりを構成する各材料の損傷と関連しており，荷重①の段階では鋼はり下フランジ付近の塑性化がウェブ高の 30% 程度まで進行し，荷重②の段階ではコンクリート床版内の上段鉄筋が降伏している．また，荷重③の段階では鋼はりの塑性化がウェブ高の 50% 程度まで進行し，荷重④の段階では鋼はりの塑性化が合成はりの中立軸付近まで進行している．

3. 合成はりの荷重たわみ関係は，荷重①を境に線形性を失い，荷重③以降に急増する．

4. 頭付きスタッドの配置間隔が狭いほど耐力は大きくなる．また，荷重①，③，④も大きくなるが，その際のたわみは逆に小さくなる．これに対し，荷重②は頭付きスタッドの配置間隔の影響を受けないが，その際のたわみは配置間隔が狭いほど小さくなる．さらに，端部に配置する頭付きスタッドを増やすこ

とで，はりの耐荷挙動を非合成はりの挙動から完全合成はりの挙動に近づけることができる．また，非合成はりとして設計し，頭付きスタッドの配置間隔を広くしたはりは，たわみやひずみが合成効果によって小さくなる反面，頭付きスタッドのずれ変位が大きくなり，早期に損傷する可能性がある．

5. 鋼材の降伏強度が高いほど耐力は大きくなる．また，荷重①，③，④も大きくなり，その際のたわみも大きくなる．荷重②も大きくなるが，その際のたわみは変わらない．さらに，鋼材の降伏強度が高いはりは，耐力が大きくなるとともに頭付きスタッドの最大ずれ変位も大きくなるため，配置間隔を大きくしすぎないように配慮する必要がある．

6. コンクリートの圧縮強度が高いほど耐力は大きくなる．また，荷重①，③，④も大きくなるが，その際のたわみは変わらない．荷重②は，コンクリートの圧縮強度が高いほど大きくなるが，その際のたわみも大きくなる．ただし，コンクリートの圧縮強度が合成はりの耐荷挙動に及ぼす影響は，鋼材の降伏強度に比べると小さい．

3.4 おわりに

鋼はりと鉄筋コンクリート床版をずれ止めによって一体化した合成はりが正の曲げモーメントを受ける場合には，鋼はりのフランジやウェブの座屈が生じないコンパクト断面では，その曲げ耐力は一般に全塑性モーメントによって評価できるとされている．

ここでは，頭付きスタッドの配置間隔を変えた2種類の模型試験体を用いて静的載荷試験を行った．その結果，頭付きスタッドの配置間隔が比較的狭く，合成はりの曲げ耐力まで頭付きスタッドに作用するせん断力がそのせん断耐力に達しない試験体ではもちろん，頭付きスタッドの配置間隔がそれより広く，合成はりの曲げ耐力に達する前に頭付きスタッドに作用するせん断力がせん断耐力を超える可能性がある試験体においても，その曲げ耐力はほぼ全塑性モーメントに近い値となった．しかし，特に後者では，最大曲げモーメントを受ける断面の応力分布は，塑性中立軸が鋼はり内にあるにも関わらずコンクリート床版の下縁が引張強度を超えるなど全塑性応力状態とは異なるものとなった．また，頭付きスタッドの配置間隔が後者よりは狭い前者の試験体においても，最大曲げモーメントを受ける断面の応力分布は全塑性応力状態とは異なり，いわゆる不完全合成はりの挙動を示していることが改めて確認された．

つまり，合成はりの曲げ耐力時に頭付きスタッドには有意なずれ変位が生じており，また，曲げ耐力時にコンクリート床版は全断面圧縮強度に対応する軸力を伝達できていない．それにもかかわらず合成はりの曲げ耐力は全塑性モーメントに近い値となっている．このように断面の応力分布が全塑性状態ではないにもかかわらず曲げ耐力が全塑性モーメントに近い値となるのは，鋼はりの引張軸力とコンクリート床版の圧縮軸力によるモーメントが全塑性モーメントよりもそれほど小さくならないことおよびコンクリート床版内の鉄筋が圧縮軸力に寄与することなどが理由であると考えられる．

一方，剛体ばねモデルを用いた模型試験体と同様の断面諸元を有する合成はりのパラメトリック非線形解析において，頭付きスタッドの配置間隔などが合成はりの耐荷挙動に及ぼす影響を検討した．その結果，解析によっても頭付きスタッドの配置間隔が合成はりの耐荷挙動に及ぼす同様の影響が確認された．

従前より，有限個の頭付きスタッドを配置した合成はりはいわゆる不完全合成はりの挙動を示すことが知られている．したがって，コンパクト断面であれば全塑性モーメントに達するということではなく，全塑性モーメントは1つの基準であることを認識し，その上で，合成はりを構成する鋼はりの材料，鉄筋コンクリート床版のコンクリートと鉄筋の材料特性に加えて，合成はりに配置された頭付きスタッドの挙動も考慮し

て，それぞれの限界状態に着目して合成はりの耐荷挙動を確認することが望ましいと言える．さらに，この場合には，鋼材の座屈の影響も考慮することが必要であり，単純はりのみではなくコンクリート床版のひび割れが懸念される連続はりについても頭付きスタッドの挙動を関連させて確認することが望ましいと考えられる．

参考文献

1) 土木学会：鋼構造物設計指針 PART B（特定構造物），1987.12.
2) 土木学会：鋼構造物設計指針 PART B（合成構造物），1997.9.
3) 土木学会：複合構造標準示方書2014年版，2015.3.
4) 溝江慶久，中島章典，NGUYEN Van Duong，永尾和大：材料損傷の発生順序に着目した合成はりの耐荷挙動に関する実験的研究，土木学会論文集A1（構造・地震工学），Vol.72，No.5，pp.II_69-II_79，2016.6.
5) (社)日本鋼構造協会：頭付きスタッドの押抜き試験方法(案)，JSSCテクニカルレポート，No.35，pp.1-24，1996.11.
6) 島弘，中島章典，渡辺忠朋：土木分野におけるずれ止めの性能評価法－土木学会複合構造委員会研究小委員会－，第9回複合・合成構造の活用に関するシンポジウム，pp.29-37，2011.11.
7) 中島章典，溝江慶久：不完全合成桁の不完全度の簡易推定法，土木学会論文集，No.537／I-35，pp.89-96，1996.4.
8) 溝江慶久，中島章典：合成はりの諸因子がその耐荷挙動に及ぼす影響に関する解析検討，第12回複合・合成構造の活用に関するシンポジウム，2017.11.
9) 中島章典，池川真也，山田俊行，阿部英彦：ずれ止めの非線形挙動を考慮した不完全合成桁の弾塑性解析，土木学会論文集，No.537/I-35，pp.89-96，1996.4.
10) 坂口淳一，中島章典，鈴木康夫：負曲げを受ける合成桁RC床版のひび割れ及び鉄筋ひずみ挙動の数値解析，土木学会論文集A1（構造・地震工学），Vol.68，No.1，pp.136-150，2012.
11) 日本道路協会：道路橋示方書・同解説 II 鋼橋編，2012.4.

（執筆者：中島章典，溝江慶久）

第4章　鋼コンクリート合成版の耐荷メカニズム

4.1 鋼コンクリート合成版の概要

鋼とコンクリートからなる合成版は，これまでに，建築の床スラブ，橋梁床版，路面覆工板，沈埋函，ケーソン等の海岸構造物の壁体としての適用例がある[1]．土木分野では，道路橋床版の採用実績が圧倒的に多い．橋梁用合成床版の分類例を図4.1.1に示す[2]．合成版は，コンクリート埋込み型合成床版（図4.1.2参照）と鋼板・コンクリート合成床版（図4.1.3参照）に分けられるが，後者の方がバリエーションは多い．鋼板・コンクリート合成版では，頭付きスタッドをずれ止めに用いたロビンソン型合成版が基本形である．その他の合成版では，鋼パイプやトラス形鉄筋あるいは帯板・形鋼をずれ止めとしたものが開発されている．

前述の用途から，鋼コンクリート合成版は主に面外力による作用を受ける部材である．そこで，本章では面外力に対する耐荷メカニズムを対象とすることとした．

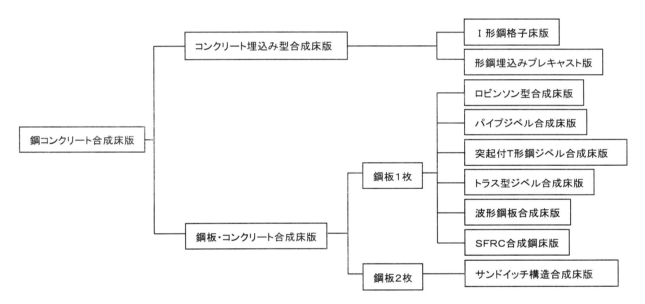

図4.1.1　橋梁床版の例

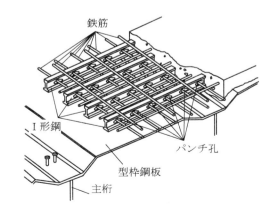

図4.1.2　コンクリート埋込み型合成床版の例
（I形鋼格子床版）

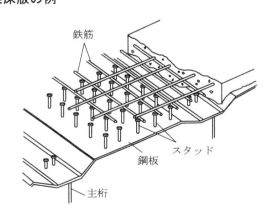

図4.1.3　鋼板・コンクリート合成床版の例
（ロビンソン型合成床版）

4.2 鋼コンクリート合成版の検討課題

　鋼コンクリート合成版は，面外作用に対して，同じ部材厚の RC 版と比べて引張鋼材比が大きい上に鋼材が最下縁に位置していることから剛性が大きく，コンクリート内部に比較的多く配置された鋼材（ずれ止めや形鋼等）が補強効果を発揮することから耐荷力が大きいと考えられている．このことから，十分な量のずれ止めを配置して鋼板とコンクリートを十分に一体化することができれば，面外作用に対しては理論的には RC 版と同様に設計することができると考えられる．一方で，室内で行われている比較的ずれ止めの少ない簡素な構造の合成版の載荷実験では，逆に RC 版のせん断耐力よりも低下する場合があるという結果も得られている[3]．これは，せん断破壊が部材断面のみの抵抗だけでなく，せん断スパン全域にわたる抵抗機構であることによる．そのため鋼コンクリート間の一体性や，ずれ止めの形状・寸法の影響でせん断ひび割れの角度や開きが変化すれば，せん断耐力が影響を受けることが想定される．よって，鋼コンクリート合成版における，面外せん断力に対する耐荷メカニズムは把握しなければならない重要なメカニズムである．

　道路橋床版の設計においては，鋼コンクリート合成床版は前述のように高剛性かつ高耐荷力を有すると考えられているため，長支間床版としての採用が多い．そのため，曲げが卓越するとして一般的にせん断力に対する検討が省略されている．しかし，近年 RC 床版では輪荷重による部分的抜け落ち等の損傷が社会問題となっており，現在，道路橋で用いられる合成床版についても，輪荷重による繰り返し作用に対する検証が行われた上で実構造への適用がはかられている．この RC 版の輪荷重による部分的抜け落ちは，最終的にはせん断の破壊機構によるものである．

　道路橋床版以外の構造物，例えば，水中や地中の函体構造物（ハイブリッドケーソン，沈埋函，水路等）は，土圧や水圧による分布荷重に対しては 1 方向版（単位幅）として扱われる．この時，せん断に対しては RC 構造と見なした設計を行うか，あるいは大きく安全側に近似された設計耐力式が使われている．一方，集中荷重が作用するケースとしては，ロックシェッドにおける落石荷重や岸壁における消波ブロックの衝突等が考えられ，この場合には押抜きせん断破壊が生じる．土木学会複合構造標準示方書設計編においては，1 方向版として見なした場合のせん断耐力と，押抜きせん断耐力の算定式が提案されている．しかしながら，前述のような合成版特有の合成程度やずれ止めがせん断耐荷メカニズムに与える影響が完全に明らかになっていないため，それらが十分に考慮された算定式であるとは言い難い．したがって，鋼コンクリート合成版のせん断力に対する設計法は十分に整備されていない状況にある．

　以上のような背景と検討課題から，本章では適用構造物を限定せず，最も基本的な条件である静的な面外荷重が作用する場合の，合成版のせん断力に対する基本的な耐荷メカニズムを解明することを目的とした．将来的には，走行荷重のような荷重移動の影響，衝撃作用の影響，内部の鋼材の種類や配置の違いによるせん断補強効果の解明，ならびに面外力作用下における耐荷メカニズムの解明に展開していくものである．

4.3 既存の基準類における安全性の照査方法

4.3.1 合成後の曲げモーメントおよび軸力に対する安全性の照査
(1) 複合構造標準示方書[4]

　合成版の曲げモーメントおよび軸力に対する設計断面耐力は，補強鋼板を鉄筋と見なして算定してよいとされている．ただし，ずれ止めのずれ変位が断面耐力に及ぼす影響を考慮して算定しなければならない．ずれ変位が断面耐力に与える影響を無視できる場合，設計断面耐力を部材断面あるいは部材の単位幅について

鉄筋コンクリート断面と同様に平面保持の仮定に基づいて算定してよいとしている．なお，断面耐力に影響を与えるずれ変位量についてはずれ止めに種類によって異なるため，明確な記載はされていない．

(2) 鋼構造物設計指針 PART B 合成構造物 [5]

弾性板理論（等方性板理論または直交異方性板理論）による最大曲げモーメントを合成断面の塑性抵抗曲げモーメントに等値することによって求められている．このときの塑性抵抗曲げモーメントは，コンクリートの圧縮応力にストレスブロックを用いてよいとしている．

コンクリートに対する鋼材断面が小さく，塑性抵抗曲げモーメントが鋼材の降伏によって決まり，断面の塑性回転能が大きい場合には，降伏線理論を適用してよいとしている．

4.3.2 せん断力に対する安全性の照査

(1) 複合構造標準示方書

面外せん断力を受ける合成版を，一方向版としてせん断力に抵抗するはりとみなせる場合は棒部材としてせん断に対する検討を行うこととし，集中荷重の周囲あるいは支点近傍では押抜きせん断に対する検討を行うこととしている．それぞれの設計耐力式は，鉄筋コンクリートの棒部材および面部材の設計耐力式を準用している．ただし，設計耐力はずれ止めの種類と配置方法に影響を受けるため，その影響を耐力式中の鉄筋比を低減することで対応させている．また，ずれ止めのせん断補強効果については，十分な分析がされていないため，本示方書では設計耐力式においてその影響は考慮されていない．

(2) 鋼構造物設計指針 PART B 合成構造物

合成床版を道路橋床版に適用する場合には，せん断力に対する照査は省略可能とされている．

4.4 鋼コンクリート合成版のせん断破壊に関する代表的な研究

4.4.1 園田らの研究 [3]

園田らは，スタッドをずれ止めに用いた鋼板コンクリート合成版の押抜きせん断破壊形式が RC 面部材とほぼ類似していることを実験によって確かめ，RC 面部材の設計押抜きせん断耐力式を準用できることを示した．ただし，合成版のずれ止めの強度が十分でない場合には，部分的な付着せん断ずれが先行し，押抜きせん断耐力が RC の設計式による算定値を下回ることから，低減係数の導入を提案している．園田らの用いた設計耐力式は，1980 年に発刊された「コンクリート構造の限界状態設計法指針（案）」[6] によるものである．この指針で採用されている設計押抜きせん断耐力式を以下に示す．

$$P_u = f_{vd} u_p d / \gamma_b \tag{4.4.1}$$

ここに， $f_{vd} = \beta_r (1 + \beta_{ds} + \beta_p) / f_{v0d}$

$\beta_r = 2(0.85 + 0.4 d / r)$

$\beta_p = \sqrt{(100 p_w)} - 1 \leq 0.73$ （ p_w :引張鋼材比）

$\beta_{ds} = 1.0 - 0.15 d \geq 0.60$ （ d :cm）

$f_{v0d} = f_{vk} / \gamma_c$ （kgf/cm²）

$f_{vk} = 0.94 f'_{ck}{}^{1/3}$ （kgf/cm²）

$r = (u+v)/2, \quad d = h_c + t_2/2$

$$u_p = \begin{cases} 0.5\pi d + v + 2(u+e) & : \text{for CASE I} \\ \pi d + 2(u+e) & : \text{for CASE II} \end{cases}$$

式中で，鋼板の寄与は係数 β_p のみで考慮されていることから，合成版に適用するために，β_p を次のように変更している．

$$\beta_p = \sqrt{(100\,\alpha\,p_w)} - 1 \leq 0 \tag{4.4.2}$$

ここに，$\alpha = \dfrac{Q_u A_u}{2 R_u \lambda_x \lambda_y}$ （ただし，$\alpha \leq 1$）

α：鋼材の寄与率でスタッドの強度と数によって決まる係数

$R_u = t_s(v + 2\overline{d})\sigma_{sy}$：コンクリートコーン底面内のスタッドの抵抗力（鋼板の降伏時）

Q_u：スタッド1本のせん断耐力

A_u：コンクリートコーン底面の面積（図4.3.1参照）

λ_x および λ_y：x および y 方向のスタッドの間隔

t_s：鋼板厚， v：載荷面幅， $\overline{d}$：コンクリート厚， σ_{sy}：鋼板の降伏応力

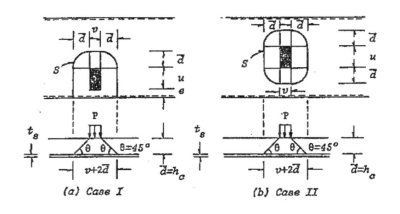

図4.4.1 仮定した押抜きせん断破壊形式

複合構造標準示方書に採用されている合成版の設計押抜きせん断耐力式は，この研究に基づいている．ただし，設計式の導入にあたっては，現コンクリート標準示方書に採用されている新しい設計耐力式をベースとして，他の研究者によるいくつかの実験データを用いて α の適用性の検証が行われた．また，園田らは，スタッドのせん断耐力 Q_u の算定に際しては，Fisher らの提案式[7]を用いられていたが，複合構造標準示方書では共通編に採用されているずれ止めの設計せん断耐力 V_{sud} に置き換えられている．

4.4.2 浜田らの研究[8]

浜田らは，合成床版に用いられるトラス型ジベル（図4.4.2参照）については，せん断補強効果を有しトラス理論が適用できるとしているが，圧縮斜材となるトラス材（プラットトラス形の鉛直材を含む）は実験結果からせん断耐力に用いるべきでないとしている．著者らは，実験における最大せん断力からトラスジベルのせん断耐力を差し引き，コンクリートが受け持つせん断耐力について鉄筋コンクリート棒部材の設計せん断耐力式による評価を試みている．その結果，合成版におけるコンクリートが負担するせん断耐力は，鉄筋コンクリートの設計せん断耐力を下回ることが示されることとなったが，これは鉄筋コンクリート部材に比べて，コンクリート部のひび割れの分散性およびひび割れの進展抑制効果に欠けるためであると報告して

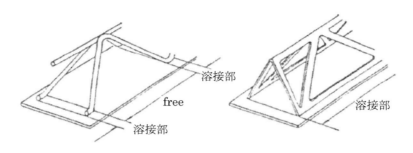

i）折り曲げ鉄筋型　　　ii）くり抜き鋼板型

図 4.4.2　トラス型ジベル

いる．せん断耐力に与えるこのような影響については，鉄筋比を 1/4 に減じて設計耐力式を適用することを提案している．複合照準示方書における一方向版としての設計せん断耐力における鉄筋比の低減係数は，この研究にもとづいて 0.25 とされた．

4.5 鋼コンクリート合成版のせん断耐荷メカニズムの検討

4.5.1 一方向版としてのせん断耐荷メカニズム

（1）せん断破壊に対する実験的検討（その 1）

鋼板コンクリート合成版のせん断耐荷メカニズムにおいてずれ止めが果たす基本的な役割を調べるために行われた実験[9]の検討結果について述べる．実験では，頭付きスタッドボルト（以下，スタッド）を配置したロビンソン型合成版のはり部材（**図 4.5.1** 参照）が用いられた．実験変数は，スタッドの高さ（50，70，90，110mm）と配置間隔（70，140mm）であり，さらにはスタッドの頭の有無としている．

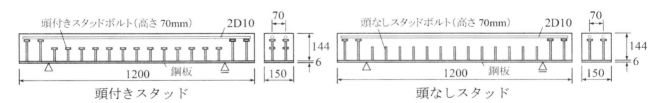

図 4.5.1　実験供試体の例

各供試体のひび割れ状況を**図 4.5.2** に示す．図中の太線は，最大荷重時に進展したひび割れを示している．破壊形態は，いずれもせん断破壊となった．頭付きスタッドの供試体の最大荷重時には，スタッドの頭の位置で斜めひび割れから分岐して水平方向に新たなひび割れが発生するとともに，載荷点に向かって斜めひび割れが貫通して終局に至ることが確認された．スタッド高さが大きい場合では，最初のせん断ひび割れはスタッドを横切るのでせん断ひび割れの開口を防ぐことができるが，頭の位置の水平ひび割れが発生した時点で破壊が誘発されると考えられる．一方でスタッド高さが小さい場合は，せん断ひび割れの下端にスタッドの頭が位置しているためせん断補強効果が期待できず，最大荷重時には同じ機構によってスタッドの頭の位置で水平ひび割れが発達して終局に至っている．なお，終局時にスタッドの降伏は確認されていない．頭無

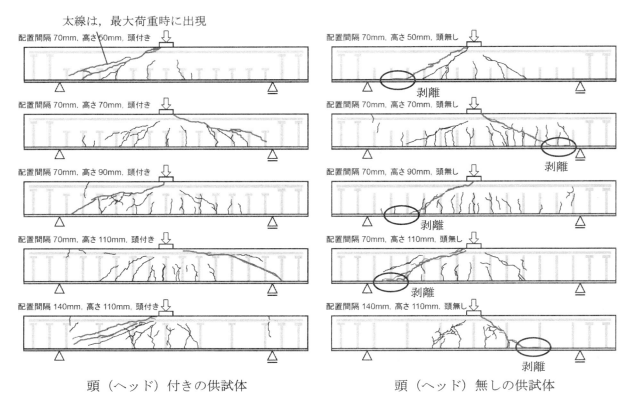

図 4.5.2 実験供試体の例

しの供試体では，スタッドの高さに関係なく斜めひび割れが発生するとひび割れ下端で鋼板とコンクリートの間の剥離が発生して終局に至ることが確認された．また，スタッドひずみ値は最大で 100μ 程度であり，頭付きの場合と比較して大きな増加はほとんど確認されなかった．

各供試体の最大荷重の比較を図 4.5.3 と図 4.5.4 に示す．頭付きスタッドを用いた場合，最大荷重はスタッド高さが大きくなるにつれて増加し，配置間隔が大きくなると減少している．頭なしスタッドを用いた場合は，スタッド高さによらず最大荷重は概ね一定であり，また配置間隔の影響もほとんど見られないことから，スタッドはせん断破壊に対しては寄与していないと考えられる．頭がある場合は，スタッド高さや配置間隔によって最初の斜めひび割れを横切る位置や本数によってせん断補強効果を発揮する場合があるが，高さが小さい場合はむしろ破壊を促進させ，耐力を低下させる挙動が見られた．なお，この実験においては，図 4.5.3 に見られるように頭付きスタッドと頭無しスタッドの供試体の最大荷重が逆転するスタッド高さは 70mm 程度であることから，破壊を促進するときの頭付きスタッドの高さは部材の高さの半分程度となった．また，複合構造標準示方書の設計せん断耐力式は，現在のところスタッド諸元が含まれていないので，すべ

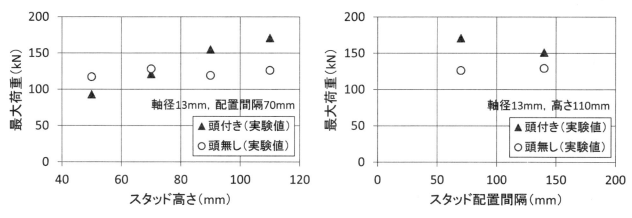

図 4.5.3 スタッド高さと最大荷重の関係　　図 4.5.4 スタッド間隔と最大荷重の関係

ての供試体に対して同じ値となるがその値は 46kN 程度であり，かなり安全側の設計値となっている．

(2) せん断破壊に対する実験的検討（その 2）

鋼板コンクリート合成版のせん断耐荷メカニズムにおいてずれ止めが果たす基本的な役割を調べるために行われた別の実験[10]の検討結果について述べる．

実験では，前述の実験的検討（その 1）と同様の頭付きスタッドボルト（以下，スタッド）を配置したロビンソン型合成版のはり部材（図 4.5.5 参照）が用いられた．実験変数はスタッドの配置間隔（70，130mm，260mm）で，複合構造標準示方書設計編に示されている合成版のスタッドの最大間隔（250mm）に近い値での耐荷挙動を調べることを目的とした．スタッドは，直径 13mm，高さ 50mm，降伏強度 421 N/mm^2，引張強度 491N/mm^2 であり，鋼板の降伏強度は 307N/mm^2，コンクリート圧縮強度は 40.8〜42.8N/mm^2 である．

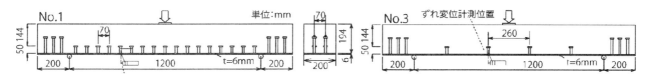

図 4.5.5 供試体形状寸法（No.1，No.3）

表 4.5.1 供試体諸元及び実験結果

供試体	スタッド間隔 (mm)	最大荷重 実験値(kN)	最大荷重 No.1 との比	破壊形態
No.1	70	170.4	1.00	斜め引張
No.2	130	185.4	1.09	斜め引張
No.3	260	232.2	1.36	斜め引張

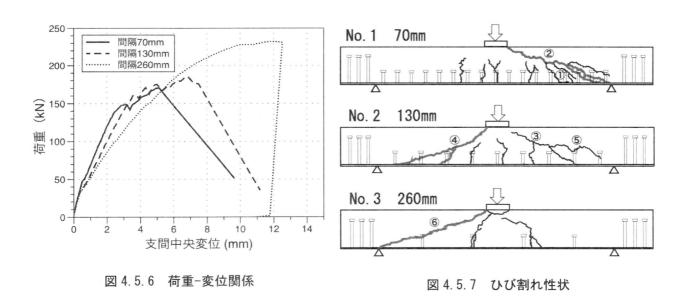

図 4.5.6 荷重-変位関係　　　　　図 4.5.7 ひび割れ性状

各供試体の実験結果と荷重-変位関係を表 4.5.1，図 4.5.6 に示す．配置間隔が 70mm から 130mm に増加しても，最大荷重はほぼ同じ値であった．一方，荷重 30kN〜50kN 以降における曲げひび割れ発生後の荷重-変位関係の傾きは，配置間隔の増加により減少した．さらに配置間隔が 130mm から 260mm へ増加すると，最大荷重は大幅に増加し，配置間隔 70mm の場合の 1.36 倍となった．これは前述の実験的検討（その 1）で見ら

れた性状とは大きく異なる結果である．曲げひび割れ発生以降の荷重-変位関係の傾きは，配置間隔が130mmの場合に比べてさらに低下した．

各供試体のひび割れ状況を図4.5.7に示す．図中の太い薄墨色の線は，最大荷重時に進展したひび割れを示している．破壊形態は，いずれも斜めひび割れ貫通によるせん断破壊となった．スタッド配置間隔が最小の70mmであるNo.1供試体では，スタッド位置で曲げひび割れが発生し，荷重150kNで図4.5.7中の①の斜めひび割れが発生し，荷重が若干低下した．最終的には②の斜めひび割れが，載荷点と支点へ貫通して大きく荷重低下し，せん断破壊となった．スタッド配置間隔が130mmのNo.2供試体では，スタッド位置で曲げひび割れが発生した後，160kNで③の斜めひび割れが，170kN付近で反対側のせん断スパンに④の斜めひび割れが発生した．その後，③の斜めひび割れが支点側に向けて⑤のように進展したが，最終的には④の斜めひび割れが大きな破裂音とともに載荷点から支点に貫通して大幅な荷重低下となった．なお，No.1，No.2供試体では斜めひび割れ発生の度に若干の荷重低下が生じており，No.2供試体の荷重-変位関係では最大荷重に至るまでに3回のピークが記録されている．

配置間隔が260mmと最大のNo.3供試体では，スタッド位置で生じた2本の曲げひび割れが徐々に曲げせん断ひび割れに移行したが，それぞれ載荷板の下へ伸展した．荷重208kN付近では圧縮破壊によるとみられるコンクリートの表面剥離も載荷板付近で見られた．さらに引張鋼板が降伏した直後，図4.5.7の⑥で示す斜めひび割れが，大きな破裂音とともに急激に発生，貫通して破壊に至った．⑥のひび割れは曲げひび割れから進展したものではない．

今回，スタッド間隔が大きいNo.3供試体においては，スタッド位置で生じた載荷点付近での曲げひび割れが載荷版の下へと向かう斜めひび割れと発達した．したがって，タイドアーチが形成されたと思われるが，この斜めひび割れ角度は極めて大きいことから，アーチ角の大きい強固なタイドアーチ機構が形成され，破壊直前までこのアーチによる耐荷メカニズムが働いていたと考えられる．このことが，スタッド配置間隔が大きい場合に，配置間隔の小さい場合に比べて最大荷重が増加した理由であると言える．

一般的な形状寸法で曲げとせん断が作用するRCはりでは，斜めひび割れは曲げひび割れから進展する，いわゆる曲げせん断ひび割れである．全供試体は，スタッド位置で曲げひび割れを生じている．これはスタッドによってコンクリートの引張断面が減少するためである．したがって，合成版では，スタッド位置がせん断ひび割れ位置，すなわちせん断ひび割れの角度を決定していることに他ならない．特にスタッド配置間隔が大きく，せん断スパン内にスタッド本数が少ない場合に，この影響は大きくなる．このことから，今回のケースではスタッド間隔が増加することによって最大荷重が増加したが，同一間隔でもスタッドの位置によっては荷重増加が無い場合も存在すると想像される．

以上の実験結果をまとめる．スタッドは使用状態においてはずれ止めとして剛性を保持し，いわゆる設計における想定された役割を合成版の耐荷メカニズムの中で演じる．一方，終局状態においては，RCにおける鉄筋の節とは異なり部材中においてその大きさが無視できないことにより，合成版の耐荷メカニズムに設計で想定していない影響を及ぼす．例えば，実験的検討（その1）ではせん断補強筋として，実験的検討（その2）ではせん断ひび割れの起点として影響を及ぼしている．これらの影響は特に引張側から中立軸付近にかけてスタッド軸が配置されている合成床版において顕著であると考えられる．

(3) せん断破壊に対する解析的検討

実験結果（その1）に対して，3次元非線形FEM解析を実施して破壊メカニズムの検討を行った[9]．解析には汎用の有限要素解析ソフトであるDIANA9.6が用いられた．解析モデルの要素分割の一例を図4.5.8に示す．解析対象範囲は部材の対称性から1/4とし，境界条件として対称軸と支点部の変位にそれぞれ水平方向と鉛

第4章　鋼コンクリート合成版の耐荷メカニズム

直方向の拘束を与えた．コンクリートと鋼板は8節点のソリッド要素を用いてモデル化し，両者の間には8節点平面接合要素（厚さ0）を適用した．スタッドは2節点トラス要素を用いており，根元にあたる下端の節点は鋼板要素の節点と共有させた．もう一方の上端の節点については，頭付きのスタッドの場合は図の右上に示したようにコンクリート要素と直接共有させたのに対し，頭無しスタッドでは図の右下のようにコンクリート要素の節点との間に2節点接合要素を適用した．この2節点接合要素およびスタッド要素の断面積は，直径13mmの円の面積と同じ値としている．

コンクリートの応力－ひずみ関係は，圧縮領域で放物線モデル，引張領域で線形モデルを適用し，終局ひずみについてはそれぞれ破壊エネルギーを基に決定した．ただし，上側鉄筋を含む要素（RC要素）では引張軟化の際に付着にともなうテンションスティフニングを考慮している．圧縮領域の降伏判定はDrucker-Prager基準により行い，ひび割れ発生後のせん断剛性は一定としてひび割れ前の1%まで低減させた．鋼板とスタッドは完全弾塑性体であると仮定し，降伏判定はvon Mises基準に基づいている．コンクリート圧縮強度およびスタッド降伏強度は実測値を用いた．

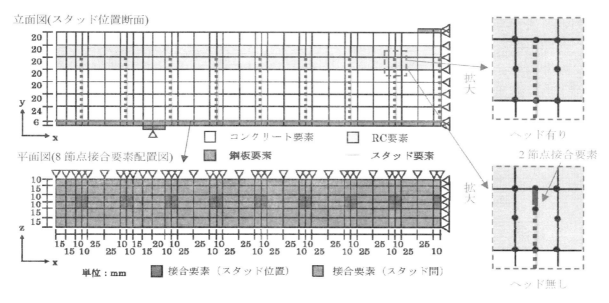

図4.5.8　要素分割状況の一例（配置間隔70mm，高さ110mm）

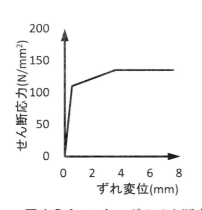

図4.5.9　スタッドのせん断応力－ずれ変位関係

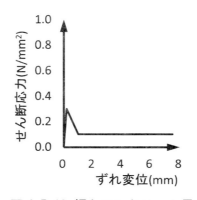

図4.5.10　鋼とコンクリート界面のせん断応力－ずれ変位関係

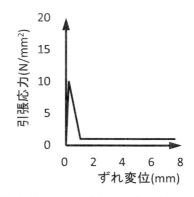

図4.5.11　ヘッド無しスタッドとコンクリート間の2節点接合要素の引張応力－変位関係

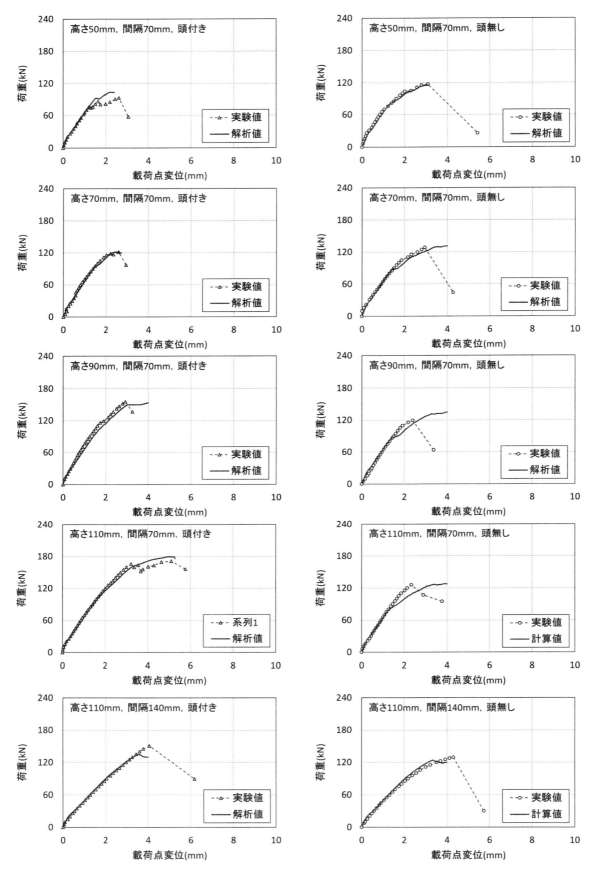

図 4.5.12 荷重－変位関係

鋼板とコンクリートの接合面におけるせん断応力－ずれ関係を図4.5.9および図4.5.10に示す．スタッドによるせん断伝達作用については，中島らの研究[11]を参考に図4.5.9に示したようなトリリニア型のモデルで表し，スタッド近傍の接合要素に適用した．一方で，スタッドの無い接合面の鋼とコンクリート間の付着・摩擦作用については，図 4.5.10 のようなせん断応力－ずれ関係を適用し，スタッド間に配置することでモデル化した．また，接合面鉛直方向の応力－ひずみ関係については，引張側に極めて小さい剛性をすべての接合要素に与えている．頭無しのスタッドについては，実験結果よりある程度の引張応力が生じると付着切れによりコンクリートからの引き抜けが発生すると考えられる．よって本解析では，スタッド降伏応力よりも十分に小さな値（10MPa）の引張応力が生じた時点ですべりが発生すると仮定し，頭無しスタッドとコンクリート間に適用した接合要素（図4.5.8中の右下図の太線）に図4.5.11に示したようなモデルを適用することで，本来はスタッド軸部表面で発生する付着切れを疑似的に表した．

解析結果から得られた荷重と載荷点変位の関係を実験結果とあわせて図 4.5.12 に示す．最大荷重および終局に至るまでの部材剛性の変化は，実験と解析で概ね一致している．載荷点変位が 2mm に達するまでの部材剛性を比較すると，スタッド配置間隔が 70mm の供試体ではスタッド高さの違いや頭の有無によらずほとんど同じである．一方で配置間隔が 140mm の供試体では，配置間隔が 70mm の供試体に比べて低下している．これは，スタッド配置間隔が大きい場合では鋼コンクリート接合面でのずれが大きくなるためであると考えられる．最大荷重は，解析値と実験値で概ね一致している．

スタッド配置間隔 70mm で高さが 50mm と 110mm の供試体および配置間隔 140mm で高さが 110mm の供試体について，最大荷重直後におけるスタッド位置での軸方向の断面の最大主ひずみコンターを図 4.5.13 に示す．配置間隔 70mm で高さ 50mm の供試体の最大主ひずみコンターを比較すると，頭付きと頭無しの場合ともに載荷点から 70mm のスタッド位置（図中②）において接合面から垂直方向に引張主ひずみ領域が形成されていることが確認できる．実験のひび割れ図（図 4.5.2）との比較により，これは曲げひび割れによるものと考えられる．また両者に共通して，④位置におけるスタッドの根元部近傍にある要素から載荷点へ向かって斜め方向にひずみ領域が形成されていることが確認できるが，図 4.5.2 との比較からこれはせん断ひび割れによるものと考えられる．このひずみ領域は，荷重がおよそ 80～90kN に達した段階で形成されていたことが確

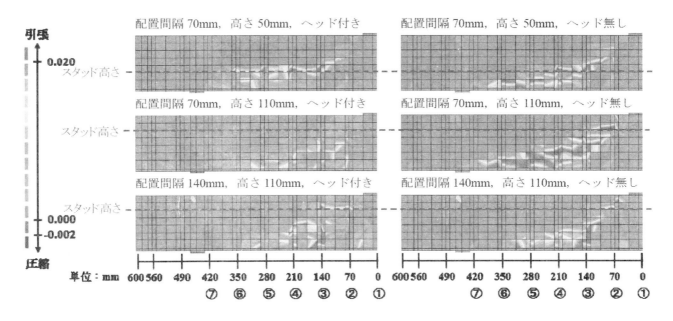

図 4.5.13　最大主ひずみコンター（最大荷重直後）

認されており，頭無しの供試体の荷重－変位関係において剛性の低下が発生した時期と一致する．さらに，配置間隔70mmで高さ50mmの頭付きの供試体では④～⑥位置におけるスタッド頭部のコンクリート要素で水平に引張ひずみ領域が形成され最大荷重を迎えたことが確認された．これは，実験時に頭付きスタッドの供試体の終局時において確認された水平ひび割れを示していると考えられる．一方で，頭無しの供試体では⑤のスタッド根元部近傍の要素から載荷点にかけて斜めに引張ひずみ領域が形成され最大荷重に達したことが確認された．以上より，スタッドの頭の有無によって合成版のせん断破壊に至るまでのメカニズムが異なることが解析においても確認された．これは，スタッド高さが70mmおよび90mmの場合についても同様であった．

次に，配置間隔70mmで高さ110mmの供試体で最大主ひずみコンターを比較する．頭無しの場合では，高さ50mmの場合とほぼ同様のひずみ分布である．一方で頭付きの場合では，スタッド頭部の水平引張ひずみ領域は確認されず，載荷板周辺部に高い引張ひずみ領域が形成され最大荷重に至ったことが確認された．スタッド頭部で水平ひずみ領域が形成されなかった理由としては，実験と異なり本解析では頭が存在することによるコンクリート水平断面の欠損が考慮されていないためであると考えられる．また，頭付きの場合では，スタッド高さよりも低い位置の領域で引張ひずみの値が大きく抑制されていることが確認できる．以上より，スタッド配置間隔が密でありスタッド高さが大きい場合では，スタッドによるせん断補強効果によりせん断破壊の進行が大きく抑制されることが確認された．

配置間隔140mmの供試体については，頭の有無に関わらず③位置のスタッド根元部から載荷点に向かって斜めの引張ひずみ領域が形成されていることが確認できる．また，頭付きの場合では⑤位置のスタッド根元部～③位置のスタッド頭部の間で引張ひずみ領域が形成され終局に至ったのに対し，頭無しの場合では⑤位置のスタッド根元部から③位置のスタッド頭部を経由せずに載荷点方向へ斜めの引張ひずみ領域が形成され終局することが確認された．頭付きの場合の終局時に形成される水平ひずみ領域の範囲は，スタッド配置間隔が70mmの場合と比較して小さいことから，スタッド配置間隔が大きい場合ではスタッドの頭が合成版のせん断破壊に及ぼす影響は小さいと推測される．

(4) 耐荷メカニズムの整理

ずれ止めにスタッドジベルを用いた合成版について，載荷試験および有限要素解析から損傷イベントとパフォーマンスを整理すると以下のようになる．

①載荷初期

合成版の部材剛性は，スタッドの頭の有無やスタッド高さによる影響はほとんど無く，スタッドの配置間隔による影響のみ受ける．

載荷初期にはスタッドの頭の有無に関わらず，図 4.5.14（a）に示すように鉄筋コンクリート版と同様には曲げひび割れと斜めひび割れが発達する．このとき，斜めひび割れを跨ぐようにスタッドが配置されていれば，スタッドはひび割れを拘束する作用がありせん断補強効果を有するものと考えられる．

②載荷中期および終局時

スタッドは表面が滑らかであるがゆえにコンクリートとの付着に乏しく，頭があることによって定着がとられている。したがって，スタッドの頭がない場合，スタッドは軸力を負担できないため，スタッド高さに関係なくせん断補強効果は期待できない．破壊の際には，斜めひび割れ下端でスタッドが抜け出て鋼板とコンクリートが剥離する．

スタッドの頭がある場合，ひび割れに対するスタッドの拘束効果の喪失は，異形鉄筋のような局所的な降伏による伸びによるものとは異なる。スタッドの軸径がある程度以上大きくなれば，スタッドの降伏までに

余裕がある中でスタッドの頭部のアンカー作用によってコンクリートが水平方向にひび割れて，それ以上の引張力を受け持つことができない状態になる．支点方向に伸びた水平ひび割れからは，新たに斜めひび割れが発生し，図 4.5.14 (b) に示すように最初の斜めひび割れと同様に跨いでいるスタッドの頭部で水平ひび割れが拡大していくと考えられる．このとき，スタッドが密に配置されていれば，順次支点側に新たな斜めひび割れを形成しながらスタッド頭部で水平ひび割れが全体的に発達して，図 4.5.14 (c) に示すように水平ひび割れを伴った斜めひび割れが貫通することで破壊に至る．スタッド高さが大きい場合はせん断補強効果を有するが，小さい場合は斜めひび割れに対する拘束効果が期待できず，むしろ頭部で発生する水平ひび割れによってせん断耐力を低下させる．スタッドの頭のない供試体を基準とすれば，本報告の実験供試体の場合は，頭付きスタッドは部材高さの半分程度以上の長さがないとせん断補強効果が得られない．

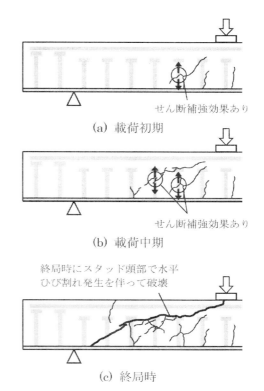

図 4.5.14 スタッドを用いた鋼板コンクリート合成版の損傷イベント

4.5.2 二方向版としてのせん断耐荷メカニズム

（1）実験データに基づいた押抜きせん断耐力

一方向版と同様に基本形であると位置づけられているロビンソン型合成版を対象として，過去に押抜きせん断破壊に対する実験的研究[12]〜[15]が行われている．供試体形状寸法の一例を図 4.5.15 に示す．実験では，引張補強鋼板の厚さ（6〜16mm），頭付きスタッドの高さ（50〜110mm），配置間隔（50〜210mm）および軸径（4〜16mm）を変数としている．図 4.5.16 は，軸径 13mm のスタッドを用いた供試体について，実験終了後に版幅中央で支間方向に切断した面のひび割れ状況の例を示したものである．スタッド高さが小さく配置間隔が大きい供試体（図の上段）では，押抜きせん断による斜めひび割れは載荷部より支点に向かって緩やかな傾斜で発達しており，扁平なタイドアーチが形成されている．この場合，ずれ止めが十分に機能していなく，コンクリート版と引張補強鋼板の一体性が確保できていないと推定される．

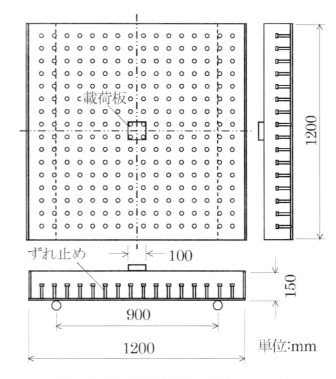

図 4.5.15 実験供試体の形状寸法の例

同じ高さのスタッドで配置間隔を小さくしたときの供試体（図の中断）では，載荷点直下のひび割れ角度は，40〜45°となっている．さらに，スタッドの高さを大きくした場合（図の下段）には，概ね 45°の傾きを持つコーン状のひび割れが発生しているが，スタッド頭部の水平ひび割れが連結しながら支点側に複数の斜め

ひび割れが現れている．このような挙動は一方向板の傾向と同様であるが，二方向版では破壊領域が放射状に外側に拡がるにつれてひび割れを跨ぐスタッドの本数が増えていくため，直ちに破壊することなく最大荷重を保持し続けることとなる．

複合構造標準示方書では，二方向版の設計押抜きせん断力式として鉄筋コンクリート面部材の設計押抜きせん断耐力式に低減係数を導入している．2009年版示方書の制定資料[2]によれば，鉄筋コンクリート面部材の設計押抜きせん断耐力式をそのまま適用した場合には，文献 3)，12)～15)の供試体に対して図 4.5.17 のような結果となっている．図に見られるように，スタッドの配置間隔が広くなるにつれて，押抜きせん断耐力は減少する

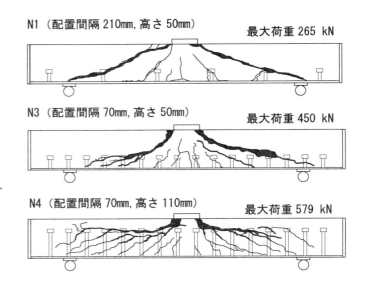

図 4.5.16 ひび割れ状況（中央切断面）

傾向があり，計算値は実験値に対して危険側の値となっている．園田らは，鋼断面の寄与率をスタッドの強度と本数で決まるものとし，鉄筋比 p に対して次式による低減率 α の導入を提案している（4.4.1 参照）．この α を導入した設計耐力式で計算した結果を表したのが，図 4.5.18 である．この結果，実験値が大きく下回っていた供試体については，計算値が安全側の方にシフトしている．

図 4.5.19 は，上記で扱ったデータの1部をスタッド高さで整理したものである．この図によればスタッドの高さが大きいほど押抜きせん断耐力が大きくなることが示されている．この傾向は一方向版と同じであり，スタッドの諸元によってはせん断補強効果が期待できる．また，一方向版同様に終局時にはスタッド頭部での定着破壊（水平ひび割れの発達）が支配していると考えられる．

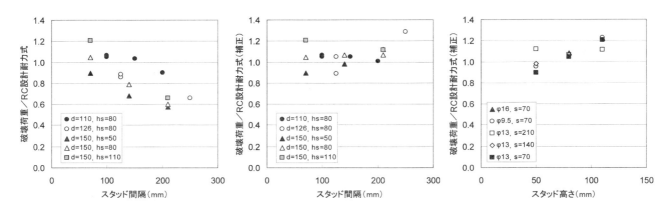

図 4.5.17 RC 押抜きせん断耐力との比較

図 4.5.18 低減率 α を導入した押抜きせん断耐力

図 4.5.19 スタッドの高さが異なる場合の押抜きせん断耐力（低減率使用）

(2) 合成版の押抜きせん断破壊挙動解析

前述の実験的検討から，合成版の耐荷メカニズムの根幹は鋼板とコンクリートの一体性（合成度）である．複合構造標準示方書設計編における合成版のせん断耐力評価式においても，この影響は影響係数として導入されているが，その係数は耐荷メカニズムを考慮して定式化はなされていない．スタッドなどのずれ止めはせん断抵抗によってその一体性を司るが，部材寸法に対して無視できない鋼材を有することから，合成版の

耐荷メカニズムに影響をもたらすことも明らかとなっている．また実構造においては，施工性や補剛面からも鋼材が配置されるなど，ずれ止めによるせん断抵抗のみが合成版のせん断破壊挙動における耐荷メカニズムに与える影響は明確ではない．実験ではこの影響を完全に排除するのは難しいことから，ここでは3次元非線形有限要素解析を用いた単純なパラメトリック解析により，ずれ止めによるせん断抵抗のみがせん断耐荷メカニズムに与える影響について簡単な検討を行った．

検討には自作の解析プログラム[16]を用いた．**図 4.5.20** に解析メッシュを示す．供試体は既往の実験結果を参考にし，1辺1200mmの正方形版で，有効高さ172mm，鋼板厚6mmの寸法とした．支持方法は2辺単純支持で，支間1000mmとした．載荷は中央1点の静的載荷で，載荷板は1辺100mmの正方形板である．コンクリートと鋼材の材料諸元を**表 4.5.1** に示す．コンクリート及び鋼材には，20節点8積分点ソリッド要素を適用し，コンクリートと引張補強鋼板との間には，16節点4積分点の平面接合要素を適用した．接合要素の水平方向の要素寸法は，標準的なスタッド径の22mmよりやや大きいが，概ねの傾向は得られると考え1辺25mmとした．高さ方向は1辺40mm程度である．非線形解法には修正ニュートンラプソン法を用いている．

コンクリートの構成則は，ひび割れ発生前に多方向応力状態を考慮可能な3次元弾塑性破壊モデルを適用し，実験により求められたコンクリートの2軸破壊基準を3次元に拡張した破壊基準によりひび割れ後の構成則に移行する．ひび割れ後は，ひび割れを固定分散ひび割れで表現し，ひび割れ面を基準とした座標系で1軸，2軸のコンクリート構成則を，ひび割れを含む面内のせん断に対しては，骨材噛み合わせによるせん断抵抗とひび割れ間コンクリートの平均せん断剛性を適用した．ひび割れは3方向までを考慮した．

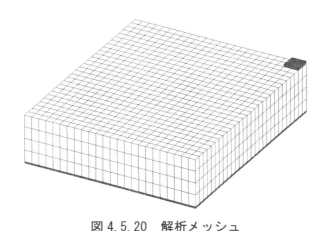

図 4.5.20 解析メッシュ

接合面については，今回は影響要因の多くを排除した基本的な検討であり，面内方向せん断，面外方向圧縮引張に対しては線形モデルを適用した．また，純粋にせん断方向剛性の影響のみを検討するため，面外方向の剛性を極めて大きくして剛結とみなした．

検討対象は，接合面のせん断剛性と分布とした．接合面の分布については，部材全面で接合しているケース（All），幅方向は全面接合しているが支間方向でストライプ状に接合しているケース（StripeS），支間方向は全面接合しているが幅方向でストライプ状に接合しているケース（StripeW），接合面が格子状となるケース（Grid）とした（**図 4.5.21**）．せん断剛性については，**表 4.5.2** に示すように部材全面で接合しているケースに対して，1.0，10，10^2，10^3，10^6 N/mm³ とした．なお，プログラム内ではせん断応力-ずれ変位に対して剛性を与えるため，ここでのせん断剛性の単位はN/mm³となる．定着の影響を検討するため，せん断剛性が1.0，10 N/mm³のケースに対しては，支間外の接合要素のせん断剛性を10^6 N/mm³として定着を確保したケースも用意した．

接合面をストライプ，格子状としているケースでは，**図 4.5.21** において薄墨色で示した領域を接合面としてほぼ剛結とし，それ以外の領域でせん断剛性はほぼ 0 とした．ほぼ剛結とした接合面のせん断剛性は 10^6 N/mm^3，他の領域のせん断剛性は 10^{-3} N/mm^3 である．支間外の接合要素は，せん断剛性を 10^6 N/mm^3 として定着を確保した．なお，いずれも面外方向はほぼ剛結としている．**表4.5.3** に示すように，それぞれの接合面分布ケースにおいて，接合面間隔を 50mm，100mm，200mm とした．間隔を変化させた方向の接合面領域の幅は 1 要素分の 25mm で一定であるため，領域間の純間隔が 25mm，75mm，175mm と変化している．

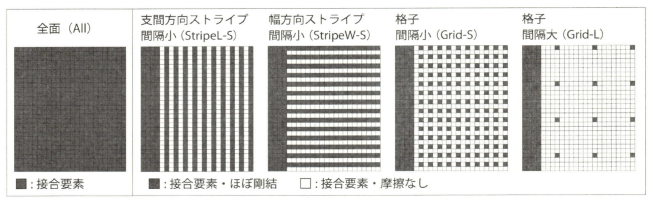

図 4.5.21　各解析ケースにおける接合要素分布

表 4.5.2　解析ケース（接合面剛性の影響）

解析ケース	接合面分布	接合面せん断剛性 (N/mm^3)	定着	解析ケース	接合面分布	接合面せん断剛性 (N/mm^3)	定着
All － 1E0	全面	1.0	なし	All － 1E2	全面	10^2	なし
All － 1E0 － A	全面	1.0	あり	All － 1E3	全面	10^3	なし
All － 1E1	全面	10	なし	All － 1E6	全面	10^6	なし
All － 1E1 － A	全面	10	あり				

表 4.5.3　解析ケース（接合面分布の影響）

解析ケース	接合面分布	接合面間隔 (mm)	定着	解析ケース	接合面分布	接合面間隔 (mm)	定着
StripeL- S	ストライプ・支間	40	あり	Grid- S	格子	40	あり
StripeL- M	ストライプ・支間	80	あり	Grid- M	格子	80	あり
StripeL- L	ストライプ・支間	160	あり	Grid- L	格子	160	あり
StripeW- S	ストライプ・幅	40	あり				
StripeW- M	ストライプ・幅	80	あり				
StripeW- L	ストライプ・幅	160	あり				

荷重−変位関係を**図 4.5.22〜図 4.5.26** に示す．**図 4.5.22** は部材全域を接合面とした場合であるが，接合面のせん断剛性がある値より小さくなると最大荷重と荷重−変位関係の剛性が減少することがわかる．接合面のせん断剛性が最も小さい場合には，荷重 140kN 付近で曲げひび割れ発生して荷重が減少した後，緩やかに荷重が増加する．ただし，**図 4.5.23** に示すように，定着が確保されていれば，接合面のせん断剛性が最も小さい場合でも減少後の最大荷重は接合面せん断剛性が 10^6 N/mm^3 と，最も高い場合の 8 割程度に止まる．

第4章　鋼コンクリート合成版の耐荷メカニズム

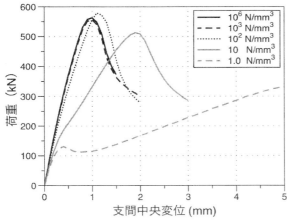

図4.5.22　荷重-変位関係（せん断剛性の影響）

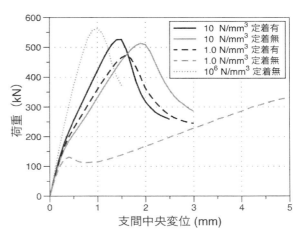

図4.5.23　荷重-変位関係（定着の影響）

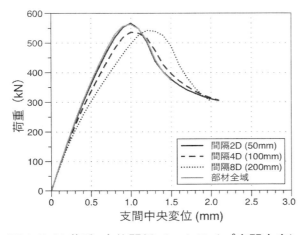

図4.5.24　荷重-変位関係（ストライプ支間方向）

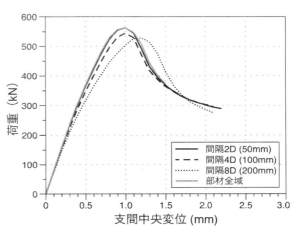

図4.5.25　荷重-変位関係（ストライプ幅方向）

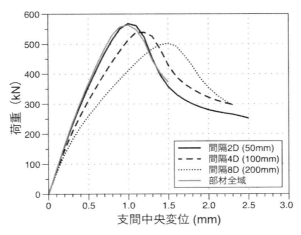

図4.5.26　荷重-変位関係（格子状）

図4.5.24は支間方向に接合面がストライプ状に配置されている場合，**図4.5.25**は部材幅方向に接合面がストライプ状に配置されている場合，**図4.5.26**は接合面が格子状に配置されている場合の荷重-変位関係である．間隔が広がれば，当然，最大荷重と荷重-変位関係の剛性は減少する．2辺支持であっても，版中央

への集中荷重の場合，接合面間隔の影響は支間方向と部材幅方向でほとんど変わらない．格子状になると，支間方向，部材幅方向の影響が重なり，それぞれの方向で接合面間隔が大きくなる場合に比べて最大荷重と荷重-変位関係の剛性の減少が大きくなる．これらは定着を確保しているので，図 4.5.23 の定着有りの場合と比べると格子状で接合面間隔が 160mm と大きい場合は，接合面のせん断剛性が剛結とみなせるほど大きくとも，全域が接合面で接合面せん断剛性が小さくほとんど無い場合と最大荷重，荷重-変位関係のせん断剛性が等しくなる．ただし，格子状で接合面間隔が広い場合には接合面の配置パターンが複数考えられる．この配置パターンは支間中央の接合面が有効では無いため，最小の最大荷重と部材剛性を示していると言える．

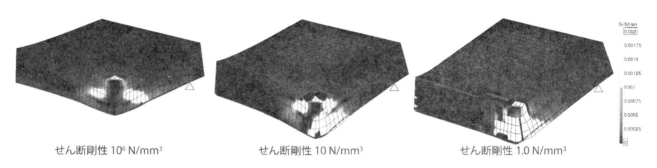

図 4.5.27 最大主ひずみコンター及び変形図（接合面せん断剛性の影響，変形倍率 100 倍*，*右のみ 40 倍）

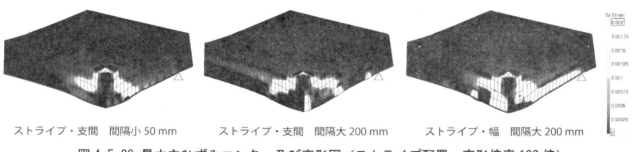

図 4.5.28 最大主ひずみコンター及び変形図（ストライプ配置，変形倍率 100 倍）

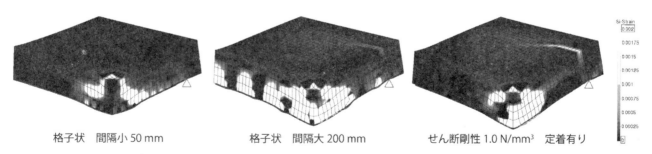

図 4.5.29 最大主ひずみコンター及び変形図（左・中央：格子配置，右：全面接合・定着有り，変形倍率 100 倍）

最大荷重時の最大主ひずみコンター及び変形図の例を図 4.5.27〜図 4.5.29 に示す．これらはいずれも載荷点側から俯瞰したものであり，支間中央断面と幅中央断面の最大主ひずみ分布が示されている．図 4.5.27 は部材全域を接合面とした場合のうち，接合面せん断剛性が 10^6 N/mm³ でほぼ剛結とみなせる場合と，接合面せん断剛性が 10 N/mm³ で最大荷重がほぼ剛結から 10%程度減少した場合，接合面せん断剛性が 1.0 N/mm³ でほぼせん断剛性 0 とみなせる場合を比較したものである．なお，接合面せん断剛性が 1.0 N/mm³ の場合は，最大荷重時ではなく変位 5mm の時点のコンター図を示した．またこれのみ変形倍率を 40 倍としている．接合面のせん断剛性が小さくなると曲げひび割れによる載荷点下の引張ひずみ領域が大きくなる．接合面せ

ん断剛性が 10 N/mm³ の場合は幅方向断面で斜めのひび割れ領域が見られ，かつ，載荷点を中心に支間方向，幅方向共に大きくたわんでおり押抜きせん断破壊モードと言える．一方，接合面せん断剛性が 1.0 N/mm³ でほとんど無い場合は，幅方向断面で斜めのひび割れ領域は見られず幅方向のたわみも小さいことから，曲げに近い破壊モードであると言える．

図 4.5.28 は接合面をストライプ状に配置した場合のうち，支間方向に接合面間隔50mm，200mmで配置した場合と部材幅方向に200mmで配置した場合との比較である．配置間隔が50mmと小さい場合は，部材全域でほぼ剛結である場合と同様のひずみ分布となった．これは支間方向，部材幅方向いずれの場合も変わらなかった．間隔が 200mm と大きくなると，接合面位置で最大主ひずみが大きく，ひび割れが集中することがわかる．そのため，各断面で示される最大主ひずみ分布はやや異なるものの，載荷板縁から伸びるひび割れ領域などの性状は同様である．また変形も載荷点を中心に支間方向と部材幅方向で大きくたわんだ性状となっており，間隔が大きい場合にも押抜きせん断破壊モードであったと考えられる．**図 4.5.29** の左図と中央図は，接合面を格子状に配置し配置間隔が 50mm，200mm の場合について示したものであるが，これもストライプ状配置と同様であると言える．ただし，配置間隔が 200mm と大きい場合には，変形性状や荷重-変位関係は押抜きせん断破壊の性状を示しているものの，載荷板下を含め広範囲で最大主ひずみが大きい領域が広がっており，純粋な押抜きせん断破壊では無い可能性がある．

図 4.5.29 の右図は，部材全域で接合面せん断剛性が 1.0 N/mm³ とほぼ完全非合成で，端部定着を確保した場合の最大主ひずみコンターである．**図 4.5.27** に示される部材全域で接合面せん断剛性が 10 N/mm³ の場合に変形とひずみ分布が近くなっており，端部定着の確保により曲げ破壊に近いモードから押抜きせん断破壊モードへ移行し，最大荷重が上昇したことがわかる．

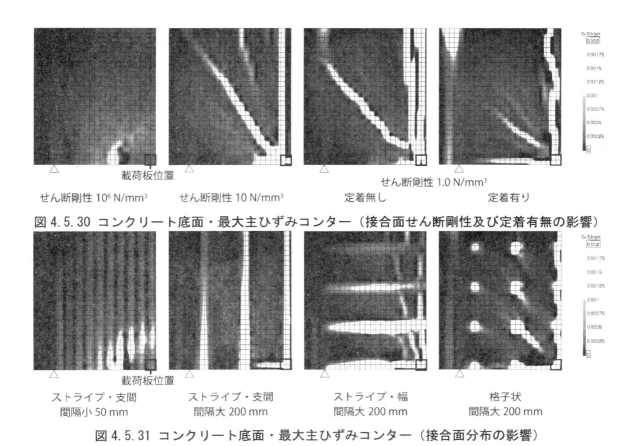

図 4.5.30 コンクリート底面・最大主ひずみコンター（接合面せん断剛性及び定着有無の影響）

図 4.5.31 コンクリート底面・最大主ひずみコンター（接合面分布の影響）

コンクリート底面における各ケース最大荷重時の最大主ひずみコンターを図 4.5.30 と図 4.5.31 に示す．ただし，部材全域で接合面せん断剛性が 1.0 N/mm^3 で定着無しの場合は変位 5mm 時点のものを示した．なお，鋼板のひずみ分布もコンクリート底面に比べてひずみの強弱が緩和されているものの，ほぼ同様の性状を示していた．また，いずれのケースにおいても降伏には達していなかった．

完全剛結とみなせる接合面せん断剛性が 10^6 N/mm^3 の場合は，図 4.5.30 の左図に示されるように，ひび割れを示す最大主ひずみが高い領域が載荷点を中心にリング状に分布している．これはコーン状となる斜めひび割れの形成を示していると考えられる．ストライプ状に接合面が分布している場合でも間隔が 50mm と小さい場合には，図 4.5.30 の左図で示されるように同様の性状を示す．また，ここでは示していないが，部材幅方向でストライプ状に分布した場合と格子状に分布した場合でも，間隔が 50mm と小さい場合には同様であった．したがって，これらはいずれも押抜きせん断破壊モードであると言える．

部材全域が接合面の場合，接合面せん断剛性が 10 N/mm^3，1.0 N/mm^3 と小さくなると，図 4.5.30 に示されるように，線状の高い主引張ひずみ領域が 2 本生じる．これらは曲げひび割れを示しており，まず部材幅方向の曲げひび割れが生じ，その後，載荷点から隅角部に向かう曲げひび割れが生じる．コンクリート版が単体の状態に近いことから，1 方向版のような曲げひび割れが発生した後に降伏線に沿って曲げひび割れが発生したと言える．図 4.5.30 の右図に示されるように，定着を十分に確保すると，載荷点から隅角部に向かう高引張ひずみ領域は小さくなるが，それでも剛結の場合のような押抜きせん断破壊モードを示すひずみ分布とはならない．

接合面が支間方向，部材幅方向にストライプ状に分布した場合で，間隔が 200mm と広い場合には，図 4.5.31 の中央図に示されるように，それぞれの接合面領域に沿って高い主引張ひずみ領域が生じる．部材幅方向に接合面が分布した場合では，接合面領域と直交して部材幅方向に伸びるひずみ領域も見られる．荷重-変位関係と，図 4.5.28，図 4.5.29 に示される支間中央断面および幅中央断面の最大主ひずみコンターからは，いずれの場合も押抜きせん断破壊モードに見えたがそうではなく，支間方向にストライプ配置した場合は 1 方向の曲げひび割れから進展した曲げせん断ひび割れによるせん断破壊，部材幅方向にストライプ配置した場合は独立 2 方向の曲げせん断ひび割れによるせん断破壊モードとなっている可能性がある．

接合面を格子状に分布させた場合では接合面領域の間隔が広くなると，図 4.5.31 の右図に示されるように接合面位置で高い引張ひずみ領域が生じる．曲げひび割れを示す線状の高ひずみ領域が，接合面位の高ひずみ領域を繋ぐように発生しており，接合面位置が曲げひび割れの起点となっていることが考えられる．そのため，この場合もコーン状となる完全な押抜きせん断破壊モードではなく，それぞれの曲げひび割れから進展した曲げせん断ひび割れによるせん断破壊モードであると言える．

解析においてはせん断剛性の高い接合面が局所的に存在する場合，その接合面周辺との極端な剛性差によりコンクリートのひずみが集中して接合面位置に高ひずみ領域が生じたと考えられる．例えば局所的に鋼板とコンクリートが接着され，接着剤が剛である場合を考えると，実際の場合でも同様なことは起こりうると考えられる．

以上から，合成版の押抜きせん断に対する耐荷メカニズムについて明らかとなったことをまとめる．

・部材全域が接合面である場合，接合面が剛に近ければコーン状の破壊面を有する完全な押抜きせん断破壊となる．
・部材全域が接合面である場合，接合面のせん断剛性が小さくなると卓越した曲げひび割れが生じ，それらを起点としたせん断ひび割れによって破壊に至り，コーン状の破壊面を有する押抜きせん断破壊モードとはならず，せん断耐力と版剛性が低下する．低下の程度は接合面のせん断剛性が小さいほど大きい．

定着が十分である場合には曲げひび割れは緩和できるが，それでもコーン状の破壊面を有する押抜きせん断破壊モードとはならない．
・部材全域が接合面である場合，接合面のせん断剛性がほとんど無くなると曲げが卓越して曲げ破壊となる．ただし，完全非合成のため鋼板とコンクリート板の重ね版の挙動となるため，版剛性は大幅に減少する．
・剛な接合面が線状に分布する場合，接合面に沿った曲げひび割れを生じる．その間隔が十分小さければコーン状の破壊面を有する押抜きせん断破壊モードとなる．
・剛な接合面が線状に分布する場合，接合面に沿った曲げひび割れを生じる．その間隔が広い場合，それらを起点としたせん断ひび割れによって破壊に至り，コーン状の破壊面を有する押抜きせん断破壊モードとはならず，せん断耐力と版剛性が低下する．また，2辺単純支持の場合，接合面の間隔が広いと支間直交方向にも曲げひび割れが生じる．
・剛な点状の接合部が格子状に分布する場合，接合部周辺のコンクリートで局所的なひび割れを生じる．さらに，最大曲げモーメント付近の接合部において生じたひび割れ領域を連結するように曲げひび割れが生じる．それらを起点としたせん断ひび割れによって破壊に至り，コーン状の破壊面を有する押抜きせん断破壊モードとはならず，せん断耐力と版剛性が低下する．

したがって，合成版の今後のせん断耐力式を考える上では，コーン状の破壊面を伴う押抜きせん断破壊と，独立方向のせん断ひび割れの組み合わせによるせん断破壊における耐荷メカニズムとせん断耐力の違いについて解明する必要がある．またこれらの破壊モード間で耐荷メカニズムとせん断耐力に大きな違いが生じる場合，その閾値の定式化の検討が必要である．

4.6 合成版（一方向版）の損傷イベント

以上，4.5までで述べた内容を整理し，合成版の損傷イベントについて図4.6.1と図4.6.2にまとめた．ただし，ここでは境界条件が簡単な一方向版の損傷イベントについてまとめた．二方向版は前述のように，基本的な耐荷メカニズムは一方向版と同様であり，損傷イベントも同様にまとめられると考えられる．またここでのずれ止めは頭付きスタッドである．

発生すると考えられる損傷イベントは，曲げ，せん断ひび割れ，コンクリート圧縮破壊，底鋼板降伏であり，定着の有無，ずれ止めによるせん断抵抗（間隔），ずれ止めの副次作用（せん断補強効果），部材寸法と材料緒元によってその発生と順序が変化する．なお，ずれ止めの副次作用としては4.4で示されたようなひび割れの発生の支配もあるが，これは実験のためより感度が高く結果に反映されたとも考えられ，実構造物ではあまり影響が大きくないとも言えるためここでは示さなかった．

A. 薄鋼板、ずれ止め無し

底鋼板ずれ発生 → 曲げひび割れ → 圧壊

B. 薄鋼板、ずれ止め無し、定着あり

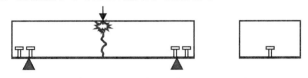

曲げひび割れ → 底鋼板降伏 → 圧壊

C1. 薄鋼板、ずれ止め有り（間隔大、短）　　C2. 薄鋼板、ずれ止め有り（頭なし、間隔大、短）

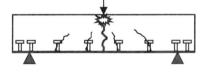 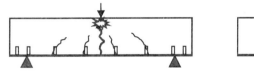

曲げひび割れ → 底鋼板降伏 → 圧壊　　　　曲げひび割れ → 底鋼板降伏 → 圧壊

D. 厚鋼板、ずれ止め有り（間隔大、短）

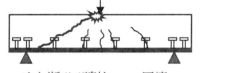

せん断ひび割れ → 圧壊

E1. 厚鋼板、ずれ止め有り（間隔小、短）　　E2. 厚鋼板、ずれ止め有り（頭なし、間隔小、短）

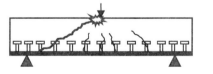 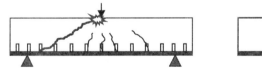

せん断ひび割れ → 水平ひび割れ → 圧壊　　せん断ひび割れ → 底鋼板剥離 → 圧壊

F. 厚鋼板、ずれ止め有り（間隔大、長）

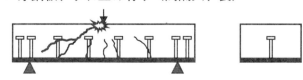

せん断ひび割れ → 水平ひび割れ → 圧壊

G1. 厚鋼板、ずれ止め有り（間隔小、長）　　G2. 厚鋼板、ずれ止め有り（頭なし、間隔小、長）

せん断ひび割れ → 水平ひび割れ → 圧壊　　せん断ひび割れ → 底鋼板剥離 → 圧壊

図 4.6.1 損傷イベント（ひび割れ及び圧縮破壊位置図）

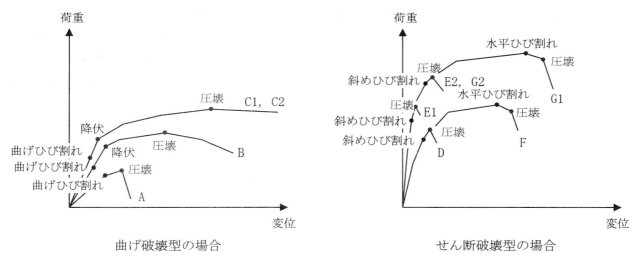

図 4.6.2 損傷イベントと荷重－変位関係

4.7 今後の設計思想と課題

　合成版は他の合成部材と同様に，コンクリートと補強材（鋼板）との一体性がその耐荷メカニズムを司る重要な因子である．その上，鋼板を引張補強材として利用すること，またずれ止め寸法が部材高さに比して大きいことなどから，他の合成部材と異なり，ずれ止めがひび割れの起点や障害として，また引張補強材として耐荷メカニズムに影響を及ぼす．したがって，単に鋼板とコンクリート間のずれを許容するかしないか（合成・非合成）の観点からだけではなく，ずれ止めが副次的に耐荷メカニズム及ぼす影響を考慮した設計が必要となる．また，鉄筋コンクリートのように鋼材がコンクリート中に埋め込まれていないため，例えばせん断挙動においてはダウエル作用が期待できずに同一の有効高さを有する鉄筋コンクリート版に比べてせん断耐力が劣ると考えられるものの，ずれ止めが頭付きスタッドのように鋼板とコンクリート間の剥離に対して大きな抵抗性を有する場合には，鉄筋に沿った水平ひび割れが発生して崩壊することもなく，ずれ止めが引抜け破壊をするか鋼板が破断するまで，ポストピークでの荷重保持による高い冗長性が期待できる．このようなポストピークの耐荷メカニズムも考慮することで，合成構造の潜在性能をフル活用した設計を行うことが可能となる．

　これらを考慮し，今後の設計思想と課題を以下にまとめる．

1）使用状態に対する設計
・部材諸元とずれ止めの種類や量，配置による剛性の評価を行う．
・鋼板とコンクリート版とのずれを許容しない場合，ずれ止め種類，部材寸法などを仕様規定で制限する．十分に小さいずれを可能とする，ずれ止め種類，部材寸法に応じた規定値の整備が必要となる．
・ずれを許容する場合，性能評価は数値解析による．この場合，鋼板とコンクリート接合面のせん断モデル以外は必要としない．ずれを許容する場合は，ずれ止め種類，部材寸法が制限されないメリットを有する．各種ずれ止めのせん断モデルのモデル化方法の整備が必要となる．
・疲労による剛性変化を考慮する場合は数値解析による性能評価が必要となるが，鋼板とコンクリート接合面のせん断モデル以外に，耐荷メカニズムに影響する因子のモデル化が必要となる．耐荷メカニズムに影響する因子を整理し，モデル化方法を確立することが必要となる．

2）終局状態

- 部材諸元とずれ止めの種類や量，配置による断面破壊と疲労破壊に対する評価を行う．
- 設計耐力式は，ずれ止めの種類や量，配置による破壊モードの違いを考慮できるようにする．例えば，スタッドをずれ止めに用いた版のせん断破壊の場合，スタッドの配置による破壊モード（ひび割れ性状・補強材）の分類と，各モードに対して，ひび割れ性状，スタッドの補強効果，鋼板とコンクリート版の合成度（一体性）などを考慮した耐力式の整備が必要である．
- 数値解析による性能評価の場合，鋼板とコンクリート接合面のせん断モデル以外に，耐荷メカニズムに影響する因子のモデル化が必要となる．
- 数値解析による性能評価の場合，設計式による評価と比べて，破壊モードの分類が必要なく，ポストピークにおける冗長性を考慮できるなどのメリットがある．

参考文献

1) 鋼・コンクリート複合構造の理論と設計 （1）基礎編：理論編，土木学会，構造工学シリーズ，9-A，1999.11
2) 2009年制定 複合構造標準示方書，土木学会，2009.12
3) 園田恵一郎，堀川都志雄，鬼頭宏明，木曽收一郎：後半・コンクリート合成床版のスタッドに働くせん断力と押し抜きせん断耐力，土木学会論文集，第404号／I-11，pp.249-258，1989.4
4) 2014年制定 複合構造標準示方書，土木学会，2014.5
5) 鋼構造物設計指針 PART B 合成構造物，土木学会，鋼構造シリーズ，⑨B，1997.9
6) コンクリート構造の限界状態設計法指針（案），土木学会，コンクリートライブラリー，48巻，1981
7) Ollgaad, J. G., Slutter, R. G. and Fisher, J. W. :Shear strength of stud connectors in light-weight and normal-weight concrete, AISC Eng. Jour., No.5, pp.55-64, 1971
8) 浜田純夫，兼行啓治，半田剛也，米田俊一：トラス型ジベル付合成床版の耐力に関する研究，コンクリート工学年次論文報告集，Vol.12，No.2，pp.59-64，1990
9) 伊藤 翼，古内 仁，高橋良輔：鋼板コンクリート合成版における頭付きスタッドのせん断補強効果，コンクリート工学年次論文集，Vol.39，No.2，pp.1015-1020，2017
10) 髙橋逸陸，高橋良輔，古内仁：スタッド間隔が鋼コンクリート合成版のせん断挙動に与える影響，土木学会東北支部技術研究発表会講演概要集，Vol.54，No.5，2017
11) 中島章典，猪股勇希，齊川良輔，大江浩一：付着，機械的作用を有する鋼・コンクリート接触面の静的・疲労性状に関する実験的検討，土木学会論文集A，Vol.63，No.4，2007
12) 高橋良輔，古内 仁，上田多門：鋼コンクリートオープンサンドイッチスラブの押抜きせん断破壊に対する引張鋼材比の影響，土木学会第53回年次学術講演会講演概要集，CS：pp.330-331，1998
13) 園田恵一郎，鬼頭宏明：鋼板・コンクリート合成床版の静的耐荷力と破壊モード，土木学会論文集I巻，471/I-24号，pp.85-94，1993.7
14) 古内 仁，中村琢弥，上田多門：合成版の押抜きせん断耐力に与えるスタッドジベルの影響，土木学会年次学術講演会講演概要集，CS，Vol.55，pp.98-99，2000
15) 立石晶洋，高橋良輔，古内 仁，上田多門：スタッドジベルの高さが合成版の押抜きせん断破壊に与える影響，土木学会年次学術講演会講演概要集，CS，Vol.56，pp.108-109，2001
16) 高橋良輔，桧貝勇，斉藤成彦:RCはりのせん断挙動解析におけるひび割れモデルに関する検討，コンクリート工学年次論文集，Vol.30 No.3，pp.55-60，2008

（執筆者：古内 仁，高橋良輔）

第5章　鉄骨鉄筋コンクリート（SRC）部材の耐荷メカニズム

5.1　本章のポイント

　土木構造物において，橋梁などに使用されるSRCは，RC桁と比較して断面積の割合に比べ耐力が大きく桁高を低減できること，鋼部材を活用した吊り型枠により支保工の建設が困難な場所でも施工が容易であること，鉄筋量が少なく配筋作業が軽減できることなどが，主な採用理由として挙げられる．

　本章では，H形鉄骨がコンクリート中に配置されたSRC棒部材を対象に，土木・建築基準類の算定方法が想定する破壊メカニズムに対して，合理的には設計できない事例を選定した．そして，その損傷イベントの発生状況などを実験や解析を通して，新たな解析・評価，設計，調査手法を整理した．5.2では，軸方向鉄筋や鉄骨フランジが先行して降伏する曲げ卓越型破壊を示す際のポストピーク挙動について，鉄骨・鉄筋の座屈の取扱などの議論をまとめた．5.3では，せん断補強鉄筋や鉄骨ウェブが先行して降伏するSRC棒部材のせん断挙動に対して，鉄骨の形状や強度・ヤング係数の組み合わせ，鉄骨・鉄筋とコンクリートの付着の有無による耐荷メカニズムへの影響に焦点をあてた検討を行った．これらの検討は両端固定支持における破壊挙動に焦点をあてて検討した点にも特徴がある．5.4では，単純支持条件下におけるSRC梁を対象に，鉄骨の形状や配置を大胆に変更して，その損傷状況を確認した．検討では，定着の確保や付着の影響のみならず，コンクリートの収縮が退化メカニズムに及ぼす効果についても言及されている．同様に，5.5では，両端固定支持におけるSRCはりに対して，鉄骨の配置の効果について言及しているとともに，SRC部材の設計に資する鋼，コンクリートの配置とそのパフォーマンスについての考察をまとめている．

5.2 軸力と曲げを受ける SRC 部材

5.2.1 鉄骨とコンクリートの付着性状

SRC 構造は，鉄骨とコンクリートが相互に拘束することによって高い耐荷性能と変形性能を同時に可能とする．このため，断面内の鉄骨とコンクリートの付着性状が SRC 部材の耐荷性能や変形性能に大きく影響すると考えられる．しかし，現行の SRC 構造の設計規準類では計算を簡単にするために，鉄骨とコンクリートの完全付着を仮定して曲げ耐力を計算するもの[1]や，あるいは，鉄骨とコンクリートの付着を期待しない累加強度式に基づいて耐荷力を計算する基準[2]もある．様々な鉄骨とコンクリート断面の組み合わせが可能な SRC 構造に対して，優れた構造性能を適切に評価し，設計に反映させるためには，断面内の鉄骨とコンクリートの付着性状を明らかにし，この付着性状が SRC 部材の構造性能 (剛性，耐荷性能，変形性能，復元力特性) に及ぼす影響を考慮した簡便な設計法の構築が望まれる．以降ではその基礎検討として，鉄骨とコンクリートの付着特性と耐荷性能の関係を検討するため，RC および SRC はり供試体を作製した．そして，これらの静的載荷試験の段階的な荷重ステップごとに局所振動試験[3]を行い，鉄骨とコンクリートの付着性状と耐荷力との関係を整理する．

(1) 実験概要

RC および SRC はり供試体の諸元一覧と概略図を**表 5.2.1** と**図 5.2.1**に示す．6体の断面寸法は，断面高さ 400 mm × 断面幅 400 mm とし，部材長さ 2800 mm (せん断スパン 2200 mm) の L シリーズと部材長さ 1600 mm (せん断スパン 1100 mm) の S シリーズに区分した．L および S シリーズにはそれぞれ 3 つの断面として，標準的な鉄骨鉄筋比 6.1 の SRC 断面 (S13-L と S13-S)，軸方向鉄筋が多い鉄骨鉄筋比 1.6 の SRC 断面 (S22-L と S22-S)，および比較として RC 断面 (RC-L と RC-S) の供試体を作製した．鉄筋とコンクリートの材料試験結果を**表 5.2.2**に示す．SRC 供試体は全てが曲げ破壊するように，複合構造標準示方書[1]を参照して供試体諸元を決定した．SRC 供試体では断面内部の鉄骨の滑りを生じさせるために，鉄骨端部の定着等は取っていない．

載荷条件を**図 5.2.1**に示す．鋼製支承を用いて，L シリーズではスパンを 2200 mm，S シリーズではスパンを 1100 mm に供試体を単純支持し，スパン中央に鋼製ピンを介して鉛直荷重を加えた．せん断スパン比は L シリーズが 3.14，S シリーズが 1.57 である．スパン中央の供試体下面に変位計を配置して荷重－変位関係を測定した．載荷パターンは，鉄骨とコンクリートの完全付着を仮定した降伏荷重の計算値 P_y に対して 0.25, 0.50, 0.75 P_y の荷重を保持して，ひび割れ図の作成と局所振動試験を行った．その後，スパン中央の軸方向鉄筋あるいは鉄骨フランジに貼付したひずみゲージ値と**表 5.2.2** の材料試験結果との対応から，実験時の降伏変位 δ_y を定めた．降伏以降の載荷ステップは，降伏変位 δ_y を基準とした整数倍の変位に対して $6\delta_y$ まで片押し載荷した．$1\delta_y$ 載荷では荷重を保持したが，安全上の配慮から，$2\delta_y$ 以降は荷重を除荷してひび割れ図の作成と局所振動試験を行った．

図 5.2.2に示す局所振動試験では，質量 1.8 kg，可変周波数 100〜20,000 Hz，最大加振力 50 N の動電式加振器を用いた[3,4]．局所振動試験では，指定の周波数帯域にわたって加振器の加速度振幅を一定に制御し，加振点近傍の供試体の応答加速度を測定する．試験方法の詳細や，入力 (周波数ごとの加振力) と応答の関係などは，参考文献 4) に示した通りである．本実験の局所振動試験では，ホワイトノイズを用いたランダ

表 5.2.1 供試体諸元一覧

	スパン (mm)	有効高さ (mm)	せん断スパン比	H形鋼 $h \times b \times t_w \times t_f$ (mm)	軸方向鉄筋	スターラップ (mm)	鋼材比 (%)	鉄骨鉄筋比	曲げせん断耐力比
RC-L	2200	350	3.14	なし	D16×10本 +側方4本	D10@150	2.0	0	1.55
S13-L				200×200×8×12	D13×8本		5.2	6.1	1.95
S22-L				200×200×8×12	D22×10本		7.2	1.6	1.33
RC-S	1100		1.57	なし	D16×10本 +側方4本		2.0	0	0.93
S13-S				200×200×8×12	D13×8本		5.2	6.1	1.83
S22-S				200×200×8×12	D22×10本		7.2	1.6	1.24

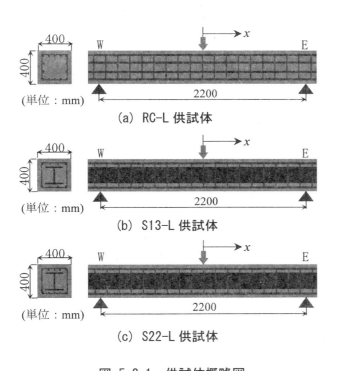

図 5.2.1 供試体概略図

表 5.2.2 材料試験の結果

鉄筋	降伏強度 (N/mm²)	静弾性係数 (N/mm²)	引張強さ (N/mm²)
D10	402	196000	576
D13	373	193000	567
D16	378	195000	562
D22	382	195000	561

鉄骨	降伏強度 (N/mm²)	引張強さ (N/mm²)
SS400	308	438

※ミルシートの物性値を示した.

コンクリート	圧縮強度 (N/mm²)	静弾性係数 (N/mm²)	動弾性係数 (N/mm²)	密度 (kg/m³)
Lシリーズ	37.2	29200	31900	2290
Sシリーズ	40.0	27600	32500	2330

ム加振[5),6)]とし，x 軸に沿ってスパン中央から ± 100 mm 間隔ごとに供試体上面から鉛直方向に加振した．これまでの基礎検討により，図 5.2.2 の剛性評価の範囲は加振器まわりに部材厚さ (断面高さ) と同程度と考えており，この範囲のひび割れや空隙 (鉄骨の滑り) によって共振周波数が低下する[3),4)]．加振器の基本設定は，周波数帯域 1000～5000 Hz にわたって加速度パワースペクトル密度を 2.0 (m/s²)²/Hz に制御した．加速度時刻歴波形の振幅の実効値 (RMS) は 79 m/s² であ

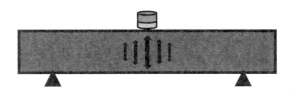

図 5.2.2 局所振動試験の概略図

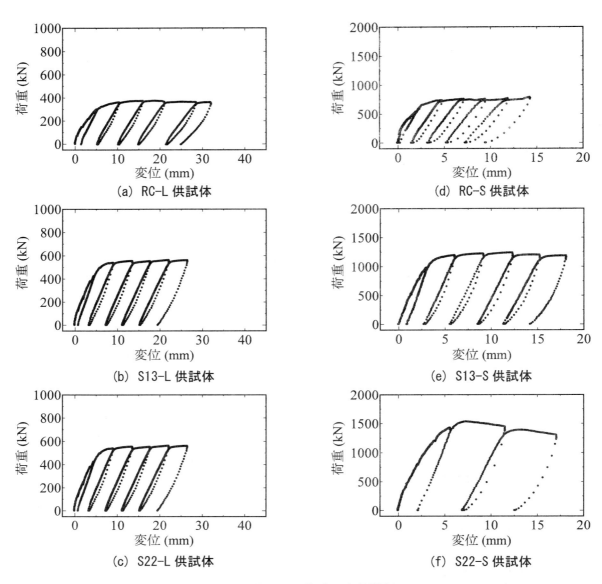

図 5.2.3　荷重－変位関係

る．このとき，加振点近傍に圧電式加速度センサを両面テープで貼付し，5～10 秒程度の応答を平均化処理して共振曲線を測定した．

(2) 実験結果

載荷試験によって得られた荷重－変位関係とひび割れ図をそれぞれ図 5.2.3 と図 5.2.4 に示す．図 5.2.4 には，目視とクラックスケールによるひび割れ幅も併せて示した．荷重－変位関係やひび割れ性状より，S22-S 供試体を除いて曲げ破壊を呈しており，実験終了まで大きな荷重低下はなかった．なお，S22-S 供試体はせん断破壊したと判断して，載荷を終了した．ひび割れ図を参照すると，いずれもスパン中央からE側に斜め方向のひび割れが生じていた．また，S13-L および S13-S 供試体では引張鉄筋量が少ないため，RC 供試体と比較してひび割れ本数が少なく，ひび割れ幅は大きかった．一方，S22-L および S22-S 供試体は引張鉄筋量が多いため，細かいひび割れが分散した．

図 5.2.2 の局所振動試験の一例として，S13-L 供試体の $x = 700$ mm での共振曲線を図 5.2.5 に示す．載荷前の共振周波数は 3672 Hz であったが，$6\delta_y$ 載荷後には 1988 Hz まで低下した．局所振動試験による RC-L

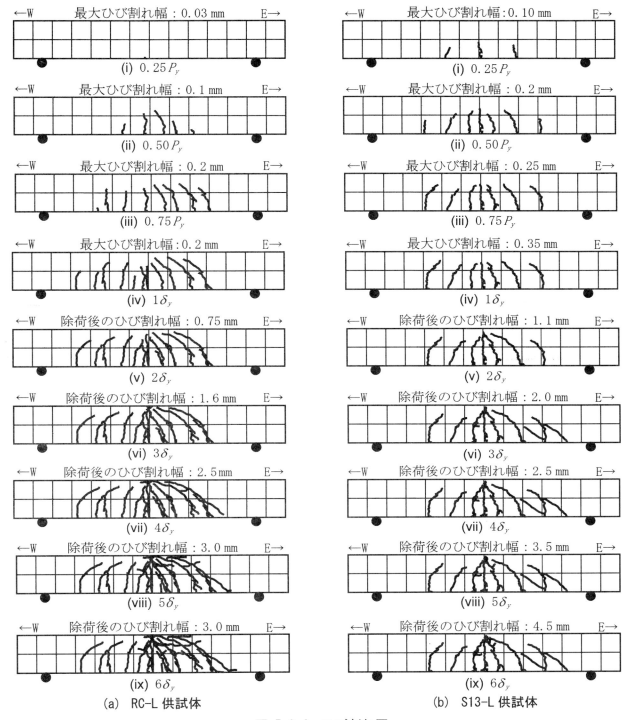

図 5.2.4 ひび割れ図

と S13-L 供試体の共振周波数の分布を図 5.2.6 に示す．図 5.2.6 (a) の RC-L 供試体では，$3\delta_y$ 載荷以降にスパン中央よりも E 側にて共振周波数が大きく低下した．これは，図 5.2.4 の斜めひび割れが多く発生した箇所とも対応した．スパン中央で共振周波数が低下する前の $2\delta_y$ 載荷のひび割れ幅は 0.75 mm であった．局所振動試験では，曲げひび割れが加振方向と直交しないため，ひび割れ幅 0.75 mm の曲げひび割れでも共振周波数が低下しなかったと考えられる．

図 5.2.6 (b) の SRC 供試体では，$0.75 P_y$ 載荷の段階でスパン中央付近の共振周波数が低下した．このときのひび割れ幅は 0.25 mm であり，前記の RC 供試体での考察を踏まえると，加振方向に直交しないこのひび

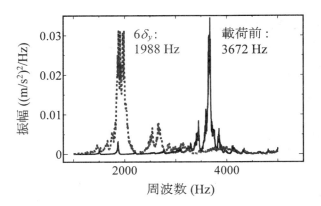

図 5.2.5 S13-L 供試体の共振曲線

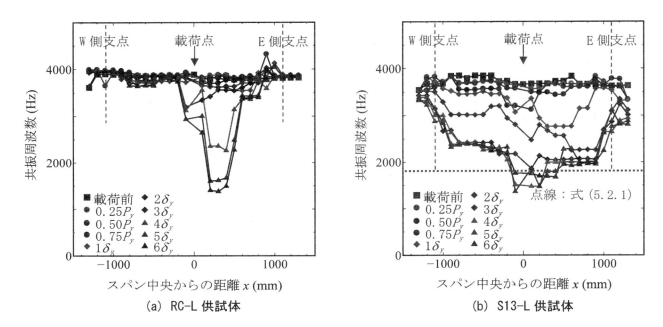

(a) RC-L 供試体 (b) S13-L 供試体

図 5.2.6 局所振動試験による共振周波数の分布

割れ幅では共振周波数は低下しない．このことから $0.75P_y$ 載荷の共振周波数の低下は，鉄骨とコンクリートの付着損失によるものと考えられた．さらに $2\delta_y$ 載荷では，スパンのほぼ全域に渡って共振周波数が低下した．特に，支点付近のようなひび割れ図では外観変状のない箇所でも，局所振動試験によって鉄骨とコンクリートの付着損失を捉えられる可能性が示唆された．

SRC 供試体の鉄骨とコンクリートがスパン全域で付着損失したと仮定し，空隙に置き換える．空隙や切欠きを導入したコンクリート供試体の実験結果および周波数応答解析の結果より，供試体に内在する空隙の大きさと共振周波数の低下には以下の関係式が与えられる[4]．

$$\frac{f}{f_0} = 1 - \frac{D}{\lambda} \tag{5.2.1}$$

ここで，f は共振周波数，f_0 は健全状態での共振周波数，f/f_0 を共振周波数比と定義した．λ は共振波長であり，断面高さの2倍を与える．空隙長さ D は，加振方向に投影した空隙面積の平方根として定義した．ただし，波長 λ を回折限界[7]と考えて，λ を上限とする辺で囲まれる空隙面積を与えた．

本供試体の場合には，式 (5.2.1) に代入する波長 λ は 800 mm，空隙面積は上面から見たフランジ面積として，200 mm (フランジ幅) × 800 mm (長さの回折限界) で与え，その平方根として空隙長さ D は 400 mm と

表 5.2.3 損傷過程

	損傷過程
RC-L	$1\delta_y$：軸方向鉄筋の降伏→最大荷重→$6\delta_y$：載荷終了
S13-L	$0.75P_y$：鉄骨の滑り→$1\delta_y$：軸方向鉄筋の降伏→鉄骨フランジの降伏→最大荷重→$6\delta_y$：載荷終了
S22-L	$0.5P_y$：鉄骨の滑り→$1\delta_y$：鉄骨フランジの降伏→軸方向鉄筋の降伏→最大荷重→$6\delta_y$：載荷終了
RC-S	$1\delta_y$：軸方向鉄筋の降伏→最大荷重→$6\delta_y$：載荷終了
S13-S	$0.5P_y$：鉄骨の滑り→$1\delta_y$：軸方向鉄筋の降伏→鉄骨フランジの降伏→最大荷重→$6\delta_y$：載荷終了
S22-S	$0.25P_y$：鉄骨の滑り→$1\delta_y$：軸方向鉄筋の降伏→鉄骨フランジの降伏→最大荷重→$3\delta_y$：載荷終了

表 5.2.4 実験結果と解析結果による耐荷特性の比較

	スパン (mm)	鉄骨鉄筋比	計算結果 降伏荷重 (kN)	計算結果 最大荷重 (kN)	曲げせん断耐力比	実験結果※ 降伏荷重 (kN)	実験結果※ 最大荷重 (kN)	破壊モード
RC-L	2200	0	257	318	1.55	300 (1.17)	370 (1.16)	曲げ破壊
S13-L		6.1	478	590	1.95	425 (0.89)	549 (0.93)	曲げ破壊
S22-L		1.6	811	987	1.33	635 (0.78)	819 (0.83)	曲げ破壊
RC-S	1100	0	514	635	0.93	591 (1.15)	759 (1.20)	曲げ破壊
S13-S		6.1	957	1180	1.83	982 (1.03)	1217 (1.03)	曲げ破壊
S22-S		1.6	1623	1975	1.24	1428 (0.88)	1527 (0.77)	せん断破壊

※ 括弧内は実験値/解析値を示した．

なる．式 (5.2.1) の共振周波数比 f/f_0 の計算値は 0.5 である．

式 (5.2.1) の計算値を図 5.2.6 (b) に併せて示した．共振周波数の実測値は，スパンの広い範囲で 2000 Hz 程度まで低下しており，計算値 1836 Hz と概ね整合した．この計算値との比較により，S13-L 供試体は $2\delta_y$ 以降にスパンのほぼ全域にわたって鉄骨の滑りが生じていると推察された．

(3) 鉄骨とコンクリートの付着性状と SRC 部材の耐荷特性

6 体の供試体の損傷過程を表 5.2.3 に示す．表中に示す鉄骨の滑りは，前記の局所振動試験による共振周波数の低下を基に判断し，軸方向鉄筋および鉄骨フランジの降伏はそれぞれのひずみゲージの値より判断した．また，実験および解析による耐荷特性の比較を表 5.2.4 に示す．表の解析値は，複合構造標準示方書[1] に準じて算定した．表 5.2.3 の損傷過程より，鉄骨鉄筋比が小さい供試体諸元では，早期に断面内の鉄骨の滑りが生じていることが確認できた．特に，S22-S 供試体では，$0.25P_y$ の載荷ステップに至る前に，鉄骨の滑りが生じていることが示された．

さらに表 5.2.4 を参照すると，鉄骨の滑りが早期に生じる供試体では耐荷性能が低くなる傾向が見出さ

せた．特に，曲げ破壊が先行するように設計した S22-S 供試体では，早期に鉄骨の滑りが生じることによってせん断破壊に移行して，耐荷力が著しく低下したと推察された．

本実験は限られた諸元での検討ではあるが，鉄骨とコンクリートの付着性状が SRC 部材の耐荷特性に影響することが示唆された．SRC 構造の設計の高度化に向けた課題として，鉄骨とコンクリートの付着性状の評価および構造計算へのモデル化が挙げられる．

5.2.2 現行規準による SRC 部材の耐荷特性および変形性能の評価

SRC 構造は我が国の建築分野にて独自に発展してきた歴史があり，建築構造物の設計では，RC 要素と鉄骨要素の耐荷力をそれぞれ独立に求めて，両者を足し合わせる累加強度式が用いられてきた [2]．また，SRC 橋脚の設計においても，累加強度式による降伏荷重や最大荷重の算定は安全側の評価となることが実験 [8] および理論 [9] によって明らかにされている．一方で，鉄骨とコンクリートの完全付着を仮定した断面の平面保持則に基づく軸力との釣合い計算 (以下，断面の釣合い計算) は，結果として累加強度式よりも実験結果を精度良く評価できることが報告されている [8]．このため，現行の複合構造標準示方書 [1] では平面保持則を仮定した断面の釣合い計算により，軸力と曲げを受ける SRC 部材の耐荷性能 (剛性，降伏荷重，最大荷重) を評価している．また，橋梁等の耐震設計では部材の塑性変形域での損傷程度と耐荷力および修復に係る費用と時間を考慮して，安全性と復旧性の照査が求められる．複合構造標準示方書 [1] では，SRC 部材の損傷過程と耐荷メカニズムを考慮した構造性能評価手法を先駆的に取り入れており，この損傷状態と変形性能の計算では，軸方向鉄筋や鉄骨の座屈ひずみを求める際に，鉄骨とコンクリートの付着を期待しない計算モデルを与えている．以降は，SRC 部材の損傷過程と耐荷メカニズム，および複合構造標準示方書の算定式を整理した．

(1) 損傷過程と荷重－変位関係

図 5.2.7 に軸力のみを受ける十字鉄骨あるいは H 形鋼を有する SRC 柱の荷重－変位関係を示す [10]．図より，軸力を受ける SRC 柱はかぶりコンクリートのはく落や軸方向鉄筋の座屈，あるいは鉄骨の座屈に対しても大きな荷重低下が生じることなく，高い変形性能を有している．交番荷重によって軸方向変位が増加しない（軸崩壊しない）限り，柱部材は高い変形性能を有することが知られており [11],[12]，建築構造物では，これまでにも高い軸力が作用する中高層建物に対して SRC 構造が多く用いられてきた．

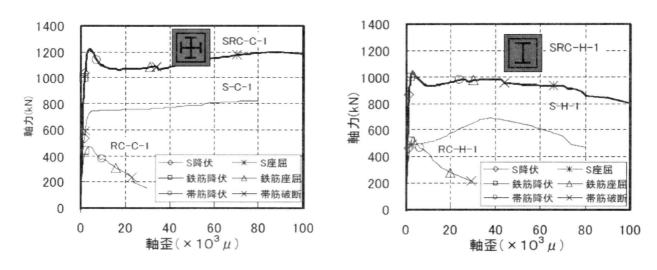

図 5.2.7　SRC 柱の圧縮試験の荷重－変位関係 [10]　（左：十字鉄骨　右：H 形鋼）

第 5 章　鉄骨鉄筋コンクリート（SRC）部材の耐荷メカニズム

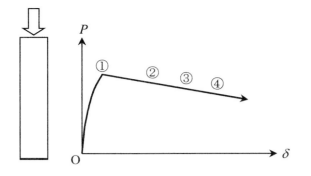

① かぶりコンクリートが最大応力に達する点，鋼材が降伏応力に達する点
② 軸方向鉄筋の座屈発生点
　かぶりコンクリートのはく落点
③ 帯鉄筋の破断
④ 鉄骨の局部座屈発生点

図 5.2.8　軸力のみを受ける SRC 柱の損傷と荷重－変位関係の対応

図 5.2.7（右図：H 形鋼）の S 構造（S-H-1）は，ひずみ硬化によって荷重が緩やかに増加しており，H 形鋼の局部座屈によって荷重が低下したと考えられる．これに対して，同じ図中に示される SRC 構造（SRC-H-1）は鉄骨が座屈しても大きな荷重低下は生じていない．後述するように，SRC 構造はコアコンクリートの拘束によって，i) 鉄骨フランジが内側に座屈しない，ii) 鉄骨ウェブが面外変形しないことによって，座屈後の挙動が大きく改善される[13)-15)]．

軸力を受ける SRC 柱の損傷過程と荷重－変位関係を図 5.2.8 に示す．最大荷重後の軟化勾配は，鉄骨に囲まれたコンクリートのコンファインド効果[16)]と，コンクリートによって拘束された鉄骨のひずみ硬化および座屈挙動[13)-15)]によって決まるため，SRC 断面に含まれる鉄筋と鉄骨の割合に応じて力学挙動は大きく変化する[16)]．

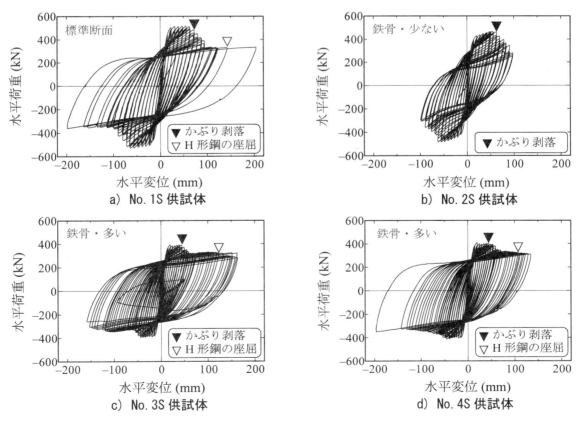

図 5.2.9　正負交番載荷を受ける SRC 柱の荷重－変位関係[17),18)]

次に，SRC柱の正負交番載荷実験[17),18)]によって得られた荷重－変位関係を図 5.2.9 に示す．No.1S は標準的な鋼材量と鉄骨鉄筋比の基準供試体であり，軸方向鉄筋の座屈によって荷重が低下するが，鉄骨とコアコンクリートが分担力を保持するため，大変形の交番載荷でも紡錘型の履歴ループを描いている．No.3S と No.4S は鉄骨が多い SRC 断面であり，軸方向鉄筋の座屈後の耐力低下が小さい．No.2S は鉄骨が少なく，軸方向鉄筋が多い SRC 断面であり，軸方向鉄筋の座屈後に大幅に耐力を失い，履歴ループも逆 S 字に移行した．このとき，No.2S の鉄骨は座屈していなかった．No.4S は No.3S に対して帯鉄筋量を低減させたが両者の力学挙動に大きな差異はなかった．鉄骨の座屈が生じた No.1S, No.3S, No.4S の SRC 柱では，鉄骨の座屈後も荷重が低下しないが，No.3S では座屈後の交番載荷中に座屈頂部からき裂が発生して鋼材が大きく破断した．

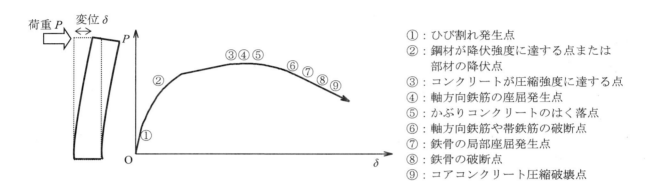

図 5.2.10　正負交番荷重を受ける SRC 柱の損傷と荷重－変位関係[1)]

軸力と曲げ（正負交番載荷）を受ける SRC 柱の損傷過程と荷重－変位関係を図 5.2.10 に示す．軸方向鉄筋の座屈後も鉄骨とコアコンクリートによる分担力が期待できるため，複合構造標準示方書[1)]では，④⑤軸方向鉄筋の座屈・かぶり剥落を修復限界とし，⑦鉄骨の局部座屈を終局限界としている．ただし，鉄骨が少ない場合には，RC 柱と同様に軸方向鉄筋の座屈によって大きな荷重低下が生じるため，鋼材量や鉄骨鉄筋比に応じて限界状態の設定を検討する必要がある[16)]．

SRC 構造の特徴として，コアコンクリートが鉄骨フランジやウェブの断面内側への変形を抑制するため，鉄骨の座屈モードが図 5.2.11 に示すように変化する．このような座屈モードの変化に着目して，コアコンクリートの影響を拘束条件として与えた H 形鋼柱の交番曲げ載荷解析（図 5.2.12）を行った．図 5.2.13 の荷重－変位関係に示すように，コアコンクリートの拘束を与えた H 形鋼柱では，拘束のない裸鉄骨と比較して，座屈発生点や座屈後の挙動が大きく改善されることが示された．このため，SRC 部材の耐荷力や変形性能を算定する際には，コアコンクリートの拘束による鉄骨の座屈モードの変化を考慮する必要がある．

一方，上記のように SRC 構造は座屈が生じにくく，座屈後にも優れた変形性能を有するが，S 構造と比較して局部座屈が生じる区間が狭い．このため，図 5.2.9 の No.3S のように，鉄骨の座屈頂部でのひずみ振幅が大きくなり，低サイクル疲労を引き起こしやすい．現状では，このような低サイクル疲労によるき裂発生を精度よく算定できる手法がないことから，複合構造標準示方書[1)]ではき裂の前段階である⑦鉄骨の局部座屈を終局限界に定めている．

第5章 鉄骨鉄筋コンクリート (SRC) 部材の耐荷メカニズム　　103

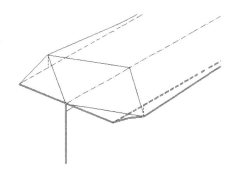 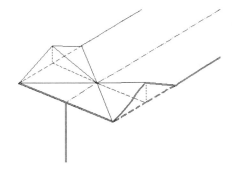

(a) 裸鉄骨のフランジの座屈モード　　(b) SRC構造のフランジの座屈モード

図 5.2.11　裸鉄骨とSRC構造のフランジの座屈モード

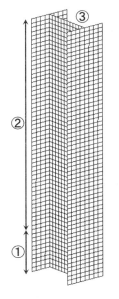 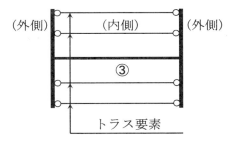

①圧縮トラス要素（圧縮剛性のみ）
　フランジの内側への変形のみを拘束
　※ かぶり剥落範囲に配置

②弾性トラス要素（圧縮剛性と引張剛性）
　フランジの内側と外側への変形を拘束

③ウェブの面外変形を拘束

図 5.2.12　FEMモデルの概略図

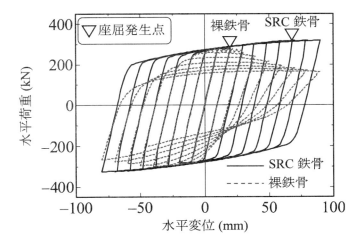

図 5.2.13　荷重－変位関係の比較

(2) 軸方向鉄筋の座屈モデル

軸方向鉄筋の座屈モデルを図 5.2.14 に示す．加藤・金谷[19),20)]は，単調圧縮を受ける RC 柱の軸方向鉄筋の座屈モデルを提案している．この他にも，帯鉄筋やかぶりコンクリートをバネにモデル化した FEM による軸方向鉄筋の座屈モデルなどが多く検討されている[21)-25)]．図 5.2.14 の座屈モデルは，帯鉄筋とかぶりコンクリートによる軸方向鉄筋のはらみ出し抑制効果をそれぞれ集中荷重と等分布荷重でモデル化し，エネルギー釣合い式を解くことによって算定式が導出されている．

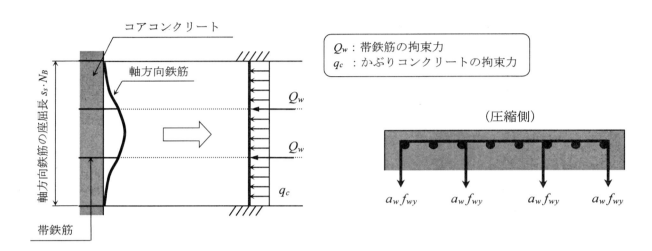

図 5.2.14 軸方向鉄筋の座屈モデル[21)]

[軸方向鉄筋の座屈ひずみ ε_{buc} の算定式]

・単調圧縮の場合

$$\varepsilon_{buc} = \varepsilon_y + \Delta\varepsilon_B \tag{5.2.2}$$

ここに，ε_y ：軸方向鉄筋の降伏ひずみ

$\Delta\varepsilon_B$ ：帯鉄筋とかぶりコンクリートの拘束による座屈ひずみの増分量

$$\Delta\varepsilon_B = \left[\frac{2(\phi/s_s)}{3N_B a_x}\left\{g(N_B)\frac{f_{rm}}{f_{ry}}-1\right\}\right]^2 \tag{5.2.3}$$

$$g(N_B) = 1 + \frac{a_x \pi N_B}{16(\phi/s_s)N_P}\{Q_w f(N_B) + q_c s_s N_B\}$$

$$f(N_B) = \begin{cases} (N_B^2 - 1)/N_B & (N_B：奇数) \\ (N_B^2 + 2)/N_B & (N_B：偶数) \end{cases}$$

$$N_P = f_{rm}\phi^2\pi/4$$

ここに，a_x ：係数で 0.65 としてよい

第5章　鉄骨鉄筋コンクリート（SRC）部材の耐荷メカニズム

ϕ ：軸方向鉄筋の直径

f_{ry} ：軸方向鉄筋の降伏強度（実強度で，一般に，規格値の 1.2 倍としてよい）

f_{rm} ：軸方向鉄筋の引張強さ（実強度で，一般に，規格値の 1.2 倍としてよい）

s_s ：帯鉄筋の配置間隔

N_B ：軸方向鉄筋がはらみ出す帯鉄筋の区間数（座屈長/帯鉄筋の配置間隔）で，N_B を仮定して最小の ϕ_m を与えるものが解となる．

q_c ：かぶりコンクリートの拘束力であり，式（5.2.4）によって算定する．

$$q_c = k\,\beta\,d_{se}\,\phi\,{f'_c}^{2/3} \tag{5.2.4}$$

$$\beta = \begin{cases} 1 - 0.75(\varepsilon'_{max}/\varepsilon'_c) & (\varepsilon'_{max} \leq \varepsilon'_c) \\ 0.25 & (\varepsilon'_{max} \geq \varepsilon'_c) \end{cases}$$

ここに，k ：係数で 0.03 としてよい．ただし，式（5.2.3）の d_{se} と ϕ は mm 単位，f'_c は N/mm² 単位とする．

d_{se} ：コンクリート圧縮縁から圧縮鉄筋の図心位置までの距離

f'_c ：かぶりコンクリートの圧縮強度 (実強度あるいは設計基準強度)

ε'_c ：かぶりコンクリートの圧縮強度時ひずみ

$\varepsilon'_c = 0.0017 + 1.43 \times 10^{-5} f'_c$ としてよい．

ε'_{max} ：座屈発生時の軸方向鉄筋の圧縮ひずみ．鉄骨とコンクリートの完全な付着が期待できないため，鉄骨を除いた鉄筋コンクリート断面の釣合計算から求めてよい．

Q_w ：帯鉄筋の拘束力であり，式（5.2.5）によって算定する．

$$Q_w = a_{wle}\,f_{wy} \tag{5.2.5}$$

$$a_{wle} = \begin{cases} N_w a_w / N_L & (N_L < 5) \\ N_w a_w / (0.2 N_L + 4) & (N_L \geq 5) \end{cases}$$

ここに，f_{wy} ：帯鉄筋の降伏強度（実強度あるいは設計基準強度）

a_{wle} ：等価拘束断面積 [26]

a_w ：帯鉄筋 1 本の断面積

N_L ：圧縮側に配置される軸方向鉄筋の本数（座屈が想定される鉄筋本数であり，**図 5.2.14** では $N_L = 8$ となる）

N_w ：帯鉄筋の拘束本数（**図 5.2.14** では $N_w = 4$ となる）

・繰返し載荷の場合 (バウシンガー効果あり)

$$\varepsilon_{buc} = \Delta\varepsilon_E + \Delta\varepsilon_B \tag{5.2.6}$$

$$\Delta\varepsilon_E = -\frac{1}{\alpha}\ln\left[\left(\frac{f_{ry}}{E_r} - b\Delta\varepsilon_B\right)\left(\frac{2s_s N_B}{\pi\phi}\right)^2 - \gamma\right] \tag{5.2.7}$$

ここで，ε_{buc} ：軸方向鉄筋の引張塑性ひずみから座屈発生までに必要なひずみ量

$\Delta\varepsilon_E$ ：バウシンガー効果を考慮した等価剛性係数による座屈ひずみ

$\Delta\varepsilon_B$ ：帯鉄筋とかぶりコンクリートの拘束による座屈ひずみの増分量であり，式（5.2.3）を用いて算定してよい．

$\alpha,\ \gamma,\ b$ ：係数でそれぞれ 180，0.045，0.01 としてよい．

E_r ：軸方向鉄筋のヤング係数

以上より，単調圧縮と繰返し載荷について，軸方向鉄筋の座屈発生時ひずみが算定できる．座屈発生時の耐荷力は，鉄骨とコンクリートの完全付着を仮定した断面の平面保持則に基づいて，断面の釣合い計算から求めることができる．

このとき，鉄筋と鉄骨の応力－ひずみ関係は**図 5.2.15** に示すような完全弾塑性モデルを用いる．コンクリートの応力－ひずみ関係は，最大圧縮応力までは複合構造標準示方書[1]などの基準式によって算定し，かぶりコンクリート，帯鉄筋に囲まれるコアコンクリート，鉄骨に囲まれるコアコンクリートに分けて，それぞれのコンファインド効果を考慮して**図 5.2.15 (b)** のように軟化挙動をモデル化している[16]．

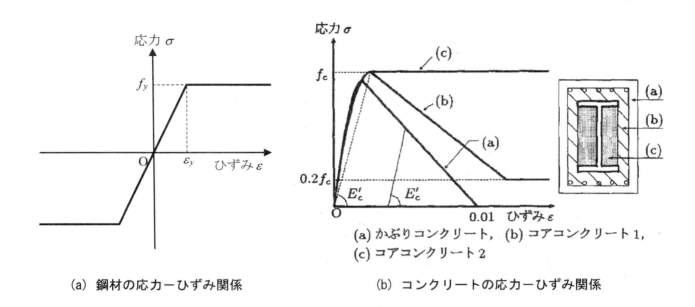

(a) 鋼材の応力－ひずみ関係　　　　　　　　(b) コンクリートの応力－ひずみ関係

図 5.2.15　鋼材およびコンクリートの応力－ひずみ関係 [16]

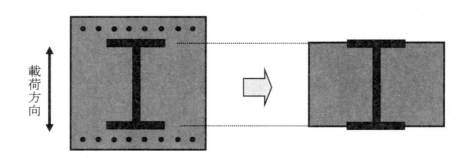

図 5.2.16　鉄骨の座屈発生点において想定する断面

(3) 鉄骨の座屈モデル

図 5.2.12 の解析モデルなど，FEM によってコンクリートの拘束や材料非線形性，鉄骨や軸方向鉄筋の座屈挙動を考慮した SRC 部材の力学特性を評価することができる．FEM は身近な解析ツールであり，複合構造標準示方書[1]でも FEM を用いた汎用的な手法として，合成構造の解析モデルが示されている．

一方，単純化された条件においては，コンクリートの拘束と材料非線形性を考慮した鉄骨の座屈強度式が提示されている[27)-29)]．ここでは H 形鋼を埋め込んだ充腹形鉄骨構造を対象とする．鉄骨の座屈発生時には，図 5.2.16 に示すようにフランジより外側のコンクリートがはく落していると仮定する．このとき，コアコンクリートがウェブの面外変形を拘束しているため，座屈はフランジのみを考えればよい．

コアコンクリートがフランジの断面内側への変形を拘束しているため，座屈モードは図 5.2.17 に示すように，3辺固定－1辺自由条件となる．この境界条件を満足するたわみ関数 w を仮定し，平板要素 OABC についてポテンシャルエネルギーの釣合い式を解くことにより，座屈ひずみが求まる[18)]．

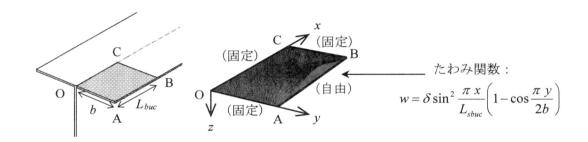

図 5.2.17 フランジ要素の座屈モデル[18)]

・鉄骨の座屈ひずみ ε_{buc} の算定式

$$\varepsilon_{buc} = \frac{\sigma_{buc} - f_{sy}}{E_t} + \varepsilon_{sy} \tag{5.2.8}$$

ここに，ε_{buc}：鉄骨の座屈ひずみ

ε_{sy}：鉄骨の降伏ひずみ

f_{sy}：鉄骨の降伏強度（実強度で，一般に，規格値の 1.2 倍としてよい）

E_t：鉄骨の降伏後の剛性で，一般に，ヤング係数 E_s の 1/100 としてよい．

σ_{buc}：3辺固定－1辺自由の支持条件を仮定した平板の座屈強度

$$\sigma_{buc} = \frac{D\pi^2}{b_f^2 t_f} \left\{ \left[\left(3 - \frac{8}{\pi}\right)\left(\frac{b_f}{L_{buc}}\right)^2 \kappa_1 + \frac{3}{256}\left(\frac{L_{buc}}{b_f}\right)^2 \kappa_3 + \left(\frac{1}{8} - \frac{1}{2\pi}\right)\kappa_2 + \frac{1}{4}\kappa_4 \right] \bigg/ \left(\frac{3}{4} - \frac{2}{\pi}\right) \right\} \tag{5.2.9}$$

$$D = \frac{E_s t_f^3}{12}$$

$$\kappa_1 = \frac{1 + 3(E_t/E_{sct})}{2 - 4\nu + 3(E_s/E_{sct}) - (1 - 2\nu)^2 (E_t/E_s)}$$

$$\kappa_2 = \frac{2 - 2(1 - 2\nu)(E_t/E_s)}{2 - 4\nu + 3(E_s/E_{sct}) - (1 - 2\nu)^2 (E_t/E_s)}$$

$$\kappa_3 = \frac{4}{2-4\nu+3(E_s/E_{sct})-(1-2\nu)^2(E_t/E_s)}$$

$$\kappa_4 = \frac{1}{-1+2\nu+3(E_s/E_{sct})}$$

$$E_{sct} = \frac{f_{sy}+E_t(\varepsilon_{buc}-\varepsilon_{sy})}{\varepsilon_{buc}}$$

ここに，　E_s　：鉄骨のヤング係数
　　　　　L_{buc}　：鉄骨フランジの座屈長
　　　　　ν　：鋼材の弾性域のポアソン比で，一般に，0.3 としてよい．
　　　　　D　：板の曲げ剛性
　　　　　t_f　：鉄骨のフランジ厚さ
　　　　　b_f　：図 5.2.17 に示すフランジ幅

　上記の座屈強度および座屈ひずみは，鉄骨フランジの座屈長 L_{buc} を仮定して最小の σ_{buc} を与えるものが解となる．ただし，かぶりコンクリートがはく落している範囲でのみ鉄骨の座屈が生じると考え，軸方向鉄筋の座屈長（$s_s \cdot N_B$）の 1.25 倍を鉄骨の座屈長 L_{buc} の上限とする [18]．軸方向鉄筋の座屈長は，前記の式（5.2.6）より求まる．

　以上より，SRC 部材の特徴であるコンクリートの拘束を考慮した鉄骨の座屈算定式を示した．座屈発生時の耐荷力は，図 5.2.16 の断面を仮定して，鉄骨とコンクリートの完全付着を仮定した断面の平面保持則に基づいて断面の釣合い計算から求めることができる．このとき，鉄骨とコンクリートの応力ーひずみ関係は図 5.2.15 に示したモデルを用いる．

参考文献

1) 土木学会：複合構造標準示方書 設計編，丸善，2014.
2) 日本建築学会：鉄骨鉄筋コンクリート構造計算規準・同解説，2001.
3) 神宮裕作，内藤英樹，鈴木基行：合成構造における鋼コンクリート付着状態の非破壊評価，コンクリート工学年次論文集，Vol.39，No.2，pp.1027-1032，2017.
4) 内藤英樹，小林珠祐，土屋祐貴，杉山涼亮，山口恭平，早坂洋平，安川義行，鈴木基行：局所振動試験に基づく道路橋 RC 床版の内部損傷評価，土木学会論文集 E2，Vol.73，No.2，pp.133-149，2017.
5) 杉山涼亮，内藤英樹，山口恭平，早坂洋平，鈴木基行：ランダム加振による RC 床版の非破壊試験法，コンクリート構造物の補修，補強，アップグレード論文報告集，Vol.15，pp.471-476，2015.
6) 長松昭男：モード解析入門，コロナ社，2009.
7) 青木貞雄：光学入門，共立出版，2015.
8) 村田二郎，泉満明，山寺徳明：鉄骨鉄筋コンクリート土木構造物の設計，オーム社，1976.
9) 田中尚：累加強度に関する一考察，日本建築学会論文報告集，No.57，pp.261-264，1957.
10) 土井希祐，尹航：単純圧縮力を受ける SRC 柱部材の最大耐力および変形性能に及ぼす内蔵鉄骨のコンクリート拘束効果，日本コンクリート工学年次論文集，Vol.30，No.3，pp.1393-1398，2008.
11) 稲井栄一，平石久廣：鉄筋コンクリート造柱の曲げ降伏後の限界変形に関する研究（その 2）安定限界と擬似安定限界，日本建築学会構造系論文報告集，No440，pp.67-76，1992.

12) 堺純一，松井千秋，南宏一，平川葉子：芯鉄骨合成柱の耐震性能に関する実験的研究，日本建築学会構造系論文集，No. 526, pp. 201-208, 1999.

13) 鈴木敏郎，元結正次郎，内山正彦：鉄骨コンクリート部材の短柱圧縮時の耐力および変形能力に関する研究，日本建築学会構造系論文集，No. 480, pp. 171-178, 1996.

14) 鈴木敏郎，元結正次郎，内山政彦：鉄骨コンクリート部材の曲げせん断応力下における塑性変形能力に関する研究，日本建築学会構造系論文集，No. 484, pp. 141-148, 1996.

15) 鈴木敏郎，元結正次郎，内山政彦：一定軸力下において繰り返し曲げを受ける鉄骨コンクリート部材の履歴特性および塑性変形能力に関する研究，日本建築学会構造系論文集，No. 490, pp. 207-214, 1996.

16) 秋山充良，林寛之，内藤英樹，鈴木基行：繰返し荷重を受けるSRC柱の荷重－変位関係に関する解析的研究，構造工学論文集，Vol. 47A, pp. 1453-1463, 2001.

17) 内藤英樹，秋山充良，高田真人，清水真介，洪起男，鈴木基行：正負交番荷重を受けるSRC柱の塑性曲率分布のモデル化および軸方向鉄筋の座屈に着目した靱性能評価，構造工学論文集，Vol. 51A, pp. 1415-1424, 2005.

18) 内藤英樹，白濱永才，秋山充良，高田真人，鈴木基行：H形鋼の局部座屈に着目したSRC柱の靱性能評価に関する研究，土木学会論文集E, Vol. 62, No. 4, pp. 698-712, 2006.

19) 加藤大介，金谷淳二：RC造角柱の主筋の座屈性状の評価に関する研究，コンクリート工学年次論文報告集，Vol. 12, No. 2, pp. 433-438, 1990.

20) 大矢廣之，加藤大介：RC部材における中間主筋の座屈性状に関する実験的研究，コンクリート工学年次論文報告集，Vol. 16, No. 2, pp. 473-478, 1994.

21) 秋山充良，内藤英樹，鈴木基行：軸方向鉄筋の座屈発生点に対応した終局曲率の簡易算定法およびRC柱とSRC柱の靱性能評価への適用，土木学会論文集，No. 725/V-58, pp. 113-129, 2003.

22) 島弘，伊藤圭一，水口裕之：曲げ破壊型RC橋脚における鉄筋座屈モデルによる靱性解析，コンクリート工学年次論文報告集，Vol. 12, No. 2, pp. 741-746, 1990.

23) 白戸真大，木村嘉富，福井次郎：鉄筋のはらみ出しを考慮した場所打ち杭のモデルと地盤振動が杭基礎に与える影響評価への適用，土木学会論文集，No. 689/I-57, pp. 153-172, 2001.

24) 白戸真大，木村嘉富，福井次郎，高橋雅裕：杭基礎のポストピーク挙動に関する一数値解析，構造工学論文集，Vol. 45A, pp. 1387-1398, 1999.

25) 朝津直樹，運上茂樹，星隈順一，近藤益央：軸方向鉄筋の座屈解析による鉄筋コンクリート橋脚の塑性ヒンジ長に関する研究，土木学会論文集，No. 682/I-56, pp. 177-194, 2001.

26) 秋山充良，松崎裕，佐藤広和，内藤英樹，鈴木基行：塩害環境下にあるRC橋脚の耐震安全性確保の観点から定めた限界鉄筋腐食量とその耐久設計法に関する確率論的考察，土木学会論文集E, Vol. 64, No. 4, pp. 541-559, 2008.

27) 中井博，北田俊行，吉川紀：コンクリートを充てんした鋼製角形柱の鋼板要素の一設計法，土木学会論文集，No. 356/I-3, pp. 405-413, 1985.

28) Liang, Q.Q. and Uy, B.: Theoretical Study on the Post-Local Buckling of Steel Plates in Concrete-Filled Box Columns, *Computers and Structures*, Vol. 75, pp. 479-490, 2000.

29) Uy, B.: Local and Postlocal Buckling of Fabricated Steel and Composite Cross Sections, *Journal of Structural Engineering*, Vol. 127, No. 6, pp. 666-677, 2001.

（執筆者：内藤英樹）

5.3 両端固定支持 SRC はりの損傷過程

5.3.1 検討課題と複合の特徴

　本節で対象とした部材は，両端が固定された充腹形鉄骨構造の SRC はりを基本とした形状である．すなわち，図5.3.1に示す通り，断面中央には板材でH形に成形された板材が長手方向に一律に配置されており，その外側に軸方向棒材やそれらを取り囲むように閉合型棒材が配置されている．軸方向棒材，H形板材は，端部において定着が確保されているが，躯体部との付着状況は任意に設定されている．SRC はりは，躯体部に普通コンクリート，軸方向棒材に異形鉄筋，H形板材に鋼材が使用されている．5.3では，図5.3.1に示す SRC の鋼材やコンクリートの配置を基本にして検討を進めたが，特に材料特性についてこれに拘らずに検討を進め，配置した材料の特性と部材としてのパフォーマンスについて議論した．

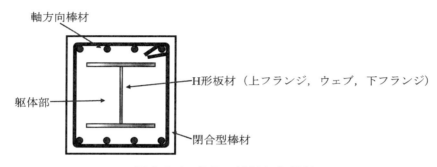

図5.3.1　5.3で検討した部材

5.3.2 SRC 部材のせん断耐力算定方法に関する実務の進捗度

（1）　土木学会における取組み

　土木学会では，SRC 部材に関する照査法について，複数の委員会において検討，整備が進められてきた経緯がある．鋼構造委員会では，1987年に「鋼構造物設計指針 PART B 特定構造物」が発行され，1997年には「鋼構造物設計指針 PART-B 合成構造物」において，限界状態設計法が導入されている．コンクリート委員会では，「1986年制定コンクリート標準示方書」より限界状態設計法を採用した体系が導入され，また1997年に「複合構造物設計・施工指針（案）」が発刊されている．なお，2012年制定コンクリート標準示方書では，複合構造標準示方書(2009年制定)に拠るものとしている．

　一方，構造工学委員会では，鋼・コンクリート合成構造小委員会が設立され，1989年に「鋼・コンクリート合成構造の設計ガイドライン」において，限界状態設計法の体系が整備された．さらには，コンクリート・構造工学・鋼構造委員会を母体とする鋼・コンクリート合成構造連合小委員会により，2002年に「複合構造物の性能照査指針(案)」が発行されている．

　2005年には，新たに土木学会に複合構造委員会が設立され，複合構造標準示方書委員会により「2009年制定複合構造標準示方書」[1]，「2014年制定複合構造標準示方書[設計編][施工編][維持管理編]」が発行されている[2]．SRC 部材のせん断耐力については，鉄骨の貢献度に，修正トラス理論に基づく RC 棒部材としての貢献度[3]を累加した算定式が示されている．すなわち，鉄骨およびスターラップは降伏後も負担せん断力を維持し，また鉄骨とコンクリートの付着は小さいと想定して，RC 棒部材と鉄骨が負担するせん断耐力を個々に算定し，それらを累加する方式としている．

第5章　鉄骨鉄筋コンクリート（SRC）部材の耐荷メカニズム

$$V_{yd} = V_{cd} + V_{sd} + V_{syd} \tag{5.3.1}$$

ここに，V_{yd}　：棒部材の設計せん断耐力

　　　　V_{cd}　：せん断補強鋼材を用いない棒部材の設計せん断耐力

　　　　V_{sd}　：せん断補強鉄筋により受け持たれる設計せん断耐力

　　　　V_{syd}　：鉄骨部分により受け持たれる設計せん断耐力

すなわち，充腹形鉄骨を用いる場合は，RC棒部材に対する設計せん断耐力式[6]に，鋼材ウェブの鋼材の設計せん断降伏強度を用いて算出される V_{syd} を加算する．なお，鉄骨鉄筋併用構造の場合は，V_{syd} を無視することとなっている．

図5.3.2(a)に単純支持SRC梁の実験[4]から得られたせん断耐力 V_{exp}，および図5.3.2(b) に両端固定支持SRC梁の実験から得られたせん断耐力 V_{exp}[5]，との比較を示す．いずれの固定条件においても，式(5.3.1)による算定値は，安全係数を考慮することで V_{exp} の下限値を包含していることが確認されている．このことから，せん断力に対する照査に記載する棒部材の設計せん断耐力（式(5.3.1)）は，部材，支持条件等に依存せず，全てのSRC棒部材に適用できることを想定している．

一方，a/dや支持条件が明確な場合には，より合理的に設計せん断耐力を算定できるように式(5.3.2)(5.3.3)を適用してもよいこととしている．これは，単純支持SRCはりにおいて，鉄骨部分により受け持たれる設計

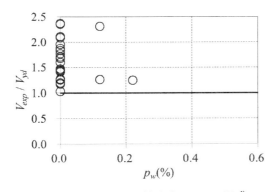
(a) 単純支持されたSRC梁[4]

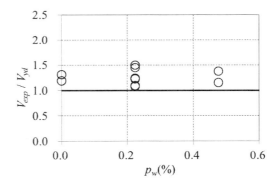
(b) 両端固定支持されたSRC梁[5]

図5.3.2　実験値と式(5.3.1)による比較

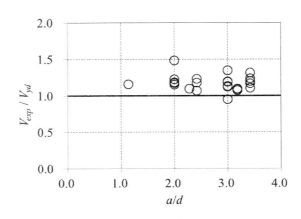

図5.3.3　単純支持SRC梁の実験値[4]と式(5.3.2)(5.3.3)の比較

せん断耐力は，算定されるV_{syd}とαの積であらわされる．この，鉄骨によるせん断力に対する補強効果を示す係数αについて，鉄骨比およびせん断スパン比による効果を明確にした形式となっている．

$$V_{yd} = V_{cd} + V_{sd} + \alpha \cdot V_{syd} \qquad a/d \geq 2.0 \qquad (5.3.2)$$

$$= V_{dd} + \alpha \cdot V_{syd} \qquad 0.5 \leq a/d < 2.0 \quad \text{ただし，} 0.5 \leq a/d < 1.0 \text{ の場合は} a/d = 1.0 \qquad (5.3.3)$$

ここに，V_{cd} ：せん断補強鋼材を用いない棒部材の設計せん断耐力

V_{syd} ：鉄骨部分により受け持たれる設計せん断耐力

α ：$(0.4k+2.3)/a/d \leq 2.5$ ($2.0 \leq k \leq 7.0$ かつ $1.0 \leq a/d \leq 3.5$)

K ：鉄骨比（部材の断面積に対する鉄骨の断面積の比）

V_{dd} ：鉄骨を用いない棒部材の設計せん断圧縮破壊耐力

図5.3.3は，単純支持SRC梁の実験から得られたせん断耐力V_{exp}と，式(5.3.2)(5.3.3)の算定値を比較したものである．式(5.3.2)(5.3.3)は，安全係数を考慮することで概ねV_{exp}の下限値を概ね包含している．式(5.3.1)〜(5.3.3)は，実験結果を基に，RC部材のせん断耐力算定式を基本としつつ，鉄骨の貢献度を加算することで示されている．これらの式は，軸方向鉄筋が降伏せずに，十分な量の鉛直方向補強鋼材（スターラップ，腹板）が降伏したのちにコンクリートが破壊する破壊モードに対して適用されることが想定されている．ただし，実験結果との検証では，鉄骨フランジが腹板より先行して降伏した実験結果についても，確認がなされている．

(2) 建築学会の取組み

このような両端固定支持SRCはりに対し，日本建築学会の鉄骨鉄筋コンクリート構造計算規準・同解説[6]においては複数のせん断耐力算定式が示されている．いずれの算定式も鉄骨とコンクリートの付着が小さいことに基づき，RC部分と鉄骨部分に構成されるトラス材およびアーチ材の終局せん断力を累加した強度式となっている．ただし，補強効果に関する相互作用の考慮および耐荷メカニズムの実証には検討の余地があり，また，低せん断スパン比の領域に対しては過小評価することが示されている．ここでは比較的精度が良く，また鉄骨の存在に起因するSRC部材特有の破壊状況を想定した分割アーチせん断耐力算定式Q_U（H形鋼強軸の場合）を式(5.3.4)に示す．

$$Q_U = {_rQ_U} + {_sQ_U} = \min({_rQ_{sU}}, {_rQ_{bU}}) + \min({_sQ_{sU}}, {_sQ_{bU}}) \qquad (5.3.4)$$

ここに，${_rQ_{sU}}$ ：分割アーチせん断耐力式（H形鋼強軸の場合）

${_rQ_{bU}}$ ：鉄筋コンクリート部分の曲げ崩壊時のせん断力によって決まるせん断耐力

${_sQ_{sU}}$ ：鉄骨のせん断降伏で決まる終局せん断耐力

${_sQ_{bU}}$ ：鉄骨の曲げ崩壊によって決まるせん断耐力

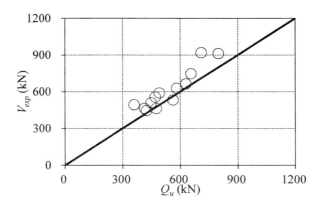

図 5.3.4　両端固定支持 SRC はりの実験値[5]と建築規準式 Qu の比較

5.3.3　耐荷メカニズムに関する検討

両端が固定された鉄骨鉄筋コンクリート（SRC）はりの，4 点曲げ試験における材料損傷過程について，実験および数値解析により検討した．

(1) 試験概要

図5.3.5およびに表5.3.1に，試験体諸元を示す．いずれも，左右にスタブを有する矩形断面を有し，中央の試験区間は，全長$L=2a$, $d=400$ mm，腹部の幅b_w=300, 400 mmである．スタブは，幅400mm，高さ750mmと試験区間に対して断面高さを増加させ，さらに十分な量の鉄筋を配置した．軸方向鉄筋として，熱処理により硬度を増加させた異形鉄筋を断面の上下縁に計8本配置した．また，鉄骨はSS400相当である．軸方向鉄筋および鉄骨は，試験体両端に設置した鋼板に溶接することで定着を確保した．スターラップにはD10（SD345）を使用し，100（0.48%），160mm（0.22%）の間隔で配置した．

載荷は，図5.3.5に示すように，中央部の試験区間で逆対称曲げモーメントが発生するように4点単調載荷とし，載荷可能な変位まで実施した．載荷点および支点はローラー支承とし，幅100 mmの支圧板を設置した．測定は，載荷点および支点の荷重，スタブ間相対変位（以下，層間変位）および載荷点，支点の鉛直変位，鉄骨，鉄筋，コンクリートの表面，内部のひずみとした．

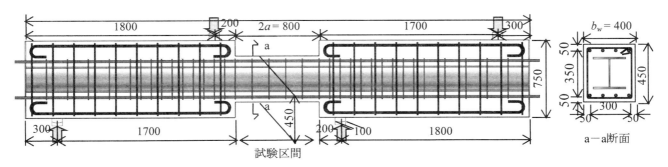

図 5.3.5　試験体の例（SRC5）と載荷方法（単位：mm）

表 5.3.1 試験体諸元

供試体	b_w (mm)	a/d	f'_c (N/mm²)	軸方向鉄筋 呼び名	軸方向鉄筋 鉄筋比(%)	スターラップ 呼び名	スターラップ 間隔(mm)	スターラップ 鉄筋比 p_w(%)	鉄骨[*1] 形状[*2]	鉄骨比 k[*4] (%)	鋼材比[*5] (%)	鉄骨鉄筋比[*6]
SRC1	300	1.0	25.6	D29	3.81	—	—	—	244×175×7×11	4.11	7.92	1.08
SRC2			24.5			D10	100	0.48				
SRC3		1.5	27.4			—	—	—				
SRC4			28.1			D10	100	0.48				
SRC5	400	1.0	34.4	D25	2.25	D10	160	0.22	250×250×9×14	5.08	7.33	2.26
SRC6			32.6						250×113×9×14[*3]	2.95	5.20	1.31
SRC7		1.5	29.0						250×250×9×14	5.08	7.33	2.26
SRC8			66.4									
SRC9		2.5	36.5	D29	2.86						7.93	1.78
SRC10			34.9						250×50×9×14[*3]	1.97	4.82	0.69
SRC11		1.5	33.9	D25	2.25				125×250×9×16	4.37	6.63	1.94
SRC12		1.0	33.0						250×250×3.2×12	3.74	5.99	1.66
SRC13		1.5	35.2									
RC1	300	1.0	28.6	D29	3.81	—	—	—	—	—	—	
RC2			27.3			D10	100	0.48				
RC3		1.5	30.3			—	—	—				
RC4			27.8			D10	100	0.48				

*1：SRC1〜10はロール材，SRC11〜13はビルドアップ鋼，*2：鉄骨高さ×フランジ幅×腹板厚×フランジ厚(mm)，
*3：試験区間+両端200mmの範囲において，250×250×9×14mmのロール材のフランジを切断，*4：SRC断面に対する鉄骨断面の割合，*5：SRC断面に対する鋼材および軸方向鉄筋総断面の割合，*6：軸方向鉄筋総断面積／鉄骨断面積

(2) 損傷の進展状況

図 5.3.6(a)〜(m)に，鉄骨腹板降伏時に観察されたひび割れの分布を示す．ひび割れは，発生した位置および形状から，試験区間端部における曲げひび割れおよび斜めひび割れ，試験区間の両圧縮縁を結ぶ対角線上に形成された斜めひび割れ，軸方向鉄筋または鉄骨フランジに沿った水平ひび割れ，に区分できる．また，図5.3.6(n)〜(q)に，RCはりのひび割れ状況を示す．曲げによるひび割れの発生後，a/d=1.0であるSRC1とSRC3では圧縮縁を結ぶ斜めひび割れが，それ以外のSRCはりは端部での斜めひび割れが発生した．その後，a/d=1.0であるSRCはりは，端部および試験区間中央で新たな斜めひび割れが発生し，本数および幅が増加したのに対し，a/d=1.5，2.5であるSRCはりでは，新たな端部での斜めひび割れおよび軸方向鉄筋に沿ったひび割れが発生し，本数および幅が増加していく傾向にあった．

f'_c=66.4N/mm²，a/d=1.5であるSRC8では，コンクリート強度あるいは鋼材とコンクリートの粘着力の違いにより軸方向鉄筋に沿ったひび割れの発生が少なく，試験区間の圧縮縁を結ぶ斜めひび割れの本数および幅が顕著となった．

全てのSRCはりでは，軸方向鉄筋は降伏せず，せん断力が鉄骨腹板のせん断降伏，または鉄骨フランジの降伏に達したときに，試験区間の上下面で軸方向鉄筋または鉄骨フランジの縁に沿ったひび割れが観察された（図5.3.7）．

第5章 鉄骨鉄筋コンクリート (SRC) 部材の耐荷メカニズム

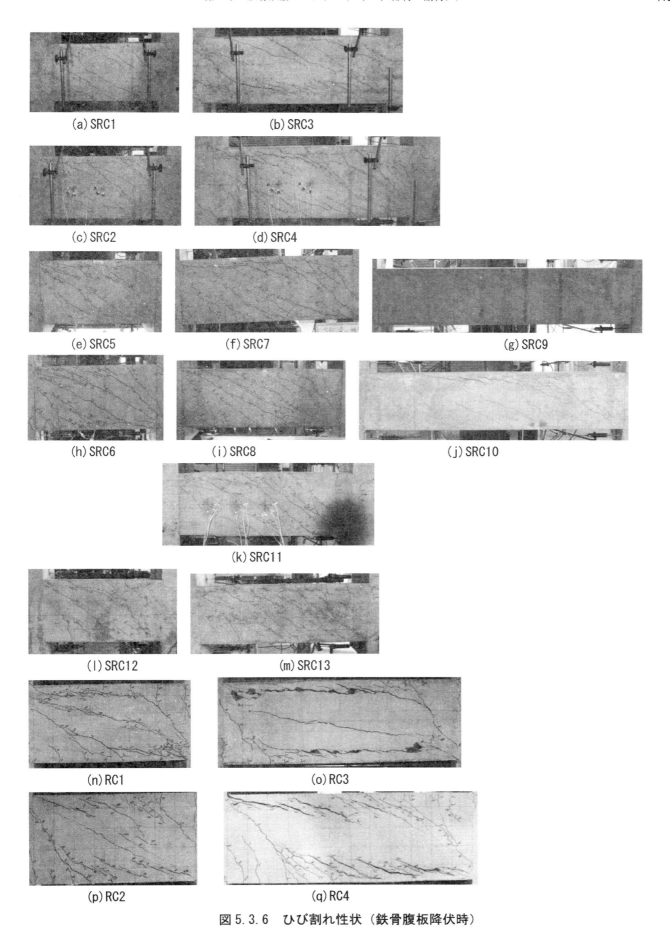

図 5.3.6 ひび割れ性状 (鉄骨腹板降伏時)

図 5.3.7 試験体上面のひび割れ状況（SRC4）

(3) せん断力-層間変位関係

図5.3.8，図5.3.9にせん断力－層間変位関係を示す．いずれの試験体も試験最終時には除荷しており，図にはその挙動も含まれている．曲げひび割れまたは斜めひび割れの発生によりやや剛性が低下するが，せん断力はさらに増加した．その後，SRC11を除く，a/dが1.5以下であるSRCはりでは，試験区間中央付近の鉄骨の腹板でせん断降伏した後に剛性が大きく低下した．なお，鉄骨腹板のせん断降伏は，腹板の軸線位置で計測した3軸ひずみから算出した相当応力と鉄骨腹板の降伏点との比較により判定した．$a/d=2.5$であるSRC9，10および鉄骨高さの小さいSRC11は，鉄骨フランジまたはスターラップの引張降伏後に剛性が大きく低下した．ただし，剛性が大きく低下した直後，SRC10は試験区間端部で，SRC11は試験区間中央付近で鉄骨腹板がせん断降伏し，SRC9は実験終了までせん断降伏は生じなかった．

また，剛性が大きく低下する点に達するまでに，$p_w=0.22\%$であるSRCはりのスターラップは降伏した．$p_w=0.48\%$であるSRC2，4について，SRC4は層間変位が大きく増加した後に降伏ひずみに達したものの（図5.3.8(c)(d)），$p_w=0.22\%$であるSRCはりと比較してひずみが小さい．SRCはりは剛性低下後もほぼV_{uexp}を維持しながら変形しており，実験終了時まで脆性的な破壊は生じなかった．

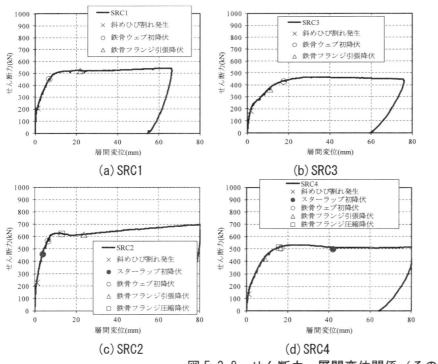

図 5.3.8 せん断力－層間変位関係（その1）

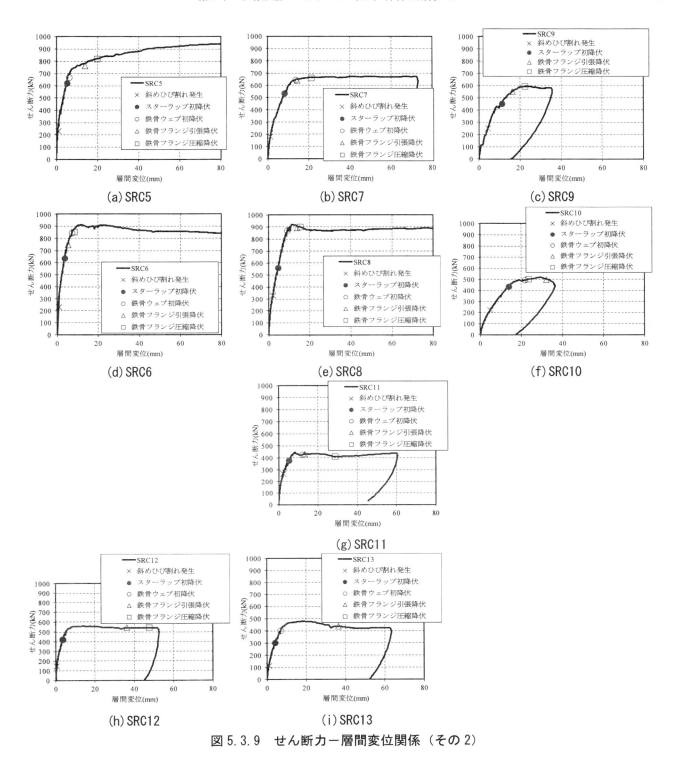

図 5.3.9 せん断力－層間変位関係（その 2）

試験結果から，材料損傷を次に示す①～⑥の現象に着目し，この発生順序について，試験体の諸元である a/d，フランジ幅，腹板厚を考慮して整理する．なお，これらは併記した通り，逐一載荷が進む中で目視，あるいは貼付したゲージ情報より判断した．したがって，ひび割れ発生位置と計測位置の関係などに依存して，これらの現象の発生時点における層間変位について，やや過大に捉えた可能性もあることに注意する．

①斜めひび割れ発生　　　　：目視
②スターラップ初降伏　　　：断面高さ中央に貼付したゲージ

③鉄骨腹板初降伏 　　　　　：鉄骨腹板高さ中央に貼付した3軸ひずみによる相当応力の算定値より判定
④V_{exp}（剛性低下点）　　　：せん断力－層間変位関係の折れ曲がり点
⑤鉄骨フランジ引張降伏　　　：単軸ゲージ
⑥鉄骨フランジ圧縮降伏　　　：単軸ゲージ

表5.3.2に，材料損傷の順序を示す．

表5.3.2 材料損傷の順序

試験体	a/d	V_{exp} (kN)	斜め ひび割れ	せん断補強 鉄筋	腹板 降伏	鉄骨フランジ 引張降伏	鉄骨フランジ 圧縮降伏
SRC1	1.0	③	①	—	②	④	—
SRC2		④	①	②	③	⑤	⑥
SRC3	1.5	④	①	—	③	②	—
SRC4		⑤	①	⑥	③	②	④
SRC5	1.0	④	①	②	③	⑤	⑥
SRC6		⑥	①	②	④	③	⑤
SRC7	1.5	⑤	①	②	④	③	⑥
SRC8		④	①	②	③	⑤	⑥
SRC9	2.5	④	①	②	—	③	⑤
SRC10		③	①	②	④	⑤	⑥
SRC11	1.5	③	①	②	⑤	⑥	④
SRC12	1.0	④	①	③	②	⑤	⑥
SRC13	1.5	④	①	②	③	⑤	—
RC1	1.0	②	①	—	—	—	—
RC2		③	①	②	—	—	—
RC3	1.5	②	①	—	—	—	—
RC4		③	①	②	—	—	—

※太字はV_{exp}時より大きい層間変位で発生したことを表す．

(4) 解析概要

非線形有限要素解析によってSRCはりの耐荷メカニズムやせん断耐力の検討を実施した．図5.3.10に，解析に用いたモデル形状図の例を示す．汎用有限要素解析コードDIANA（Ver.9.4.4）を用い，三次元非線形解析とした．ただし，試験体の奥行き方向については，対称性を考慮して1/2モデルとしている．コンクリートはソリッド要素，鉄筋は埋込み鉄筋要素，鉄骨はシェル要素を用いてモデル化した．鉄骨とコンクリートの間には界面要素を配置し，鉄骨とコンクリートの付着をモデル化した．鉄筋は完全弾塑性とした．コンクリートは全ひずみモデルとし，圧縮側には軟化勾配を考慮した放物曲線，引張側にはHordijk[7]の軟化勾配を適用した引張軟化曲線とした．破壊エネルギーには，既往の研究[8]および土木学会コンクリート標準示方書[2]（以下，コンクリート示方書）に従い算出した．また，ひび割れは回転ひび割れモデルを適用した．試験体両側のスタブにおける載荷点，支持点には載荷板を模擬した剛なシェル要素を配置するとともに，載荷板付近の要素は弾性体として，そこでの破壊を回避することとした．

表5.3.3に，文献[5]に加えて実施した解析ケースを示す．フランジ幅，a/d，鉄骨，閉合型補強材，軸方向棒材の強度・弾性係数を変化させたケースを纏めている．材料に設定した強度・弾性係数は，鋼材やFRP相当の特性を想定して組合せている．表5.3.4に，解析において得られた材料損傷の順序を示す．

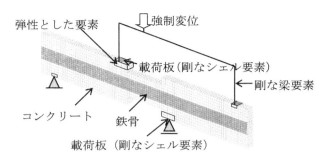

図 5.3.10　解析モデルの例（1/2 モデル）

表 5.3.3　解析ケース 1

CASE	ベース供試体	鉄骨とコンクリートの付着	フランジ幅 (mm)	f'_c (N/mm²)	E_c (kN/mm²)	G_t (N·m)	G_c (N·m)	f_y (N/mm²)	E_y (kN/mm²)	鉄筋比 (%)	f_{wy} (N/mm²)	E_{wy} (kN/mm²)	f_{sy} (N/mm²)	E_{sy} (kN/mm²)	a/d	p_w (%)		t_w (mm)
1			250					380	200		380	200	300	200	1.0	0.00	0.23	1	3	9
2			175					380	200		380	200	300	200	1.0	0.00	0.23	1	3	9
3			250					380	200		380	200	600	200	1.0	0.23		3	9
4			250					380	200		1275	200	300	200	1.0	0.23		3	9
5			250			0.1			100		380	200	300	200	1.0	0.23		3	9
6			250					弾性	200	2.25	1275	100	300	200	1.0	0.23		3	9
7	SRC5〜8	付着無し	250	27	26.5		50		200		380	200	600	100	1.0	0.23		3	9
8	SRC12,13		250						100		1275	100	600	100	1.0	0.23		3	9
9			250			1		380	200		380	200	300	200	1.0	0.23		3	9
10			250			10		380	200		380	200	300	200	1.0	0.23		3	9
11			250			0.1		380	200	1.27	380	200	300	200	1.0	0.23		3	9
12			250			0.1		380	200	0.56	380	200	300	200	1.0	0.23		3	9
13			250			0.1	500	380	200	2.25	380	200	300	200	1.0	0.23		3	9
14			250			0.1	5000	380	200		380	200	300	200	1.0	0.23		3	9

表 5.3.4(a)　損傷イベント順序

ケース	a/d	p_w (%)	t_w (mm)	V_{uana}	軸方向鉄筋	せん断補強鉄筋	腹板降伏	鉄骨フランジ引張降伏	鉄骨フランジ圧縮降伏	コンクリート	備考
1	1.0	0.00	3	③	未降伏	—	①	④	⑤	②	基本
	1.0	0.00	9	④	未降伏	—	②	③	③	①	
	1.0	0.23	3	③	未降伏	②	①	④	⑤	①	
	1.0	0.23	9	④	未降伏	②	②	⑤	③	①	
	1.0	1.00	3	③	未降伏	未降伏	②	④	⑤	①	
	1.0	1.00	9	③	未降伏	未降伏	②	④	⑤	①	
2	1.0	0.00	3	③	未降伏	—	①	④	⑤	②	フランジ幅小
	1.0	0.00	9	⑤	未降伏	—	④	②	③	①	
	1.0	0.23	3	③	未降伏	未降伏	②	④	⑤	①	
	1.0	0.23	9	④	未降伏	未降伏	③	②	④	①	
	1.0	1.00	3	③	未降伏	未降伏	②	④	⑤	①	
	1.0	1.00	9	④	未降伏	未降伏	③	②	③	①	
3	1.0	0.23	9	③	未降伏	②	③	未降伏	未降伏	①	鉄骨高強度
	1.0	0.23	3	④	未降伏	②	③	⑤	未降伏	①	
	1.0	0.23	9	③	未降伏	未降伏	①	④	⑤	②	
4	1.0	0.23	3	③	未降伏	未降伏	①	④	⑤	②	せん断補強鉄筋高強度
	1.0	0.23	9	③	未降伏	未降伏	②	④	⑤	①	

表 5.3.4(b)　損傷イベント順序

ケース	a/d	p_w (%)	t_w (mm)	V_{uana}	軸方向鉄筋	せん断補強鉄筋	腹板降伏	鉄骨フランジ引張降伏	鉄骨フランジ圧縮降伏	コンクリート	備考
5	1.0	0.23	3	③	弾性	未降伏	①	④	⑤	②	軸方向鉄筋 FRP
	1.0	0.23	9	⑥	弾性	②	③	④	⑤	①	
6	1.0	0.23	3	③	弾性	未降伏	①	④	④	②	せん断補強鉄筋 FRP
	1.0	0.23	9	④	弾性	未降伏	②	③	③	①	
7	1.0	0.23	3	③	弾性	②	④	未降伏	未降伏	①	鉄骨 FRP
	1.0	0.23	9	②	弾性	未降伏	—	未降伏	未降伏	①	
8	1.0	0.23	3	②	弾性	未降伏	②	未降伏	未降伏	①	すべて FRP
	1.0	0.23	9	②	弾性	未降伏	—	未降伏	未降伏	①	
9	1.0	0.23	3	①	未降伏	未降伏	①	③	④	②	G_t 10 倍
	1.0	0.23	9	③	未降伏	③	②	④	⑤	①	
10	1.0	0.23	3	③	未降伏	未降伏	①	④	⑤	②	G_t 100 倍
	1.0	0.23	9	③	未降伏	未降伏	②	④	④	①	
11	1.0	0.23	3	④	未降伏	③	①	⑥	⑤	②	p=1.27% (D19×8)
	1.0	0.23	9	⑥	未降伏	②	③	④	⑤	①	
12	1.0	0.23	3	④	③	未降伏	①	⑤	⑥	②	p=0.56% (D13×8)
	1.0	0.23	9	④	③	③	②	⑥	⑤	①	
13	1.0	0.23	3	④	未降伏	③	①	⑥	⑤	②	G_c 10 倍
	1.0	0.23	9	③	未降伏	②	②	④	⑤	①	
14	1.0	0.23	3	④	未降伏	③	①	⑥	⑤	②	G_c 100 倍
	1.0	0.23	9	④	未降伏	②	③	⑥	⑤	①	

G_t：引張破壊エネルギー，G_c：圧縮破壊エネルギー，p：軸方向鉄筋比

※太字は V_{exp} よりも大きい層間変位で発生したことを表す．また，「コンクリート」は，試験区間における圧縮縁の要素が 3500μ に達したときとしている．

(5) スターラップ比の影響

図 5.3.11 に，文献 5) で実施された，解析で得られたコンクリートの最小主応力分布の例を示す．p_w=0.1% の解析から得られたせん断力の最大値 V_{uana}=383kN 付近での最小主応力分布である．また，断面幅方向の要素ごとに分割して表示した．以下，側面から，それぞれ 1 層目，2 層目…8 層目（断面中心の鉄骨位置）という．

鉄骨フランジより側面側である 1～3 層目は，p_w が増加すると 45°程度の傾きを有する複数の圧縮ストラットが顕著に形成されるのに対し，それより内部側である 4～8 層目では，試験区間両端の圧縮縁を結ぶように最小主応力分布が形成され，側面と内部で最小主応力の分布の傾向が大きく異なる．p_w の増加に伴いスターラップのひずみは小さくなり，p_w=0.23% では降伏しない結果となった．なお，いずれのケースにおいても，V_{uana} 時には試験区間両端のコンクリート圧縮縁で最小主応力が卓越する．これより，p_w が増加するとコンクリートの損傷が先行し，スターラップが降伏に達しないため，p_w の増加に対する V_{uana} の増加割合が小さくなるものと考えられる．

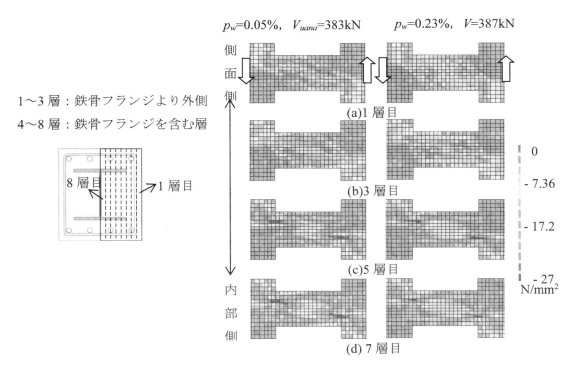

図5.3.11 コンクリートの最小主応力分布（p_wの影響）（ケース3　a/d=1.0，t_w=3mm）[5]

(6) 鉄骨フランジ幅の影響

図5.3.12に，鉄骨フランジ幅が異なるSRC5とSRC6の実験におけるせん断力－層間変位関係を示す．SRC5は鉄骨腹板のせん断降伏（V=668kN）後に剛性が大きく変化し，層間変位が大きくなるにつれ，せん断力が増加し続けるのに対し，SRC6は鉄骨腹板のせん断降伏（V=844kN）後に剛性が大きく変化し，せん断力がやや低下しながら推移した．層間変位が30mm程度以内では，鋼材量（フランジ断面積）の少ないSRC5の方が，同一の層間変位におけるせん断力が大きい．すなわち，フランジ外側で高い荷重を保持する耐荷メカニズムが形成される場合，Vexp（折れ曲がり点の荷重）は高いがその後の荷重は徐々に低下する．一方で，フランジ内部のコンクリートにおいて，高い荷重を保持する耐荷メカニズムが形成される場合，V_{exp}（折れ曲がり点の荷重）以降の荷重は徐々に増加することが分かる．

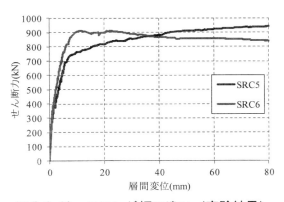

図5.3.12 フランジ幅の違い（実験結果）

図 5.3.13 に，SRC6 の試験区間中央における，せん断力増加に伴う最小主ひずみの発生を示す．最小主ひずみはアクリル板に貼付した 3 軸ゲージによる計測値より算出したが，計測が可能であった範囲までを示している．なお，アクリル板は鉄骨の上下フランジ間およびフランジ外側のコンクリートに設置している（**図 5.3.13**）．試験区間端部の斜めひび割れが発生するせん断力（V_{crack}=293kN）付近以降，同一のせん断力において，外側コンクリートで計測した最小主ひずみの絶対値が大きい．すなわち，端部の斜めひび割れ発生以降，同一の断面においても内部と側面で発生している最小主ひずみが異なると考えられる．これは，鉄骨フランジより側面のコンクリートのアーチ機構による荷重負担が，鉄骨フランジより内側に有するコンクリートによる荷重負担よりも大きいことを示唆しているものであり，フランジ幅の小さい SRC6 の V_{exp} が大きくなったと考えられる．

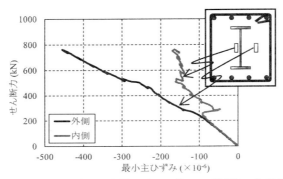

図 5.3.13　断面における最小主ひずみの位置による違い

　図 5.3.14 に，文献 [5] で実施された解析における，コンクリートの最小主応力分布の例を示す．なお，ケース名は文献 [5] に示した名称である．ケース 3（フランジ幅大）の解析から得られたせん断力の最大値 V_{uana}=501kN 付近での最小主応力分布である．フランジ幅を小さくすることで，すべての層で最小主応力の大きさおよび試験区間両端の圧縮縁を結ぶ最小主応力の流れる方向と垂直な方向の幅（圧縮ストラット幅）が大きくなる．**図 5.3.14** に示した内部コンクリートの最小主ひずみと同様に，特にフランジより側面側の層（1～6 層）の最小主応力の大きさおよび圧縮ストラット幅が大きいため，フランジ幅が小さいほうがより大きな荷重を伝達し，その結果，V_{uana}（折れ曲がり点の荷重）が増加したものと考えられる．

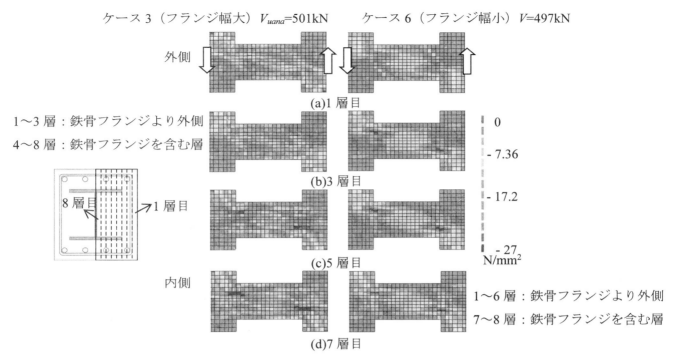

図5.3.14 フランジ幅の影響（a/d=1.0, p_w=0.05%, t_w=6mm）[5]

腹板厚t_wによるフランジ幅の影響について，表5.3.3に示すCASE1とCASE2を比較した（図5.3.15）．その結果，t_wが小さい場合，フランジ幅の小さいCASE2のV_{uana}が増加した．t_wが小さい場合，CASE1，CASE2のいずれも腹板のせん断降伏が先行した（図5.3.16）．一方，t_wが大きい場合，CASE2では鉄骨フランジの降伏が先行するため（図5.3.17），CASE1に対する比が小さい．

CASE1：コンクリート（圧縮縁3500μ）（⇒せん断補強鉄筋降伏）⇒ウェブ降伏 or フランジ降伏⇒ピーク
CASE2：コンクリート（圧縮縁3500μ）⇒ウェブ降伏またはフランジ降伏⇒ピーク

ウェブ厚が大きくなる，またはフランジ幅が小さくなると，鉄骨単体が曲げ降伏しやすくなるため，フランジ降伏が先行しやすい傾向がみられる．

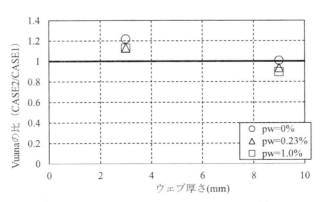

図5.3.15 CASE1と2のV_{uana}の比較

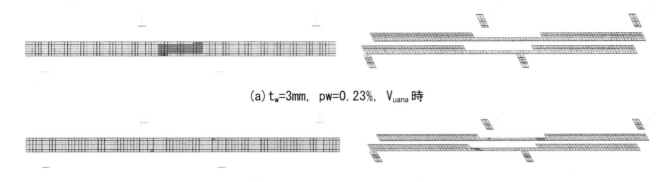

(a) t_w=3mm, pw=0.23%, V_{uana} 時

(b) t_w=9mm, pw=0.23%, V_{uana} 時

図 5.3.16　鉄骨相当応力分布（CASE2）（着色部は降伏値を示す）

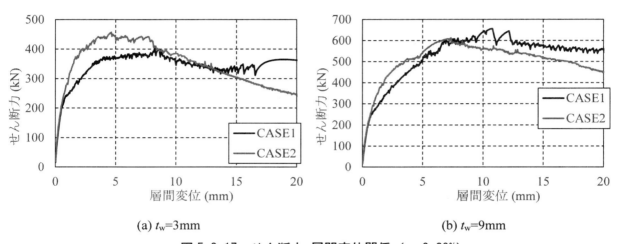

(a) t_w=3mm

(b) t_w=9mm

図 5.3.17　せん断力-層間変位関係（p_w=0.23%）

(7) 鉄骨の降伏強度および弾性係数の影響

鉄骨の強度について，**表** 5.3.3 に示す CASE1 および CASE 3（t_w=9mm）を，**図** 5.3.18 に比較して示す．CASE3 は，腹板が降伏し，圧縮縁のコンクリートが 3500μ に達したのちにピークに達した．変位の増加に伴い両ケースはほぼ同様の関係を示すが，鉄骨の降伏強度が増加したことで，CASE1 における鉄骨の降伏以降の剛性・耐荷力が，CASE3 では向上している．

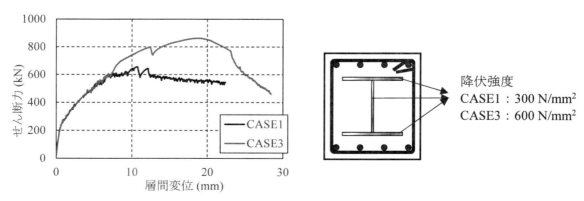

降伏強度
CASE1：300 N/mm²
CASE3：600 N/mm²

図 5.3.18　せん断力-層間変位関係（pw=0.23%, tw=9mm）

一方，鉄骨の強度及び弾性係数の影響について，CASE1，CASE 3，CASE 7 を比較して示す．CASE3 と 7 を比較すると，鉄骨の弾性係数が小さくなると，耐荷力は低下し，ピーク時の層間変位は増加した．一方，CASE1 と 7 を比較すると，弾性係数の低下分と鉄骨の強度の増加分により，結果として耐荷力は同等な結果となった．ただし，ピーク時の層間変位は，CASE7 が大きい．

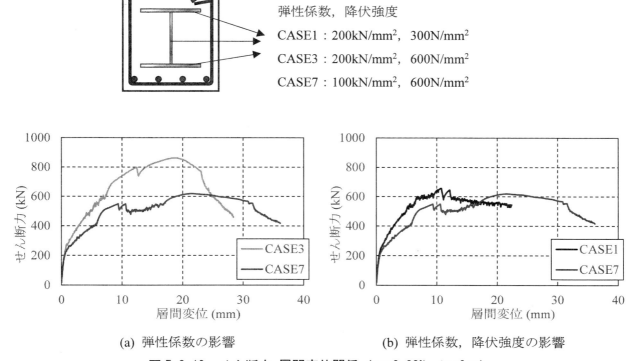

(a) 弾性係数の影響　　　　　　　　　(b) 弾性係数，降伏強度の影響
図 5.3.19　せん断力-層間変位関係（pw=0.23%，tw=9mm）

(8) 鉄骨とコンクリート間の付着の影響

図 5.3.20 に，文献[5]で実施された解析における，コンクリートの最小主応力分布の例を示す．なお，ケース名は文献[5]に示した名称である．ケース 1（付着無し）の解析から得られたせん断力の最大値 V_{uana}=483kN 付近での最小主応力分布である．完全付着では，いずれの層においてもトラス機構の形成を確認できるのに対し，付着無しの場合は試験区間両端の圧縮縁を結ぶストラットが顕著となる．

試験区間両端の圧縮縁を結ぶ圧縮ストラットを形成時に比較して，トラス機構を形成する場合（完全付着）にはスターラップの効果が大きいと想定されることから，p_w の増加に伴い，V_{uana} の比は低下したものと考えられる．

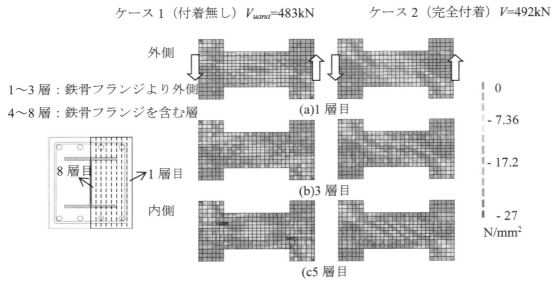

図 5.3.20　付着の影響（ケース 1, 2, a/d=1.0, p_w=0.09%, t_w=6mm）[5]

(9) せん断補強鉄筋の降伏強度および弾性係数の影響

図 5.3.21 に，せん断補強鉄筋の降伏強度の影響について，**表 5.3.3** に示す CASE1 と CASE4（t_w=9mm）を比較して示す．CASE4 は腹板が降伏し，圧縮縁のコンクリート要素が 3500μ に達したのち，せん断力がピークに達した．なお，CASE1 はせん断力がピークに達するまでに，一時的かつ局所的にせん断補強鉄筋が降伏し，CASE4 はせん断補強鉄筋の降伏に至っていない．そのため，耐荷力には違いがみられなかったと考えられる．

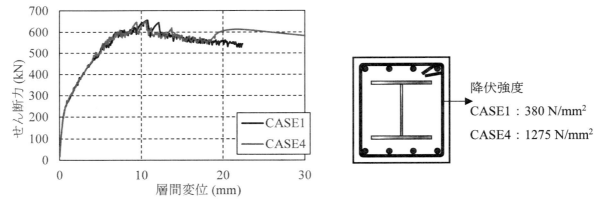

図 5.3.21　せん断力-層間変位関係（pw=0.23%, tw=9mm）

一方，せん断補強鉄筋の弾性係数および降伏強度の影響について，**図 5.3.22** に，CASE1, CASE 4, CASE 6（t_w=9mm）を比較して示す．曲げひび割れ発生以降の剛性に，せん断補強鉄筋の弾性係数の違いによる効果がみられる．なお，CASE6 においても，せん断補強鉄筋は降伏に至っていない．

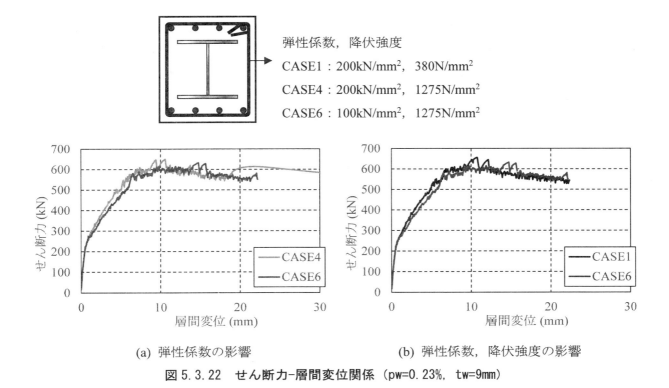

(a) 弾性係数の影響　　　　(b) 弾性係数，降伏強度の影響

図 5.3.22　せん断力-層間変位関係（pw=0.23%，tw=9mm）

(10) 軸方向鉄筋の降伏強度および弾性係数の影響

図 5.3.23 に，軸方向鉄筋の降伏強度および弾性係数の影響について，CASE1 と CASE 5（t_w=9mm）を比較して示す．いずれのケースでも，軸方向鉄筋は降伏しておらず，したがってせん断力－層間変位関係には弾性係数による影響のみが表れている．若干ではあるが，曲げひび割れ発生以降の剛性に，軸方向鉄筋の弾性係数の違いによる効果がみられる．なお，ピーク時の層間変位については大きな違いはみられない．

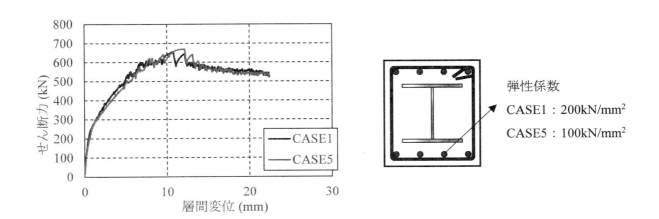

図 5.3.23　せん断力-層間変位関係（pw=0.23%，tw=9mm）

ところで，図 5.3.24 に，せん断補強材，軸方向材を FRP と同等の材料特性とした場合（CASE8）と，H形補強材のみ FRP と同等の材料特性とした場合（CASE7）を比較して示す．H 形補強材の弾性係数の違いにより，曲げひび割れ発生以降の剛性は低下するが，せん断補強材と軸方向材も FRP と同等の材料特性とすると，曲げひび割れ発生以降の剛性はさらに低下している．また，CASE7 と CASE8 の耐荷力を比較すると，CASE8 は幾分小さくなる結果となった．なお，ピーク時の層間変位について，CASE7，8 は CASE1 よりも大きい結果となっている．せん断補強材または軸方向材のみを FRP と同等の材料特性とした場合の結果も考慮すると，ピーク時の層間変位は H 形補強材の弾性係数や強度の影響が大きいと考えられる．

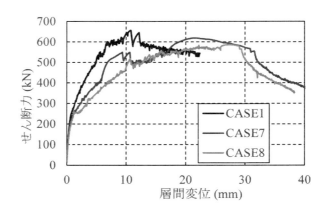

図 5.3.24　せん断力-層間変位関係（pw=0.23%，tw=9mm）

(11) 軸方向鉄筋比の影響

図 5.3.25 に，軸方向鉄筋比の影響について，CASE1，CASE11，CASE12（t_w=9mm）を比較して示す．CASE11 は圧縮縁のコンクリート要素が 3500μ に達したのち，せん断補強鉄筋の降伏，腹板の降伏が生じてせん断力がピークに達した．なお軸方向鉄筋は降伏していない．一方，CASE12 は圧縮縁のコンクリート要素が 3500μ に達したのち，腹板の降伏，せん断補強鉄筋および軸方向鉄筋の降伏が生じてせん断力がピークに達した．

軸方向鉄筋比が小さくなると，曲げひび割れ発生以降の剛性や耐荷力が低下する．なお，軸方向鉄筋の降伏の有無にかかわらず，いずれの CASE もせん断力は推移して変位が増加した．

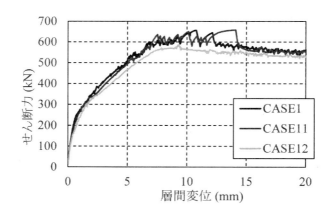

図 5.3.25　せん断力-層間変位関係（pw=0.23%，tw=9mm）

(12) コンクリートの影響

図 5.3.26 に，破壊エネルギーの影響について，CASE1，CASE9，CASE10 および CASE1，CASE13，CASE14（t_w=9mm）を比較して示す．なお，CASE9，CASE10，CASE13，CASE14 は破壊エネルギーのみを増加させており，圧縮強度や引張強度は CASE1 と同じである．

引張破壊エネルギーを増加させると，曲げひび割れ発生以降の剛性や耐荷力は大きく増加する．一方，圧縮破壊エネルギーについては，せん断力－層間変位の関係に顕著な違いはみられない．

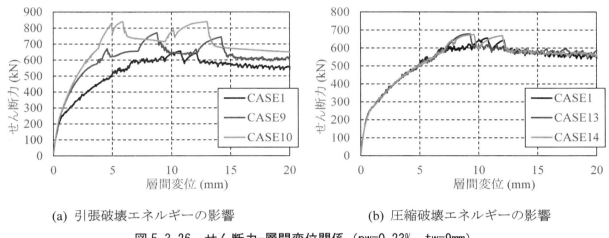

(a) 引張破壊エネルギーの影響　　　　　　　(b) 圧縮破壊エネルギーの影響

図 5.3.26　せん断力-層間変位関係（pw=0.23%, tw=9mm）

(13) せん断力－層間変位関係の形状と各諸元

図 5.3.27 に，試験より得られた材料損傷の順序の変化と試験体諸元をまとめる．なお，これは**表 5.3.1**に示した通り，一般の鋼材の降伏強度・剛性を有した鉄骨および鉄筋の配置を前提としている．a/d=1 である SRC1 に対して，0.48%のスターラップが配置されると，腹板降伏後にスターラップの降伏が発生し V_{exp} に達する．一方，断面幅が増加しせん断補強鉄筋量が低下すると，腹板とスターラップの降伏順序は異なる（SRC5）．鉄骨フランジ幅が縮小すると，腹板よりフランジが先行して降伏する（SRC6）．このことは，フランジ幅が一定であっても，a/d を 1.5 に増加することで同様の現象が確認されている（SRC3，SRC7）．

この SRC7 に対して，コンクリートの圧縮強度を高めると（SRC8）あるいは腹板厚を縮小すると（SRC13），鉄骨フランジより腹板が先行して降伏し，鉄骨フランジの降伏は V_{exp} に達した以降に確認される．SRC5 より a/d を 2.0 に増加させると（SRC9），V_{exp} に達した以降に腹板の降伏が確認されることになる．ここで，フランジ幅を縮小すると（SRC10），鉄骨の降伏は V_{exp} に達する前には確認されず，また，腹板高を小さくしたケースでも同様の損傷順序を示している．

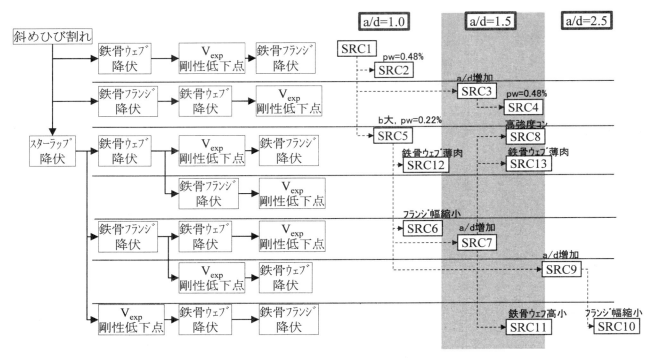

図 5.3.27 材料損傷の順序（実験値）

以上の損傷順序の変化によるせん断力－相関変位への影響について検討する．図 5.3.28 に，各諸元がせん断力－層間変位関係を比較して示す．SRC1 と SRC2 を比較すると，せん断補強鉄筋を配置することで，斜めひび割れ発生および V_{exp} に達した以降の勾配が上昇する．特に 0.48%と高いせん断補強鉄筋量が配置されることで，この効果が顕著になったと推察される．

SRC7 と SRC8 を比較すると，コンクリートの圧縮強度を高めたことで V_{exp} の増加したが，特に斜めひび割れ発生以降の剛性の向上が確認できる．ただし，(8)で検討したとおり，鉄骨とコンクリート間の付着強度を高めることで SRC8 と同様のフランジ間コンクリートのひび割れが確認されたことから，付着に起因した影響も含まれているのではないかと推察される．

SRC5 と SRC6 を比較すると，(6)で検討したとおり，フランジ幅を縮小することで，V_{exp} は低下するが，その後の剛性は増加した．SRC7 と SRC11 では，腹板高さに応じて V_{exp} が異なる．

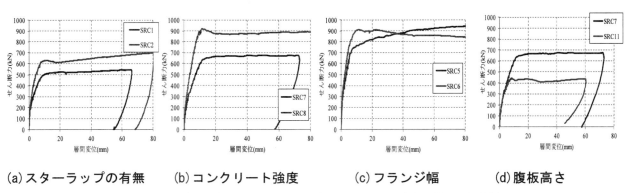

(a) スターラップの有無　(b) コンクリート強度　(c) フランジ幅　(d) 腹板高さ

図 5.3.28　各諸元がせん断力－層間変位関係に及ぼす影響（実験結果より）

そこで，図 5.3.29 に構成材料の特性と部材パフォーマンスの関係を示す．すなわち，図 5.3.29(a)に示す通り，せん断力－相関変位関係について，斜めひび割れ発生以降の V_{exp} に達するまでの第 2 勾配，V_{exp} に達した以降の第 3 勾配，に着目し，これらの特徴が，SRC はりの諸元との関連についてまとめたものである．俯瞰してみてもわかる通り，a/d に依存してその特徴は異なる．

「せん断スパン比」の減少に伴い，V_{exp}，第 2 剛性，第 3 剛性は増加する（図 5.3.29(b)）．これは，せん断補強鉄筋の有無，腹板厚にかかわらず，同様の傾向がみられる．「スターラップ比」について，V_{exp}，第 2 剛性は，いずれの a/d でもスターラップ比の増加に伴い増加する．第 3 剛性は a/d=1.5 における感度はあまり見られないが，やはり増加した．「フランジ幅」について，その傾向は a/d に応じて異なった．a/d=2.5 では，フランジ幅の縮小に伴い V_{exp}，第 2 剛性，第 3 剛性は低下した．一方で，a/d=1.0 では，フランジ幅の縮小に伴い V_{exp}，第 2 剛性は増加する．「腹板厚さ」の増加に伴い，V_{exp}，第 2 剛性，第 3 剛性は増加する傾向はいずれの a/d でも同様である．

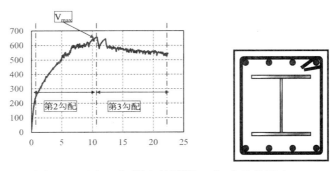

(a) せん断力－相関変位関係における着目点

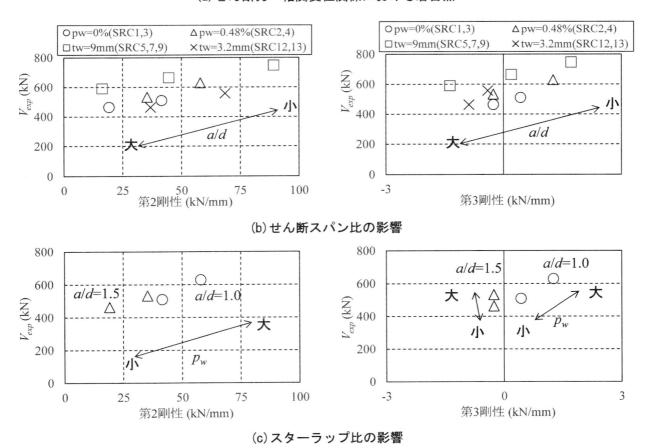

(b) せん断スパン比の影響

(c) スターラップ比の影響

図 5.3.29　構成材料の特性と部材パフォーマンスの関係（実験結果より）（その 1）

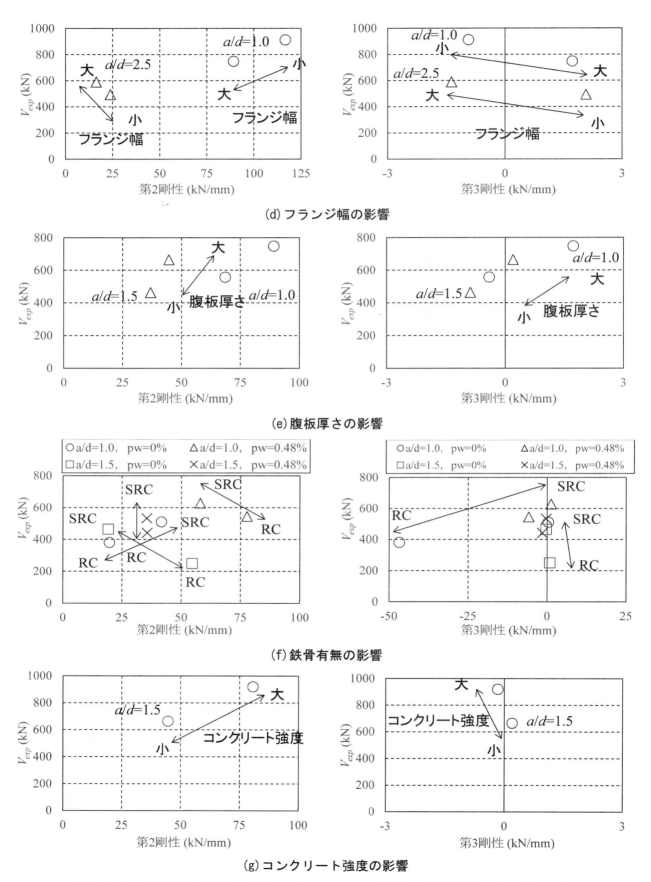

図 5.3.29　構成材料の特性と部材パフォーマンスの関係（実験結果より）（その 2）

5.3.4 おわりに

FEM の結果から，長手方向の各断面における最小主応力の分布を取得し，腹板厚および a/d が同一条件下において，フランジ内側と外部の応力の分布を比較した．図 5.3.30 に示す通り，断面に対する鉄骨の占める様子に依存して，V_{exp}（折れ曲がり点の荷重）は増加する傾向にあったが，応力状態が均一な状態に近くなることと密接な関係があると考えられ，V_{exp}（折れ曲がり点の荷重）の増加は，有効に活用できるコンクリートの部位の増加と関連があると思われる．すなわち，鉄骨フランジ内部に高い応力を負担する機構が形成される場合と，フランジ外で高い応力を負担する機構が形成される場合で，剛性の観点で折れ曲がり点，およびその後の挙動への効果が異なった，と表すことができる．図 5.3.31 に示す通り，荷重一変位関係の形状に対して，その SRC の諸元の関係を示した．特に右図には，応力状態の均一性や，鉄骨・鉄筋による拘束度といった一般事象に置き換えてこれを説明した．

鉄骨鉄筋コンクリート構造は，鉄筋と鉄骨の組み合わせによって様々な断面と力学的特性を有することができる．このことから，力学的観点に基づく限界状態を設定し，力学モデルに立脚した評価手法によって性能照査を行うことが合理的であり，これによって鉄骨鉄筋コンクリート構造の多様性と構造上の利点を活かした設計が期待される．とりわけ，「せん断」の取り扱いでは，一般の RC 部材と異なり，耐荷力に達した以降の塑性変形領域においても鉄骨により耐荷力が保持されることがわかっている．SRC 部材の冗長性を活用していくためにも，鉄筋，コンクリート，鉄骨という材料それぞれにおけるひび割れ，降伏，座屈といった損傷イベントの組合わせに基づく SRC 部材の損傷評価の標準化，およびこれに基づく限界値の設定について議論する時期にきている．

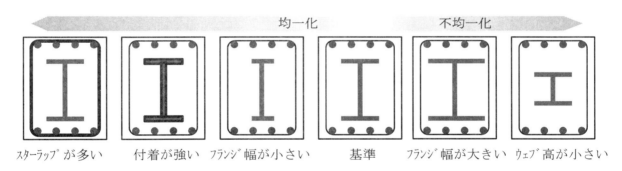

図 5.3.30 鉄骨とコンクリートの活用の関係

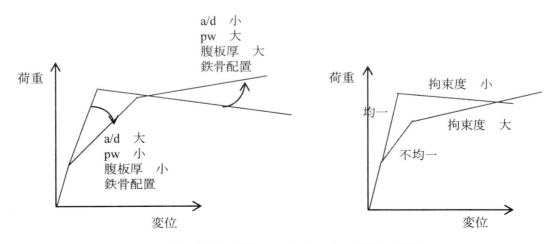

図 5.3.31 鉄骨形状とコンクリートの活用の関係

参考文献

1) 土木学会：2009 年制定複合構造標準示方書，2009.12
2) 土木学会：2014 年制定複合構造標準示方書，2015.5
3) 土木学会：2012 年制定コンクリート標準示方書[設計編]，2013.3.
4) 村田清満，池田学，渡邊忠朋，戸塚信弥：鉄骨鉄筋コンクリート部材のせん断耐力，土木学会論文集，No.626／I-48，pp.207-218，1999.7
5) 中田裕喜，渡辺 健，田所敏弥，岡本 大，池田 学，谷村幸裕：両端が固定されたせん断スパン比の小さい鉄骨鉄筋コンクリートはりのせん断耐力評価，土木学会論文集 E2(材料・コンクリート構造), Vol.72, No. 4, pp.440-455, 2016.12
6) 日本建築学会：鉄骨鉄筋コンクリート構造計算規準・同解説－許容応力度設計と保有水平耐力－，丸善，2003.5.
7) Hordijk, A. D. : Local Approach to Fatigue of Concrete, Delft University of Technology 1991
8) Nakamura, H. and Higai, T. : Compressive fracture energy and fracture zone length of concrete, seminar on post-peak behavior of RC structures subjected to seismic loads, JCI-C51E, Vol. 2, pp. 259-272, 1999

（執筆者：渡辺　健，中田裕喜）

5.4 鉄骨配置が耐荷メカニズムに及ぼす影響（単純支持）

5.4.1 既往の載荷実験を対象とした再現解析と損傷過程

SRC 部材を対象に，鋼材とコンクリートの境界面のモデル化に着目して，部材の耐荷挙動の再現と感度解析による簡単な分析を試みる．具体的には，単純支持された，せん破壊型のはり部材の実験[1]を対象に，三次元非線形有限要素解析を適用した検討を行う．

ここでは，図5.4.1の文献[1]に示されている No.30 供試体を解析対象とする．この供試体は，幅 600 mm，断面高さ 400 mm の矩形断面で，220×400×9×10 mm の H 形鋼と引張主鉄筋は D29 が 6 本配置されており，せん断補強筋は配置されていない SRC はりで，a/d=3.4 とする 2 点載荷が適用されている．

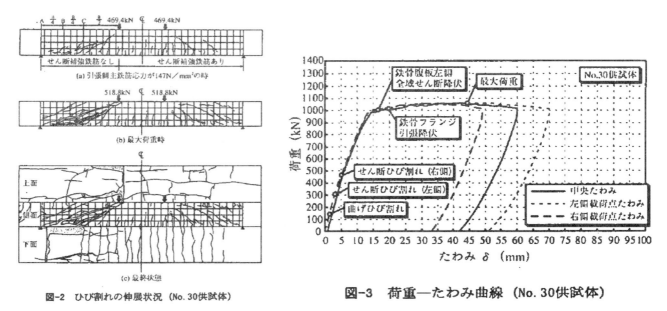

図-2　ひび割れの伸展状況（No.30供試体）　　　図-3　荷重―たわみ曲線（No.30供試体）

図 5.4.1　No.30 の実験結果概要 [1]

三次元非線形有限要素解析に際して，鉄筋コンクリート部と載荷版/支持版は三次元 20 節点アイソパラメトリックソリッド要素を用いてモデル化し，構造用鋼材（H 形鋼）はシェル要素にてモデル化する．いくつかのケースでは，鋼材とコンクリートの間に接触・剥離と摩擦すべりを考慮可能なジョイント要素を定義するとともに，ジョイント要素のバネ剛性を変化させた感度解析を実施する[2]．

はり部材の要素分割は，内部の鋼材配置と配筋状態を勘案して，かつ適用する材料構成則の前提となる要素寸法などに配慮してモデルを構築した．鉄筋コンクリート部の RC 要素には，アクティブクラック法に基づく非直交多方向固定/分散ひび割れモデルにより，ひび割れを表現する材料モデル[3]を適用する．本材料モデルは，分散ひび割れの過程に基づく非直交多方向固定ひび割れモデルに基づいて定式化されており，鉄筋コンクリートの強非線形領域における適用性が既に検証されている．ひび割れ発生後のコンクリートの引張応力―引張ひずみ関係の軟化勾配は，鉄筋との付着が影響する領域と影響しない領域とに分類し，前者に対してはテンションスティッフニングを考慮し，後者に対してはコンクリートの破壊エネルギーと要素寸法に基づいて要素ごとに設定した．なお，載荷版/支持版は，弾性要素でモデル化している．

構造用鋼材の要素には，完全弾塑性型の応力―ひずみ関係を与えた．また，鋼材とコンクリートの間のジョイント要素は，圧縮剛性には大きな値を与えて，数値計算上，鋼材と要素とコンクリート要素が過大に

重ならないように配慮するとともに，基本的に引張剛性をゼロとした．せん断方向に対しては，閉口時に固着強度（粘着力）および固着破壊後の摩擦応力が考慮されるモデルを使用し，摩擦応力は摩擦係数×鉛直応力を上限とする．また，開口時にはせん断剛性をゼロとする．検討ケース一覧は表 5.4.1 の通りであるが，さらに，ケース 0～ケース 2 ではせん断スパンを変化させた感度解析も行うこととする（ケース 0'～ケース 2'と表示）．

表 5.4.1　検討ケース一覧

ケース	H 鋼	ジョイント要素	閉口時せん断バネ#	摩擦係数	固着強度	備考
ケース 0	なし	---	---	---	---	仮想 RC
ケース 1	あり	なし(剛結)	---	---	---	S-C 剛結
ケース 2	あり	あり	9.8	0.3	非考慮 (0)	S-C 境界面非線形バネ（ジョイント要素）
ケース 3	あり	あり	0	(0.3)	非考慮 (0)	
ケース 4	あり	あり	0.98	0.3	非考慮 (0)	
ケース 5	あり	あり	9.8	0.5	非考慮 (0)	
ケース 6	あり	あり	9.8	0.3	考慮	

#N/mm^2/mm

以下に解析結果を示す．ケース 0 の H 鋼がない RC の場合，コンクリート標準示方書[4]の算定式から予測されるせん断耐力は約 223 kN となり，荷重=せん断力×2 なので，概ね解析結果（図 5.4.2）と対応している．

一方，ケース 1 の SRC の場合，解析結果（図 5.4.3）は荷重値で約 1440 kN，せん断耐力で約 720 kN となり，実験結果を過大に評価している．また，剛性も高くなっており，実験結果と一致していない．鋼とコンクリートを剛結する簡便なモデル化では，部材の挙動を正確に追跡することは困難であることが再確認できる．なお，これらのグラフには，平均化損傷指標[4]の推移を併記しているが，$\overline{\sqrt{J'_2}}$ の進展が後述する解析結果に比べて遅い傾向にある．また，図 5.4.4 の H 鋼の変形図をみると，曲げが卓越していることが分かる．

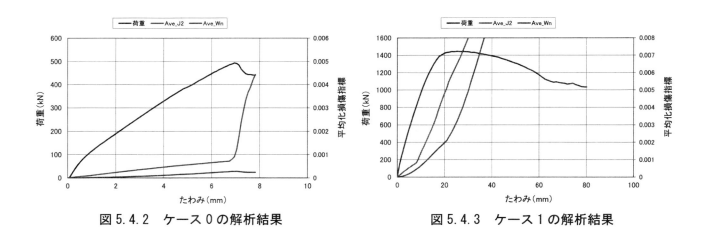

図 5.4.2　ケース 0 の解析結果　　　　　図 5.4.3　ケース 1 の解析結果

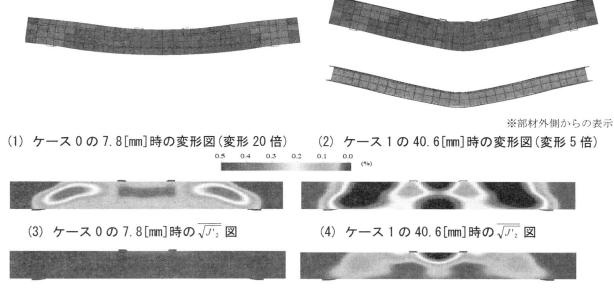

(1) ケース0の7.8[mm]時の変形図（変形20倍）　　(2) ケース1の40.6[mm]時の変形図（変形5倍）

(3) ケース0の7.8[mm]時の$\overline{\sqrt{J'_2}}$図　　(4) ケース1の40.6[mm]時の$\overline{\sqrt{J'_2}}$図

(5) ケース0の7.8[mm]時の$\overline{W_n}$図　　(6) ケース1の40.6[mm]時の$\overline{W_n}$図

図5.4.4　ケース0とケース1の変形図およびコンター図

　続いて，鋼とコンクリートの間に接合要素を定義した解析結果を示す．ケース2の解析結果（図5.4.5）では，最大荷重が約1040 kNとなっており，ケース1の結果に比べて3割程度低下しているとともに，実験結果に近付く傾向にあることが分かる．また，剛性もほぼ一致している．鋼とコンクリートの間に接合要素を定義し，局所的な変形を考慮する必要性が伺える．図5.4.6に，ケース2の変形図とコンター図を示した．H鋼でもせん断変形が確認でき，相対的には等モーメント区間のRC引張側で$\overline{\sqrt{J'_2}}$の値が進展しないことが特徴である．

　次に，構造用鋼材および主鉄筋ひずみの進展を図5.4.7に示す．図5.4.7では，上下フランジでの圧縮および引張平均ひずみとウェブでのせん断ひずみ（絶対値），主鉄筋ひずみの最大値を積分点から抽出して表示している．たわみの増加とともに鋼材と主鉄筋のひずみも大きくなっており，鋼材が降伏に至るたわみは上記の実験結果[1]に概ね整合している．特にたわみ13 mm程度以降からウェブのせん断ひずみが大きくなっており，せん断力に対する抵抗機構を形成していることが分かる．

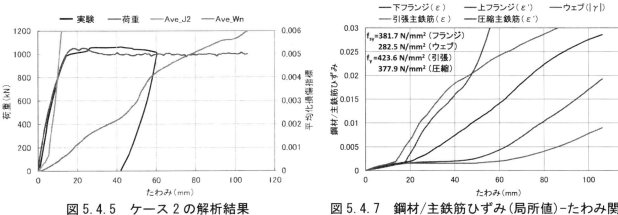

図5.4.5　ケース2の解析結果　　　　　図5.4.7　鋼材/主鉄筋ひずみ（局所値）-たわみ関係

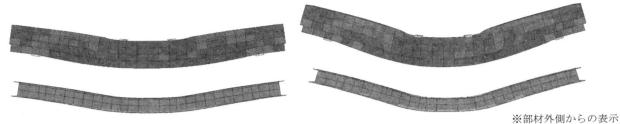

(1) ケース2の42.5[mm]時の変形図（変形20倍）　　(2) ケース2の82.5[mm]時の変形図（変形5倍）

※部材外側からの表示

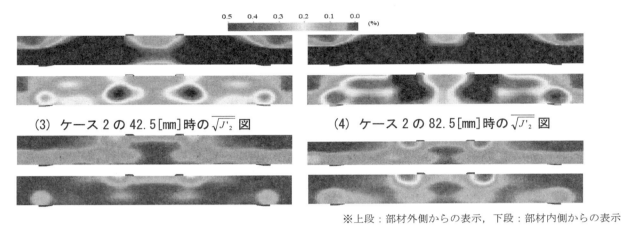

(3) ケース2の42.5[mm]時の$\sqrt{J'_2}$図　　(4) ケース2の82.5[mm]時の$\sqrt{J'_2}$図

※上段：部材外側からの表示，下段：部材内側からの表示

(5) ケース2の42.5[mm]時の$\overline{W_n}$図　　(6) ケース2の82.5[mm]時の$\overline{W_n}$図

図5.4.6　ケース2の変形図およびコンター図

以上より，本解析における損傷イベントとしては以下のようになっており，H鋼のない部材外側で斜め方向のひび割れ損傷が進展するものの，このひび割れは断面を貫通するものではなく，部材の耐荷力低下の引き金とはなっていないと推察される．

ひび割れ⇒ウェブせん断降伏⇒圧縮主鉄筋降伏⇒下フランジ降伏⇒上縁コンクリートの圧壊≒
部材としての最大荷重（ただし，緩やかな耐力低下）⇒上フランジ降伏⇒引張主鉄筋降伏
　　　・・・＞　いずれは鋼材の座屈，破断！？

続いて，鋼とコンクリート間のジョイント要素のばね特性を変化させた，ケース3～ケース6の解析結果を示す．図5.4.5，図5.4.8～図5.4.11および表5.4.2の結果を比較することにより，
- 閉口時せん断バネ剛性の値によって，最大荷重が変動する．バネ剛性が小さいと最大荷重も低下する．
- 摩擦係数の値によって，最大荷重が変動する．摩擦係数が大きいと最大荷重も幾分増加する．
- 鋼とコンクリート間の固着強度を設定することによって，最大荷重が増加する．

の傾向があることが分かる．これらの影響も加味した上で，解析モデルを設定する必要がある．なお，図5.4.5および図5.4.8～図5.4.11のグラフから，SRC部材については，正規化累加ひずみエネルギー$\overline{W_n}$により安全性の照査を実施できる傾向を示している．

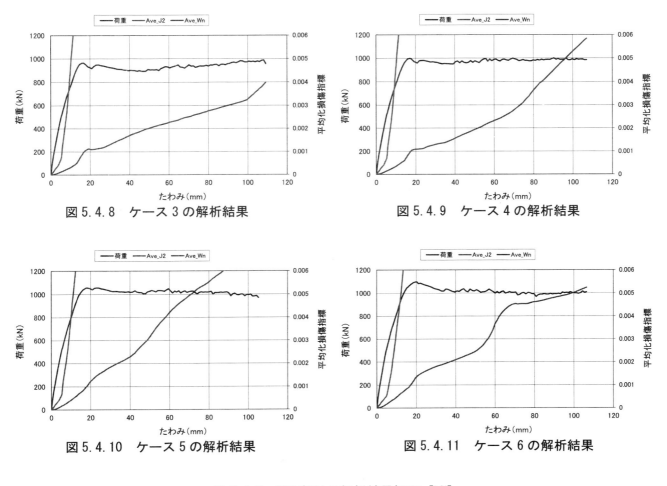

図 5.4.8　ケース 3 の解析結果　　　　　　　　図 5.4.9　ケース 4 の解析結果

図 5.4.10　ケース 5 の解析結果　　　　　　　図 5.4.11　ケース 6 の解析結果

表 5.4.2　SRC 部材の解析結果概要 [kN]

	たわみ 10 mm 時荷重	たわみ 15 mm 時荷重	最大荷重
ケース 1	966	1277	1445
ケース 2	799	1011	1050
ケース 3	770	954	987
ケース 4	779	975	1000
ケース 5	799	1016	1057
ケース 6	820	1040	1098

　ここまでの解析結果を踏まえ，要素分割を変えることなく，単純にせん断スパンを a/d=1.125 に小さくした解析結果を以下に示す．この場合も傾向としては a/d=3.429 と同じであり，鋼とコンクリートを剛結する簡便なモデル化では，耐力を高めに評価する可能性が高いことが分かる．

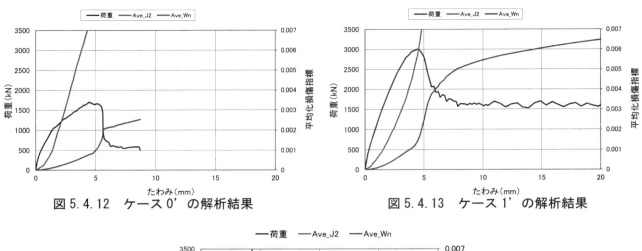

図5.4.12　ケース0'の解析結果　　　　　　　図5.4.13　ケース1'の解析結果

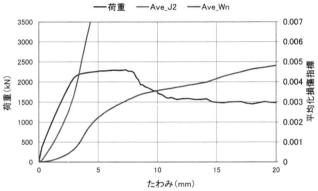

図5.4.14　ケース2'の解析結果

(1) ケース0'の6.3[mm]時の変形図(変形5倍)　　(2) ケース1'の6.2[mm]時の変形図(変形5倍)

(3) ケース2'の8.6[mm]時の変形図(変形5倍)

※部材外側からの表示

図5.4.15　変形図

5.4.2 同一断面で鋼材配置のみを変化させた予備的感度解析

5.4.1の解析結果と適用精度を踏まえ，表5.4.3の14ケースについて，鋼材配置のみを変化させた感度解析（断面幾何形状は不変）を行うこととする．ここでのケース6が文献[1]に示されているNo.30供試体に相当し，材料強度等は変更していない．解析結果概要を以下に示す．変形図＋損傷指標コンター図では変形を10倍に拡大して表示しており，コンクリートの損傷に着目するため，H鋼を除外して表示している．

表5.4.3 検討ケース一覧

	せん断スパン	鉄筋 主筋	鉄筋 せん断	鋼板 フランジ	鋼板 ウェブ	タイプ
ケース1	1200	なし	なし	なし	なし	無筋はり
ケース2	1200	あり	なし	なし	なし	RCはり せん断補強なし
ケース3	1200	あり	あり	なし	なし	RCはり せん断補強あり
ケース4	1200	なし	なし	あり	あり	SCはり
ケース5	1200	あり	なし	なし	あり	SRCはり ①
ケース6	1200	あり	なし	あり	あり	SRCはり ②
ケース7	1200	あり	あり	あり	あり	SRCはり ③
ケース8	393.75	なし	なし	なし	なし	無筋ディープビーム
ケース9	393.75	あり	なし	なし	なし	RCディープビーム せん断補強なし
ケース10	393.75	あり	あり	なし	なし	RCディープビーム せん断補強あり
ケース11	393.75	なし	なし	あり	あり	SCディープビーム
ケース12	393.75	あり	なし	なし	あり	SRCディープビーム①
ケース13	393.75	あり	なし	あり	あり	SRCディープビーム②
ケース14	393.75	あり	あり	あり	あり	SRCディープビーム③

※せん断補強鉄筋は，D6(1組)@50mmを仮定

(1) ケース1

無筋のケース1では，等モーメント区間でひび割れが進展し，ポストピークに至る．損傷指標$\sqrt{J'_2}$は進展するが，$\overline{W_n}$はほとんど大きくなっていない．

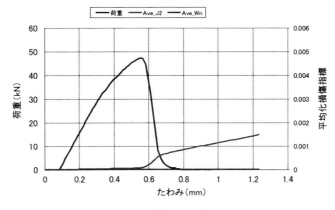

図5.4.16 荷重-たわみ関係

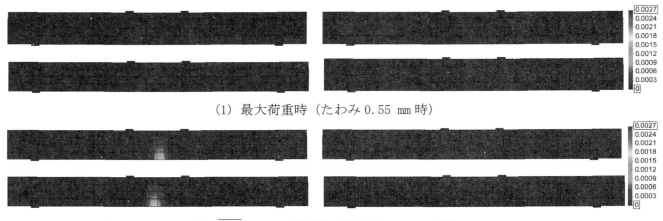

(1) 最大荷重時（たわみ 0.55 mm 時）

(2) $\overline{\sqrt{J'_2}}$ =1000μ 到達時（たわみ 0.90 mm 時）

$\sqrt{J'_2}$　　　　　　　　　　　　　　　　　　　$\overline{W_n}$　※上段：部材外側，下段：部材内側

図 5.4.17　変形図＋損傷指標コンター図

(2) ケース 2

せん断補強筋のない RC はりのケース 2 では，斜めひび割れの進展にともなって，ポストピークに至る．損傷指標$\overline{\sqrt{J'_2}}$は進展するが，$\overline{W_n}$と主鉄筋ひずみはほとんど大きくなっていない．なお，コンクリート標準示方書式から予測されるせん断耐力は約 223 kN となり，荷重=せん断力×2 なので，概ね解析結果（図 5.4.18）と対応している．

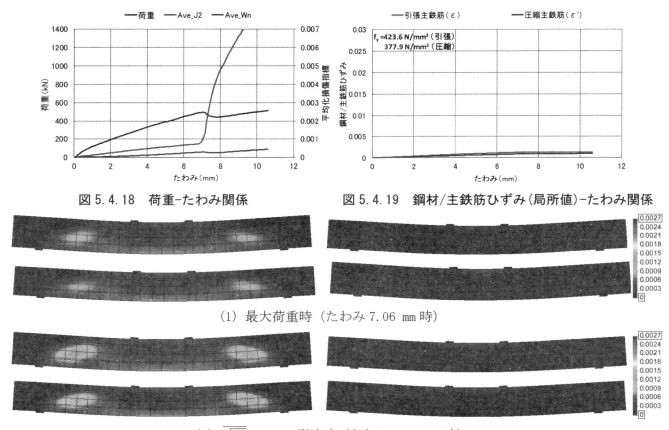

図 5.4.18　荷重-たわみ関係　　　　　図 5.4.19　鋼材/主鉄筋ひずみ（局所値）-たわみ関係

(1) 最大荷重時（たわみ 7.06 mm 時）

(2) $\overline{\sqrt{J'_2}}$ =1000μ 到達時（たわみ 7.16 mm 時）

$\sqrt{J'_2}$　　　　　　　　　　　　　　　　　　　$\overline{W_n}$　※上段：部材外側，下段：部材内側

図 5.4.20　変形図＋損傷指標コンター図

(3) ケース3

せん断補強筋のあるRCはりのケース3では，ケース2に比べて最大荷重が増加し，破壊モードがせん断型から曲げ型に移行している．損傷指標$\sqrt{J'_2}$，$\overline{W_n}$ともに，載荷に伴って増加している．最終的に，上縁コンクリートの圧壊により，荷重低下に至っている．

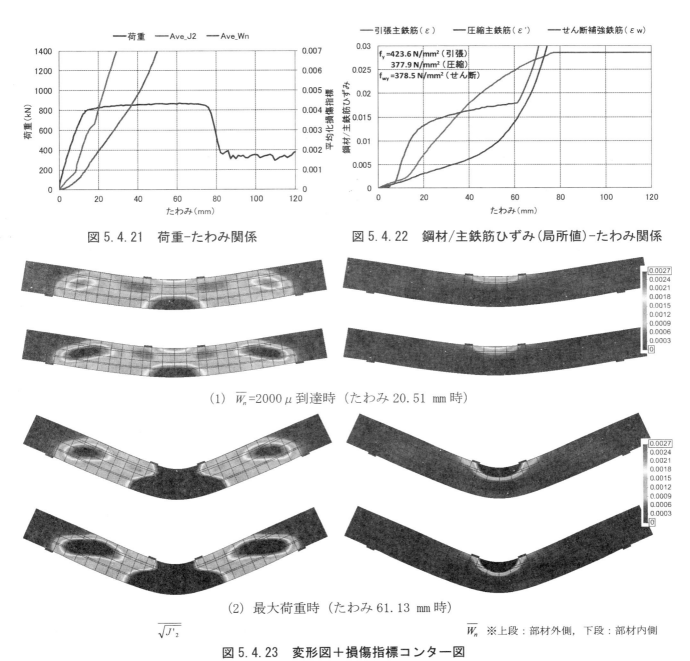

図5.4.21 荷重-たわみ関係　　図5.4.22 鋼材/主鉄筋ひずみ（局所値）-たわみ関係

(1) $\overline{W_n}$=2000μ到達時（たわみ20.51 mm時）

(2) 最大荷重時（たわみ61.13 mm時）

$\sqrt{J'_2}$　　　　　　　　　　　　　$\overline{W_n}$　※上段：部材外側，下段：部材内側

図5.4.23 変形図＋損傷指標コンター図

(4) ケース4

構造用鋼材(H鋼)のみを配置したSCはりのケース4では，曲げ型の挙動を示している．等モーメント区間の下フランジ周辺では，開口が大きくなっていることが分かる．上縁コンクリートの圧壊により，緩やかな荷重低下に至っており，その後の損傷イベントは，⇒ウェブ降伏⇒上フランジ降伏（・・・＞いずれは鋼材の座屈，破断！？）となっている．

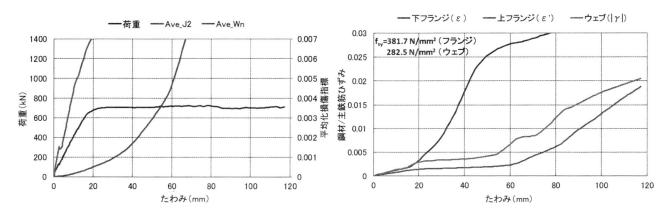

図 5.4.24 荷重-たわみ関係　　図 5.4.25 鋼材/主鉄筋ひずみ（局所値）-たわみ関係

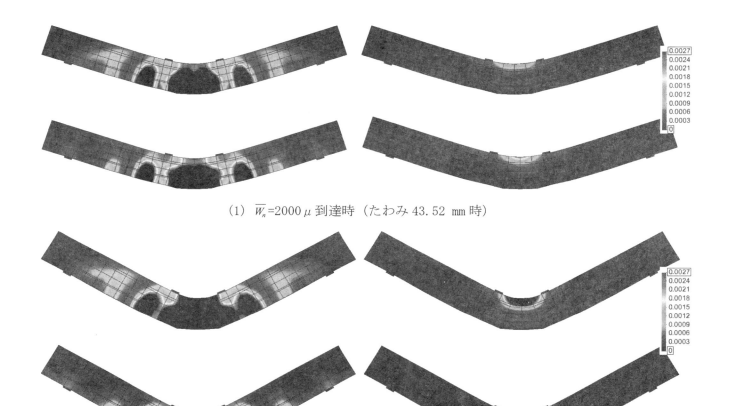

(1) $\overline{W_n}$=2000μ 到達時（たわみ 43.52 mm 時）

(2) 最大荷重時（たわみ 78.91 mm 時）

$\sqrt{J'_2}$　　　　　　　　　　　　　　　　　　$\overline{W_n}$　※上段：部材外側，下段：部材内側

図 5.4.26 変形図＋損傷指標コンター図

(5) ケース 5

主鉄筋と構造用鋼材としてウェブ（平板）のみを配置した SRC はりのケース 5 では，ケース 2 および 3 を上回る荷重値を示し，曲げ降伏後の上縁コンクリートの圧壊により，荷重低下に至っている．平板による補

強効果が伺えるが，一方で斜めひび割れやせん断変形も顕著となっている．この時，ポストピークに至るまでに平板は降伏に至っておらず，鋼とコンクリート間で局所的な変形が生じていると推察される．また，変形性能は，ケース3に劣る結果となっている．

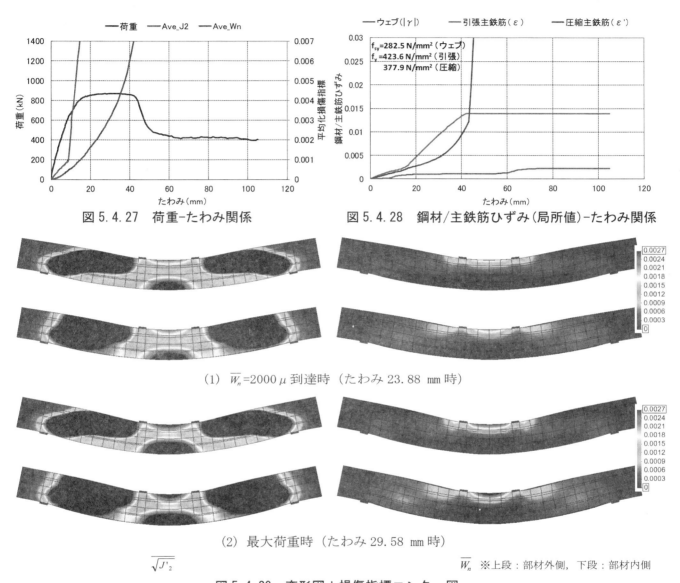

図5.4.27 荷重-たわみ関係　　図5.4.28 鋼材/主鉄筋ひずみ（局所値）-たわみ関係

(1) $\overline{W_n}$=2000μ到達時（たわみ23.88 mm時）

(2) 最大荷重時（たわみ29.58 mm時）

$\sqrt{J'_2}$　　　　　　　　　　　　　　　　　$\overline{W_n}$　※上段：部材外側，下段：部材内側

図5.4.29 変形図＋損傷指標コンター図

(6) ケース6

主鉄筋と構造用鋼材としてH鋼を配置したSRCはりのケース6では，フランジのないケース5を上回る荷重値を示した後，緩やかな荷重低下に至っている．相対的には等モーメント区間において変形や損傷が少なく，せん断スパンにおいてフランジ周辺での開口やせん断変形，損傷が顕著となっている．

たわみの増加とともに鋼材と主鉄筋のひずみも大きくなっており，鋼材が降伏に至るたわみは上記の実験結果[1]に概ね整合している．特にたわみ13 mm程度以降からウェブのせん断ひずみが大きくなっており，せん断力に対する抵抗機構を形成していることが分かる．また，部材の外側と内側で損傷状態が大きく異なり，H鋼のない部材外側で斜め方向のひび割れ損傷が進展するものの，このひび割れは断面を貫通するものではなく，部材の耐荷力低下の引き金とはなっていないと推察される．ケース5との比較により，フランジの効

果（鋼材断面積の増加とコアコンクリートの拘束）を確認することができる．

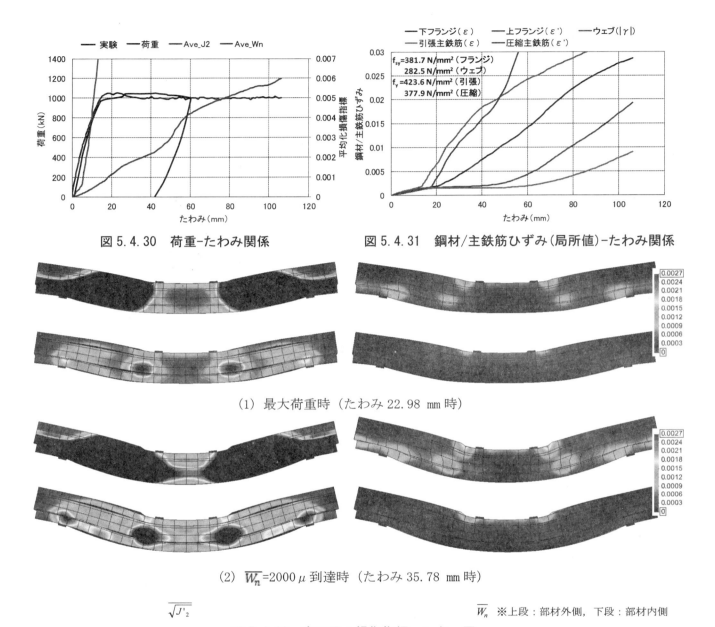

図 5.4.30 荷重-たわみ関係

図 5.4.31 鋼材／主鉄筋ひずみ（局所値）-たわみ関係

(1) 最大荷重時（たわみ 22.98 mm 時）

(2) $\overline{W_n}$=2000μ 到達時（たわみ 35.78 mm 時）

図 5.4.32 変形図＋損傷指標コンター図

(7) ケース 7

主鉄筋とせん断補強鉄筋および構造用鋼材として H 鋼を配置した SRC はりのケース 7 では，ケース 6 を上回る荷重値を示した後，緩やかな荷重低下に至っている．せん断補強鉄筋は早々に降伏に至っているが，部材外側でのせん断変形は小さくなっており，補強効果が確認できる．

第5章 鉄骨鉄筋コンクリート（SRC）部材の耐荷メカニズム　　147

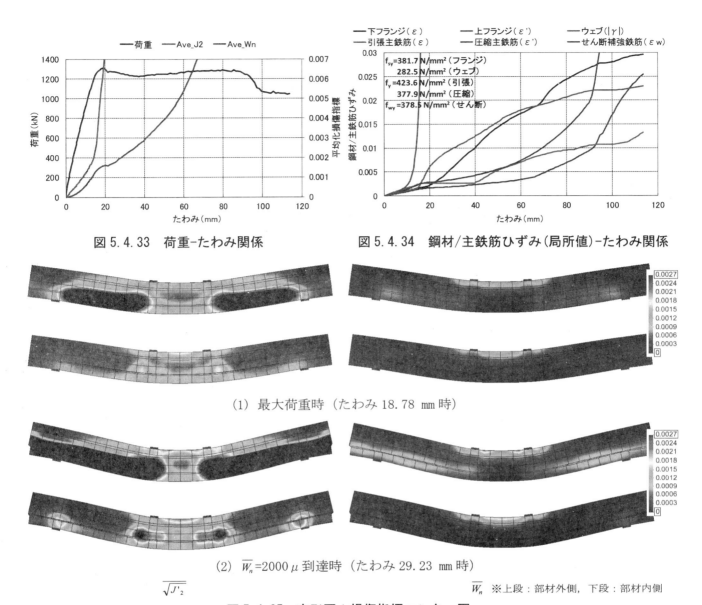

図5.4.33 荷重-たわみ関係　　図5.4.34 鋼材/主鉄筋ひずみ（局所値）-たわみ関係

(1) 最大荷重時（たわみ18.78 mm時）

(2) $\overline{W_n}$=2000μ到達時（たわみ29.23 mm時）

$\sqrt{J'_2}$　　　　　　　　　　　　　　　　　　　　　　　　　$\overline{W_n}$　※上段：部材外側，下段：部材内側

図5.4.35 変形図＋損傷指標コンター図

(8) ケース8

無筋のケース8では，等モーメント区間でひび割れが進展し，ポストピークに至る．損傷指標$\sqrt{J'_2}$は進展するが，$\overline{W_n}$はほとんど大きくなっていない．

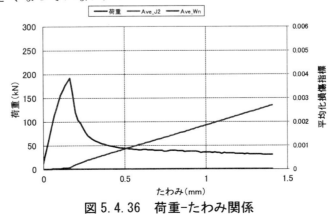

図5.4.36 荷重-たわみ関係

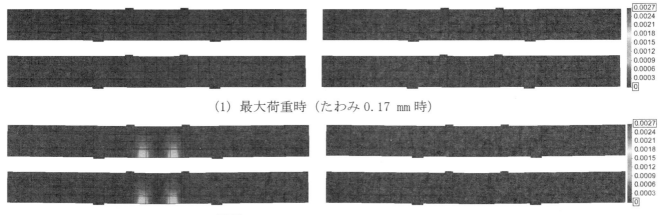

(1) 最大荷重時（たわみ 0.17 mm 時）

(2) $\overline{\sqrt{J'_2}}$ =1000μ 到達時（たわみ 0.59 mm 時）

$\sqrt{J'_2}$　　　　　　　　　　　　　　　　　　　　$\overline{W_n}$ ※上段：部材外側，下段：部材内側

図 5.4.37　変形図＋損傷指標コンター図

(9) ケース 9

せん断補強筋のない RC はりのケース 9 では，斜めひび割れの進展の後，せん断圧縮によりポストピークに至る．鉄筋ひずみは，ほとんど大きくなっていない．

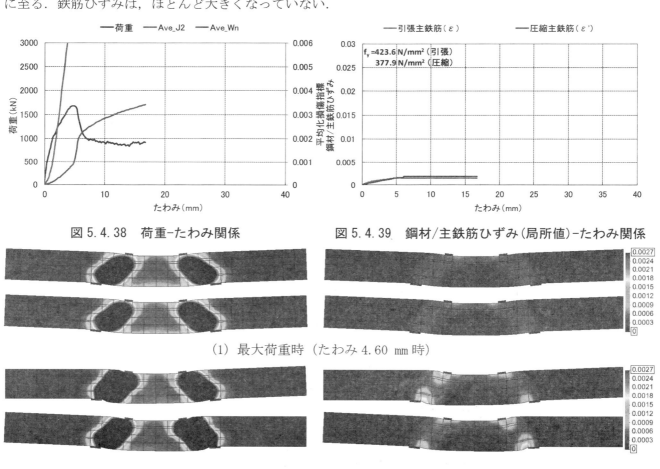

図 5.4.38　荷重-たわみ関係　　　　図 5.4.39　鋼材/主鉄筋ひずみ（局所値）-たわみ関係

(1) 最大荷重時（たわみ 4.60 mm 時）

(2) $\overline{W_n}$=2000μ 到達時（たわみ 5.77 mm 時）

$\sqrt{J'_2}$　　　　　　　　　　　　　　　　　　　　$\overline{W_n}$ ※上段：部材外側，下段：部材内側

図 5.4.40　変形図＋損傷指標コンター図

(10) ケース10

せん断補強筋のあるRCはりのケース10では，ケース9に比べて最大荷重が増加し，鉄筋ひずみも増大している．最終的に，コンクリートの圧壊により，荷重低下に至っている．

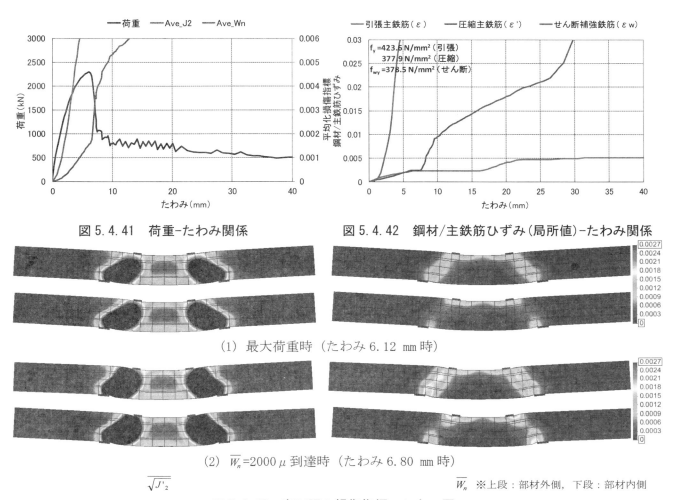

図5.4.41　荷重-たわみ関係　　　　図5.4.42　鋼材/主鉄筋ひずみ（局所値）-たわみ関係

(1) 最大荷重時（たわみ6.12 mm時）

(2) $\overline{W_n}$=2000μ到達時（たわみ6.80 mm時）

図5.4.43　変形図＋損傷指標コンター図

(11) ケース11

構造用鋼材(H鋼)のみを配置したSCはりのケース11では，斜めひび割れの進展の後，せん断圧縮によりポストピークに至っているが，等モーメント区間に曲げひび割れも進展している．早い段階からウェブのせん断ひずみが大きくなっており，せん断力に対する抵抗機構を形成していることが分かる．また，部材の外側と内側で損傷状態が大きく異なり，H鋼のない部材外側で斜め方向のひび割れ損傷が進展するものの，このひび割れは断面を貫通するものではない．

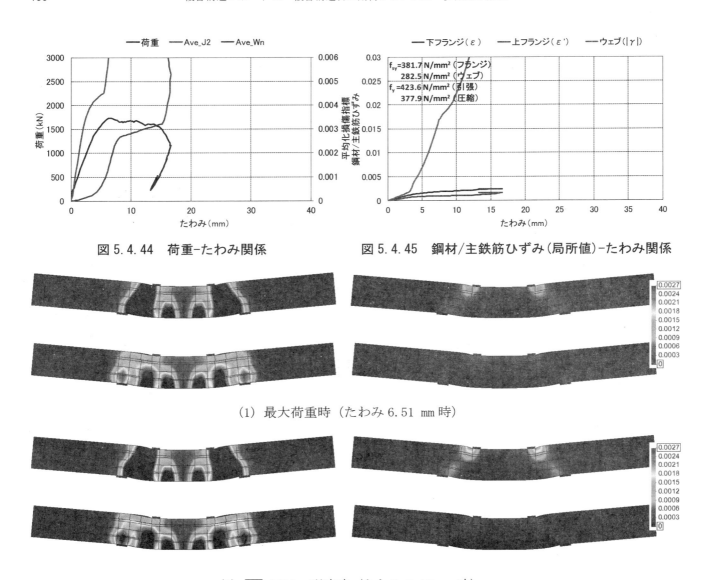

図 5.4.44 荷重-たわみ関係

図 5.4.45 鋼材/主鉄筋ひずみ（局所値）-たわみ関係

(1) 最大荷重時（たわみ 6.51 mm 時）

(2) $\overline{W_n}$=2000μ 到達時（たわみ 7.10 mm 時）

$\sqrt{J'_2}$　　　　　　　　　　　　　　　$\overline{W_n}$　※上段：部材外側，下段：部材内側

図 5.4.46 変形図＋損傷指標コンター図

(12) ケース 12

　主鉄筋と構造用鋼材としてウェブ（平板）のみを配置した SRC はりのケース 12 では，ケース 9 を上回る荷重値を示し，斜めひび割れの進展の後，せん断圧縮によりポストピークに至っている．平板による補強効果が伺えるが，ポストピークに至るまでに平板にそれ程大きなひずみは生じていない．

第 5 章　鉄骨鉄筋コンクリート（SRC）部材の耐荷メカニズム

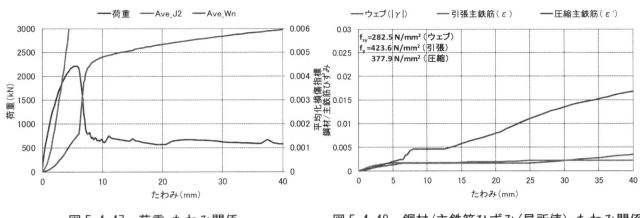

図 5.4.47　荷重-たわみ関係　　　　　図 5.4.48　鋼材/主鉄筋ひずみ（局所値）-たわみ関係

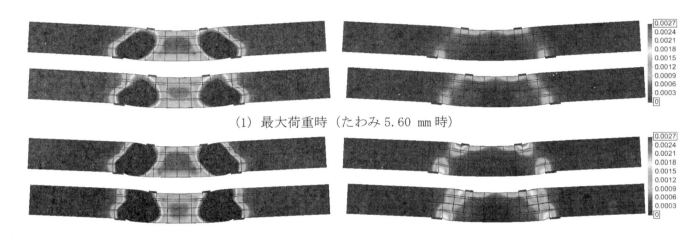

(1) 最大荷重時（たわみ 5.60 mm 時）

(2) $\overline{W_n}$=2000 μ 到達時（たわみ 6.47 mm 時）

$\sqrt{J'_2}$　　　　　　　　　　　　　　　　　　　　　　　　　　$\overline{W_n}$　※上段：部材外側，下段：部材内側

図 5.4.49　変形図＋損傷指標コンター図

(13) ケース 13

主鉄筋と構造用鋼材として H 鋼を配置した SRC はりのケース 13 では，フランジのないケース 12 を若干上回る荷重値を示し，斜めひび割れの進展の後，せん断圧縮によりポストピークに至っている．

早い段階からウェブのせん断ひずみが大きくなっており，せん断力に対する抵抗機構を形成していることが分かる．フランジと引張主鉄筋では，それ程大きなひずみは生じていない．また，部材の外側と内側で損傷状態が大きく異なっている．ケース 12 との比較により，フランジの効果（鋼材断面積の増加とコアコンクリートの拘束）を確認することができる．

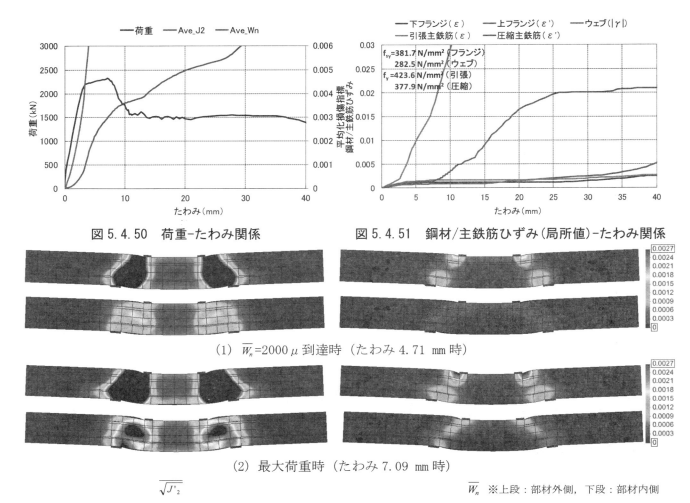

図5.4.50　荷重-たわみ関係

図5.4.51　鋼材/主鉄筋ひずみ(局所値)-たわみ関係

(1)　$\overline{W_n}$=2000μ到達時（たわみ4.71 mm時）

(2)　最大荷重時（たわみ7.09 mm時）

$\sqrt{J'_2}$　　　　　　　　　　　　$\overline{W_n}$　※上段：部材外側，下段：部材内側

図5.4.52　変形図＋損傷指標コンター図

(14) ケース14

　主鉄筋とせん断補強鉄筋および構造用鋼材としてH鋼を配置したSRCはりのケース14では，ケース13を上回る荷重値を示した後，せん断圧縮によりポストピークに至っている．せん断補強鉄筋は鋼材ウェブと同様に早い段階で降伏に至っているが，補強効果が確認できる．フランジと引張主鉄筋では，それ程大きなひずみは生じていない．

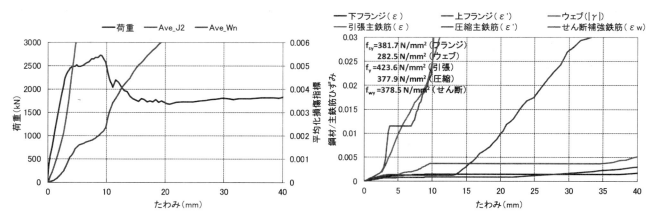

図5.4.53　荷重-たわみ関係

図5.4.54　鋼材/主鉄筋ひずみ(局所値)-たわみ関係

第5章　鉄骨鉄筋コンクリート (SRC) 部材の耐荷メカニズム

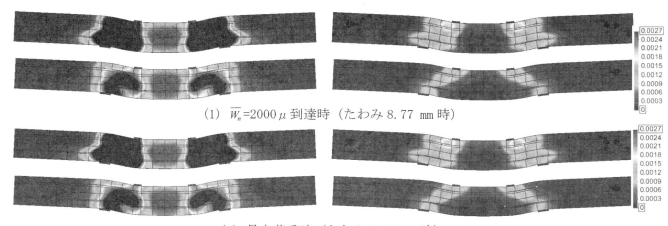

(1) $\overline{W_n}$=2000μ到達時（たわみ 8.77 mm 時）

(2) 最大荷重時（たわみ 9.00 mm 時）

$\sqrt{J'_2}$　　　　　　　　　　　　　　　　　　　　$\overline{W_n}$　※上段：部材外側，下段：部材内側

図 5.4.55　変形図＋損傷指標コンター図

5.4.3 鋼材配置に応じたせん断耐力評価

(1) 検討概要

5.4.1，5.4.2 に示した解析結果を前段として，単純支持された SRC 部材の耐荷メカニズムに関する感度解析的検討を実施する．ここでは，せん断破壊先行型の部材を主対象として，鋼材配置を変更するによる耐荷メカニズムに及ぼす影響度合いを確認する．

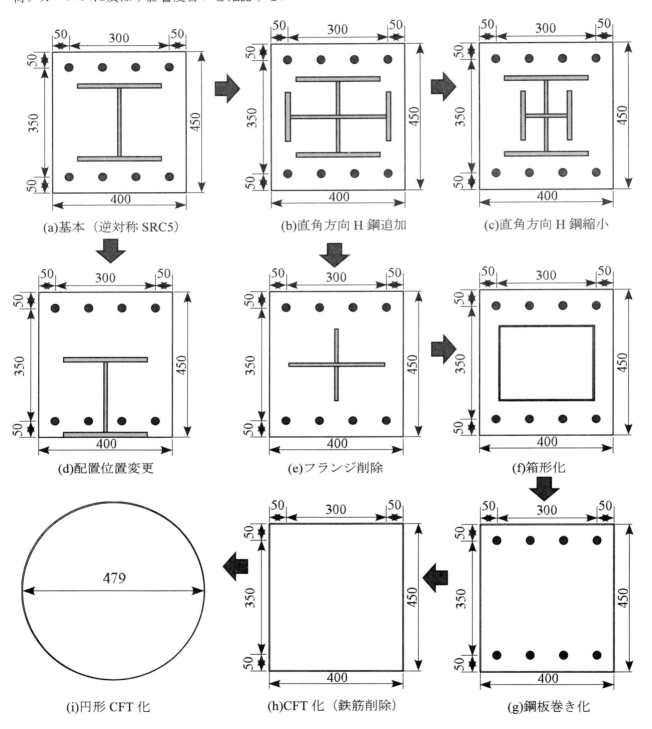

図 5.4.56　想定した断面概要図①

図 5.4.56 に，想定した断面概要を示す．計算上，概ね同一の設計せん断耐力となる鉄骨形状および配置位置に対し，FEM により設計上せん断耐力に反映されない諸元の効果と耐荷メカニズムについて検討する．a/d は，1.0，2.0，3.0 とする．コンクリート圧縮強度は 30 N/mm^2，鉄筋の降伏強度は 345 N/mm^2，構造用鋼材の降伏強度は 200 N/mm^2 とし，軸力なしの条件とする．断面(a)〜(d)については，D10 を 160 mm ピッチで配置したせん断補強鉄筋を考慮したケースも実施する（せん断補強鉄筋比 p_w=0.22%程度，図 5.4.57 参照）．なお，せん断補強鉄筋を考慮したケースでは，計算モデル上の f_y=3450 N/mm^2 として曲げ降伏を回避する．

また，断面(a)〜(d)の断面の差異を大きくするために，上下のフランジ幅を 250⇒125 mm としたケースも実施することとし，各々せん断補強筋あり，なしを対象とする．

さらに，支点内外で特に条件を変更しないことを基本とするが，断面(a)と(h)について，支点外で 1.43 % のせん断補強筋を考慮し，鉄骨とコンクリートを剛結とするケースを実施するとともに，全断面で鉄骨とコンクリートを剛結とするケースもあわせて実施する．

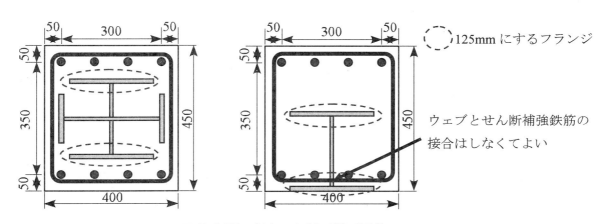

図 5.4.57　想定した断面概要図②

以上の SRC はりを対象として，三次元非線形有限要素解析を行った．モデル化の概要は，5.4.1 と同様である．

(2) 解析結果の概要

代表例として，断面(a)，断面(f)，断面(h)の解析結果（せん断補強筋なしのケース）を図 5.4.58〜図 5.4.60 に示す．その他の解析結果については，末尾の付録に掲載している．コンクリートの平均化損傷指標[2]（平均化偏差ひずみ第二不変量 $\overline{\sqrt{J_2'}}$，平均化正規化累加ひずみエネルギー $\overline{W_n}$，平均化長さ L=150 mm）の推移を併記したせん断力－載荷点変位関係と，断面(a)〜(i)の基本ケースについては，最大せん断力時の変形図（変形を 10 倍に拡大）と平均化損傷指標のコンター図をあわせて示している．コンター図では，コンクリートの損傷に着目するため，H 鋼を除外して表示している．

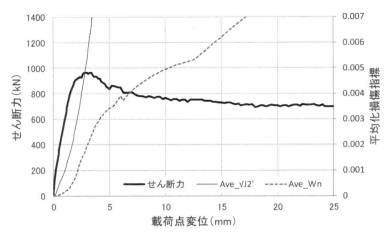

(a) せん断力－載荷点変位関係

(b) 変形図（外側と内側）

(c) $\overline{\sqrt{J'_2}}$ 平均化損傷指標コンター図（外側と内側）

(d) $\overline{W_n}$ 平均化損傷指標コンター図（外側と内側）

(1) a/d=1

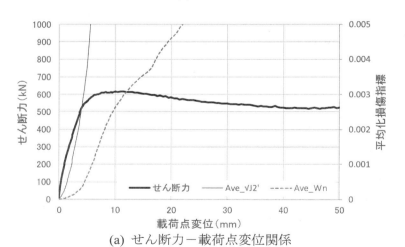

(a) せん断力－載荷点変位関係

(b) 変形図（外側と内側）

図 5.4.58　断面(a)の解析結果（その1）

第5章 鉄骨鉄筋コンクリート（SRC）部材の耐荷メカニズム 157

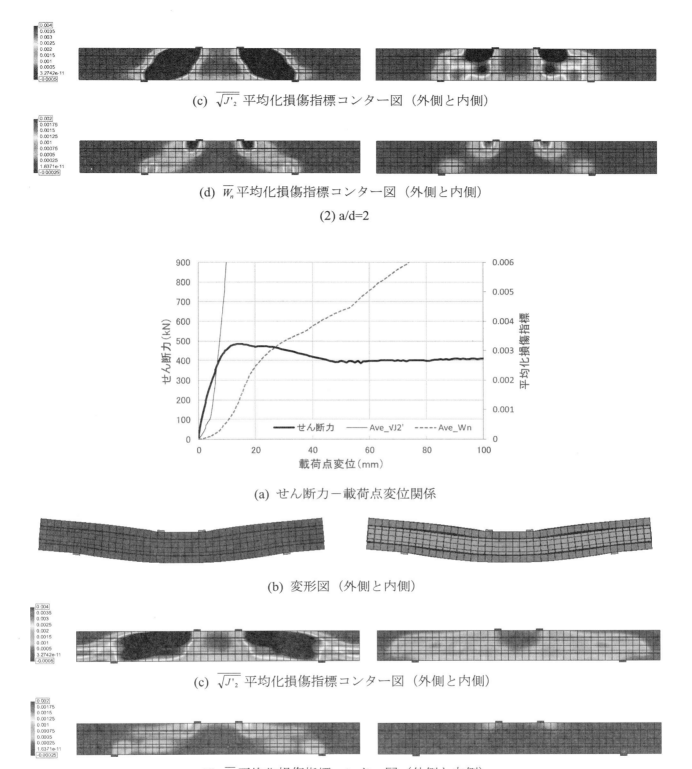

(c) $\overline{\sqrt{J'_2}}$ 平均化損傷指標コンター図（外側と内側）

(d) $\overline{W_n}$ 平均化損傷指標コンター図（外側と内側）

(2) a/d=2

(a) せん断力－載荷点変位関係

(b) 変形図（外側と内側）

(c) $\overline{\sqrt{J'_2}}$ 平均化損傷指標コンター図（外側と内側）

(d) $\overline{W_n}$ 平均化損傷指標コンター図（外側と内側）

(3) a/d=3

図 5.4.58 断面(a)の解析結果（その2）

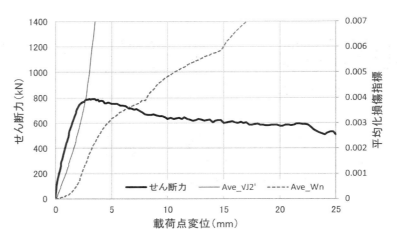

(a) せん断力－載荷点変位関係

(b) 変形図（外側と内側）

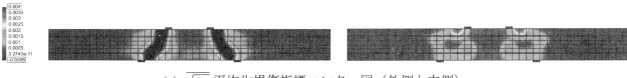

(c) $\overline{\sqrt{J'_2}}$ 平均化損傷指標コンター図（外側と内側）

(d) $\overline{W_n}$ 平均化損傷指標コンター図（外側と内側）

(1) a/d=1

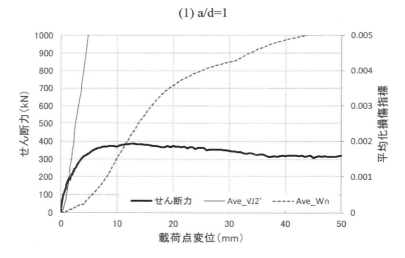

(a) せん断力－載荷点変位関係

(b) 変形図（外側と内側）

図 5.4.59 断面(f)の解析結果（その1）

第5章　鉄骨鉄筋コンクリート（SRC）部材の耐荷メカニズム

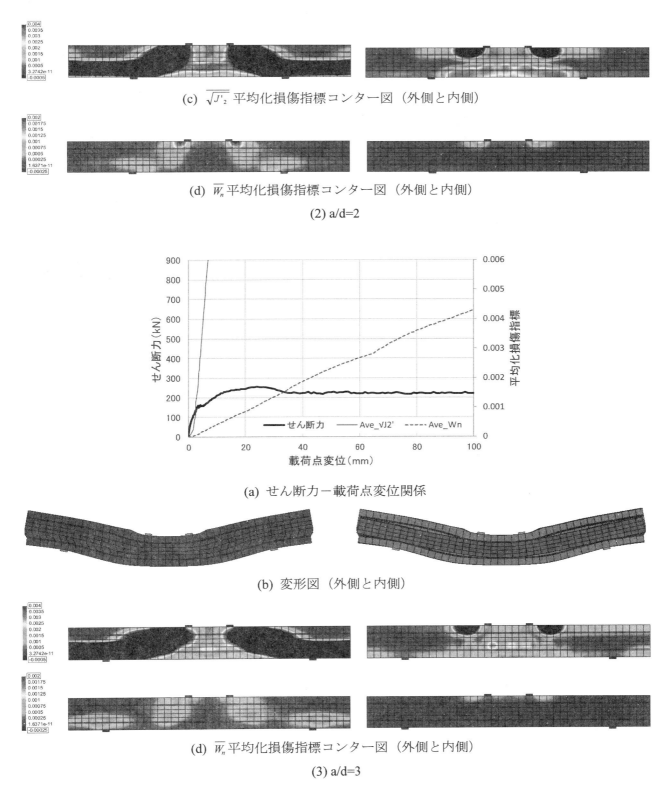

(c) $\overline{\sqrt{J'_2}}$ 平均化損傷指標コンター図（外側と内側）

(d) $\overline{W_n}$ 平均化損傷指標コンター図（外側と内側）

(2) a/d=2

(a) せん断力－載荷点変位関係

(b) 変形図（外側と内側）

(d) $\overline{W_n}$ 平均化損傷指標コンター図（外側と内側）

(3) a/d=3

図 5.4.59　断面(f)の解析結果（その2）

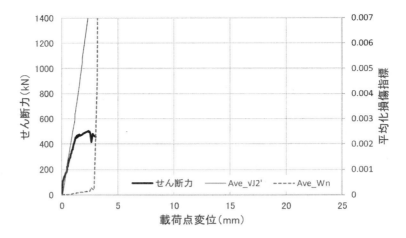

(a) せん断力－載荷点変位関係

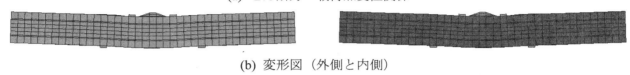

(b) 変形図（外側と内側）

(c) $\overline{\sqrt{J'_2}}$ 平均化損傷指標コンター図（外側と内側）

(d) $\overline{W_n}$ 平均化損傷指標コンター図（外側と内側）

(1) a/d=1

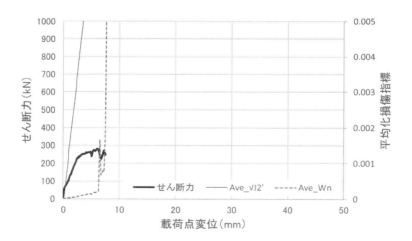

(a) せん断力－載荷点変位関係

(b) 変形図（外側と内側）

図 5.4.60　断面(h)の解析結果（その1）

第5章 鉄骨鉄筋コンクリート (SRC) 部材の耐荷メカニズム　　161

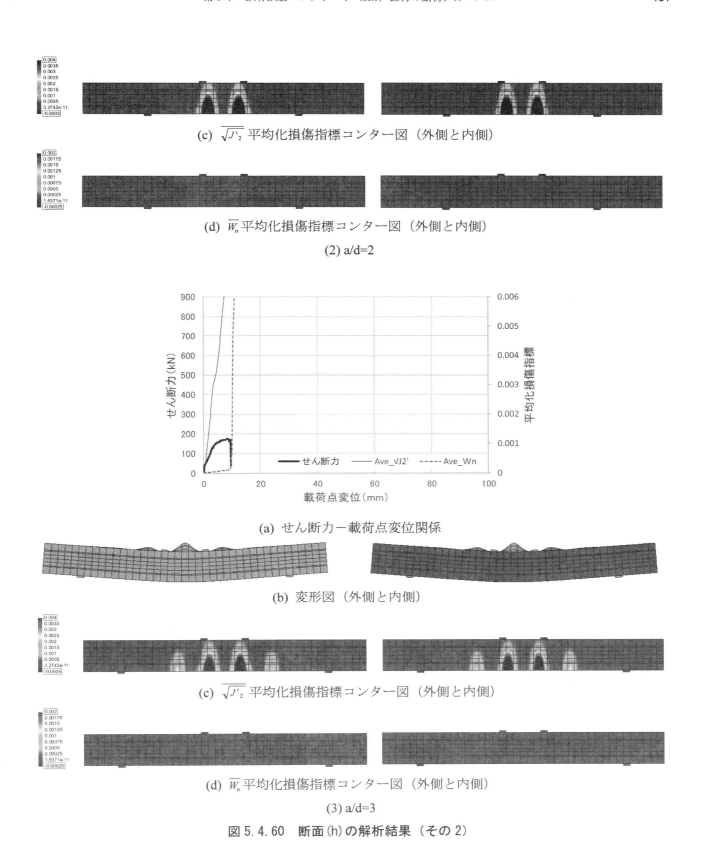

図 5.4.60　断面(h)の解析結果（その2）

　解析結果より，鋼板巻き補強に相当する断面(g)で一番耐力が高く，CFTに相当する断面(h)，(i)で耐力が低い傾向にあった．SRCの断面においても，鋼材の配置方法によって耐力が増減する傾向が確認でき，断面(e)，(f)では，相対的に耐力が低下した．ロ型に鋼材を内部に配置した面(f)では，鋼材に囲まれた部位が

心材のような役割を果たしているが，外周部との一体性を喪失している状況が確認でき（図5.4.59の内部の変形図），耐力が低下したものと考えられる．フランジの役割が重要であることが示唆される．また，損傷指標の進展からは，鉄骨とコンクリートを剛結した場合を除き，$\overline{W_n}$ = 0.0015〜0.002の限界値により，部材耐力を概ね評価でき，安全性の照査に活用できるものと考えられる．ただし，本解析においては，断面(h)と(i)は曲げ破壊型の挙動を示している．

SRCはりの破壊に至るプロセスとしては，当初はりの引張縁に曲げひび割れが生じた後，荷重が大きくなるに従って，H形鋼のない部材外側で斜め方向のひび割れ損傷が進展する．ただし，このひび割れは断面を貫通するものではなく，部材の耐荷力低下の引き金とはなっていない．部材外側と内側で大きな相違が生じる3次元的な損傷の分布は，鋼材配置の影響によってもたらされている．さらに荷重が増大すると，載荷版周辺のコンクリートの圧縮損傷が進展することで，徐々に部材耐荷力が低下し始めるものと推定される．

解析から得られた（せん断）耐力を図5.4.61にまとめる．

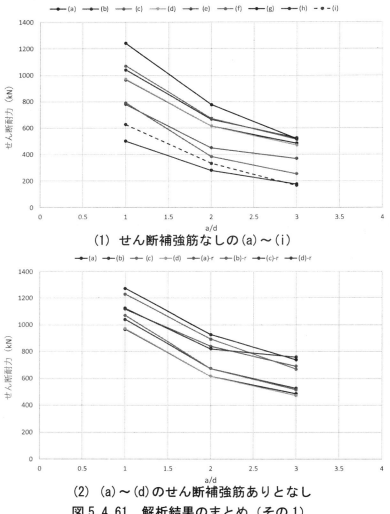

(1) せん断補強筋なしの(a)〜(i)

(2) (a)〜(d)のせん断補強筋ありとなし

図5.4.61　解析結果のまとめ（その1）

第5章 鉄骨鉄筋コンクリート（SRC）部材の耐荷メカニズム

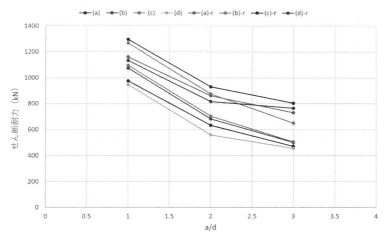

(3) フランジ幅を狭くした(a)〜(d)のせん断補強筋ありとなし

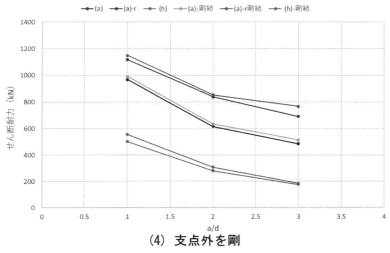

(4) 支点外を剛

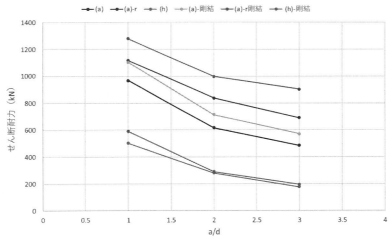

(5) 鉄骨とコンクリートを剛結

図 5.4.61 解析結果のまとめ（その2）

(3) 耐力算定式との比較

(2)の解析結果と算定式による耐力値とを比較する．ここで，耐力算定式は，式(5.4.1)〜(5.4.3)による．

$$V_{yd} = V_{cd} + V_{sd} + V_{syd} \tag{5.4.1}$$

ここに，V_{yd} ：棒部材の設計せん断耐力

V_{cd} : せん断補強鋼材を用いない棒部材の設計せん断耐力

V_{sd} : せん断補強鉄筋により受け持たれる設計せん断耐力

V_{syd} : 鉄骨部分により受け持たれる設計せん断耐力

$$V_{yd} = V_{cd} + V_{sd} + \alpha \cdot V_{syd} \qquad a/d \geqq 2.0 \qquad (5.4.2)$$
$$= V_{dd} + \alpha \cdot V_{syd} \qquad 0.5 \leqq a/d < 2.0 \quad \text{ただし，} 0.5 \leqq a/d < 1.0 \text{ の場合は } a/d = 1.0 \qquad (5.4.3)$$

ここに，V_{cd} : せん断補強鋼材を用いない棒部材の設計せん断耐力

V_{syd} : 鉄骨部分により受け持たれる設計せん断耐力

α : $(0.4k+2.3)/a/d \leqq 2.5$ $(2.0 \leqq k \leqq 7.0$ かつ $1.0 \leqq a/d \leqq 3.5)$

k : 鉄骨比（部材の断面積に対する鉄骨の断面積の比）

V_{dd} : 鉄骨を用いない棒部材の設計せん断圧縮破壊耐力

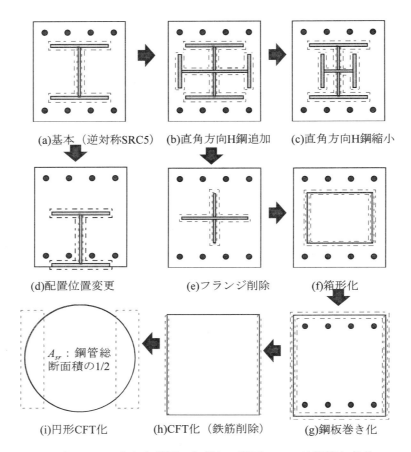

: V_{syd}（式(5.3.1)～(5.3.3)）の $z_w \cdot t_w$ とした範囲．ただし，断面(h), (i)は鋼管を考慮．

: 式(5.3.2)(5.3.3)の $k = A_{sr}/A_c$（A_{sr}：鉄骨断面積，A_c：コンクリート断面積）の A_{sr} の範囲

図 5.4.62 鉄骨の考慮範囲

耐力算定値と解析結果の比較図を図 5.4.63，図 5.4.64 に示す．これらより，既存の評価式と概ねよい対応を示していると言えるが，断面(e)，(f)では耐力比が 1.0 を下回っており留意する必要がある．一方，断面(g)では解析結果において耐力が高くなっている．

第5章 鉄骨鉄筋コンクリート (SRC) 部材の耐荷メカニズム

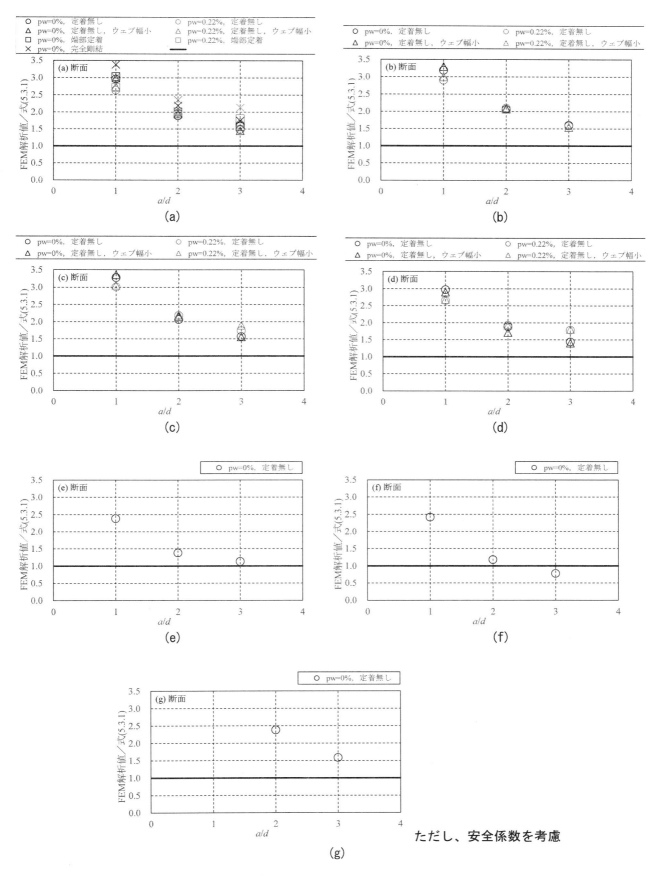

ただし、安全係数を考慮

図 5.4.63 式(5.3.1)との比較

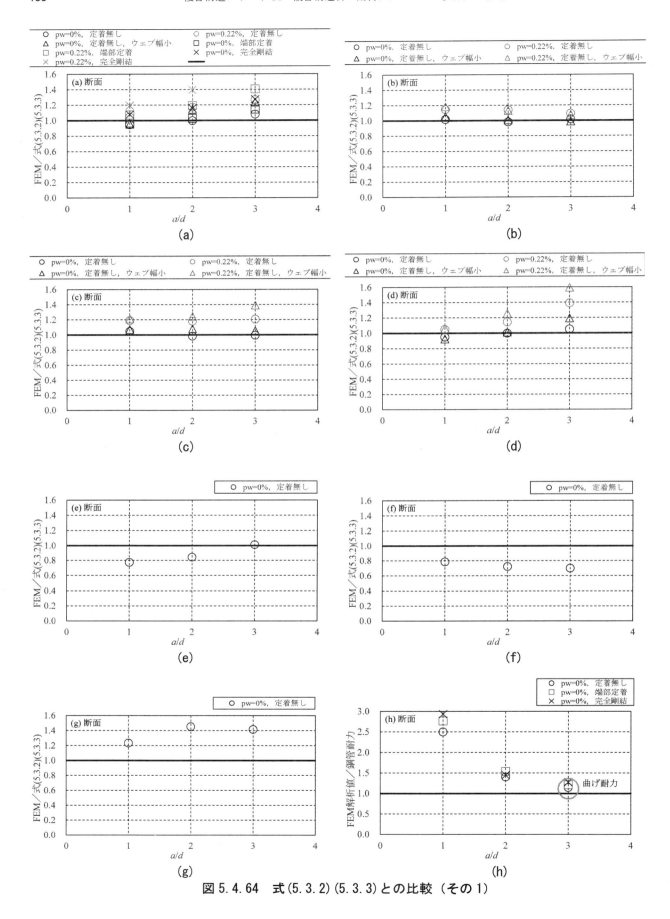

図 5.4.64 式(5.3.2)(5.3.3)との比較（その1）

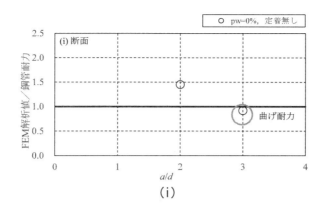

図 5.4.64 式(5.3.2)(5.3.3)との比較（その2）

5.4.4 SRC部材の時間依存に関する検討

発展的な検討として，断面(a)の a/d=3.0 でせん断補強鉄筋なしのケースを対象に，材料－構造連成応答解析ツール[5]を用いて，コンクリート打設からの経時変化を追跡した上で，載荷する状況を再現することを試行する．ここでは，第1次的な検討として，表5.4.4に示す3ケースを実施した．すなわち，材齢1日で脱枠後28日まで相対湿度60%で乾燥させた後に載荷する場合，材齢28日まで封函養生した後に載荷する場合，および材齢1日で脱枠後365日まで相対湿度60%で乾燥させた後に載荷する場合とを比較する．ここでは，W/C=58%のコンクリート配合を仮定する．

表 5.4.4　検討ケース

	載荷材齢	脱枠後乾燥条件
ケース1	28日	相対湿度60%
ケース2	28日	封函条件
ケース3	365日	相対湿度60%

※断面(a)，a/d=3.0，せん断補強鉄筋なし

図 5.4.65 に，載荷直前での細孔空隙の相対湿度分布，空隙形成から想定される圧縮強度分布，最大および最少主ひずみ（変形を1000倍に拡大した変形図と重ねた）コンター図を示す．封緘条件としたケース2では体積変化は小さく，ほぼ一様な状態となっているが，ケース1では表面から数cm程度の領域で乾燥の影響が見られ，体積変化が生じている．材齢365日後のケース3をみると，より乾燥が進展するが，鋼材配置の影響により不連続な相対湿度分布になっており，SRC部材特有の挙動が確認できる（図5.4.65(3)(a)）．

168　複合構造レポート 14　複合構造物の耐荷メカニズム―多様性の創造―

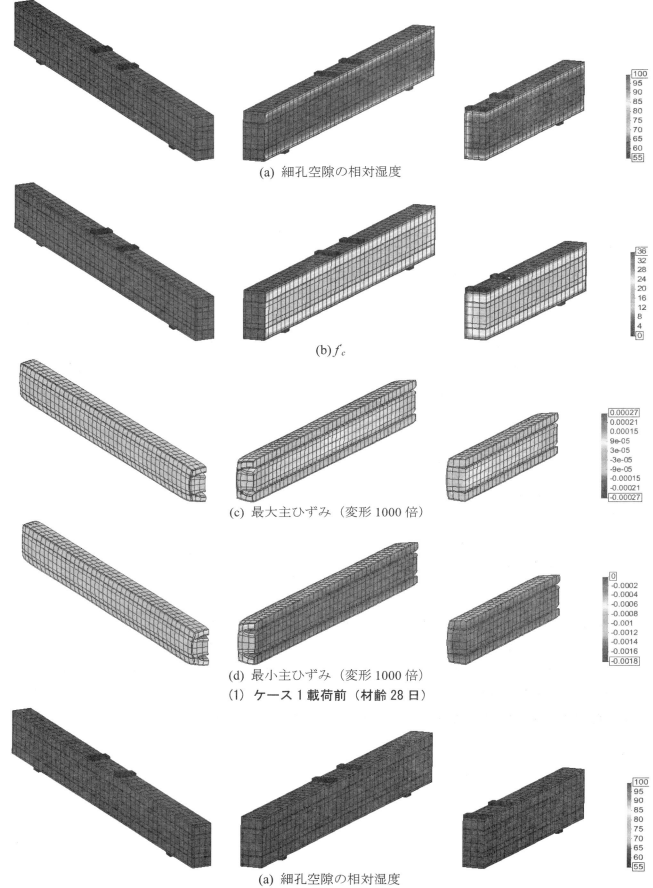

(a) 細孔空隙の相対湿度

(b) f_c

(c) 最大主ひずみ（変形 1000 倍）

(d) 最小主ひずみ（変形 1000 倍）
(1) ケース 1 載荷前（材齢 28 日）

(a) 細孔空隙の相対湿度
図 5.4.65　載荷直前での各種コンター図（その 1）

第5章 鉄骨鉄筋コンクリート (SRC) 部材の耐荷メカニズム

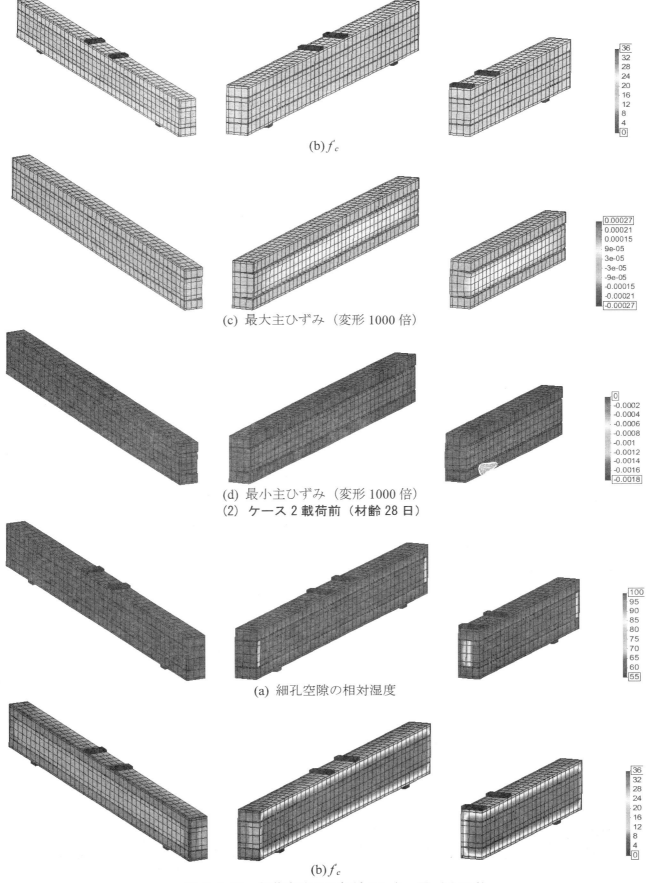

(b) f'_c

(c) 最大主ひずみ (変形1000倍)

(d) 最小主ひずみ (変形1000倍)
(2) ケース2載荷前 (材齢28日)

(a) 細孔空隙の相対湿度

(b) f'_c

図 5.4.65 載荷直前での各種コンター図 (その2)

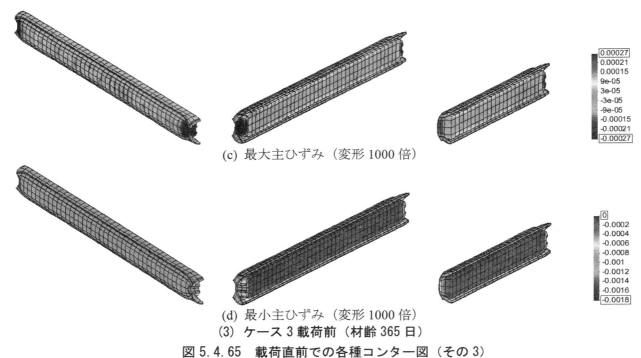

(c) 最大主ひずみ（変形 1000 倍）

(d) 最小主ひずみ（変形 1000 倍）
(3) ケース 3 載荷前（材齢 365 日）
図 5.4.65　載荷直前での各種コンター図（その 3）

次に載荷時の解析結果として，コンクリートの平均化損傷指標[2]（平均化偏差ひずみ第二不変量 $\sqrt{J'_2}$，平均化正規化累加ひずみエネルギー $\overline{W_n}$，平均化長さ L=150 mm）の推移を併記したせん断力－載荷点変位関係，最大せん断力時の変形図（変形を 10 倍に拡大）と平均化損傷指標のコンター図を図 5.4.66 に示す．

本例では，耐力にそれ程大きな差異は生じなかったものの，乾燥の影響が大きくなるに従って，部材剛性が低下することを確認した．また，5.4.3 の結果と比較すると，下フランジ部にひび割れ損傷が集中する傾向が伺え，破壊パターンが変化していることが分かる．

時間依存の解析とその評価については，見直しを含めた詳細な検討を要するものの，環境条件や養生条件の違いを反映できる長期挙動を評価するためのツールが開発されていることを踏まえ，今後も引き続き研究を蓄積していく必要があると思われる．

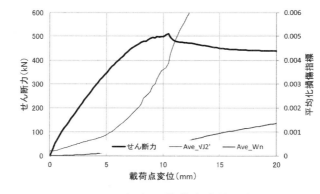

(a) せん断力－載荷点変位関係

(b) 変形図（外側と内側）

第5章 鉄骨鉄筋コンクリート（SRC）部材の耐荷メカニズム

図5.4.66 時間依存を考慮した解析結果（その1）

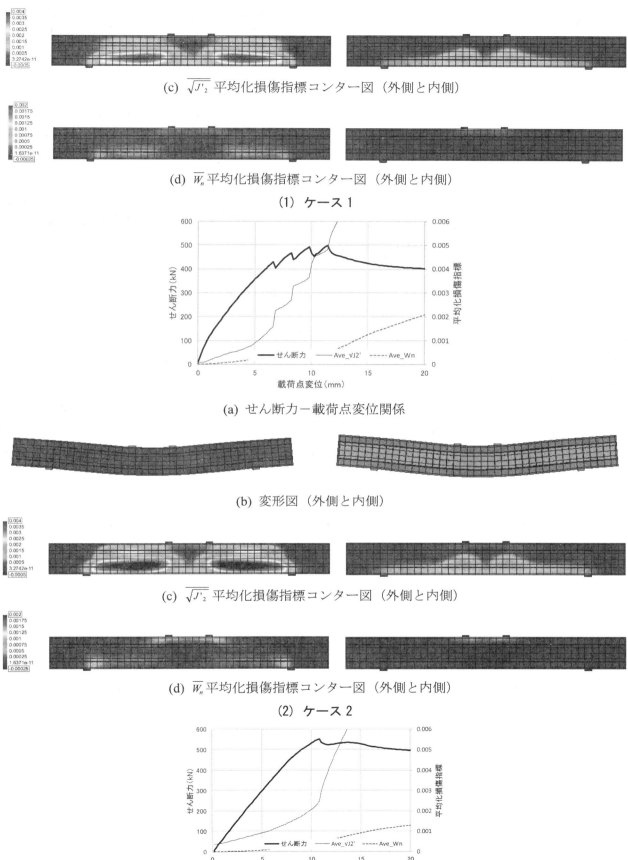

図 5.4.66 時間依存を考慮した解析結果（その2）

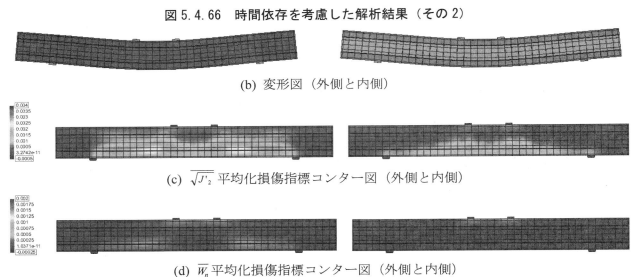

(b) 変形図（外側と内側）

(c) $\overline{\sqrt{J'_2}}$ 平均化損傷指標コンター図（外側と内側）

(d) $\overline{W_n}$ 平均化損傷指標コンター図（外側と内側）

(3) ケース3

図 5.4.66 時間依存を考慮した解析結果（その3）

参考文献

1) 村田清満，池田学，渡邊忠朋，戸塚信弥：鉄骨鉄筋コンクリート部材のせん断耐力，土木学会論文集，No.626, pp.207-218, 1999.

2) 土木学会：複合構造ずれ止めの抵抗機構の解明への挑戦 3.6 孔あき鋼板ジベルの押抜き挙動のFEM解析，複合構造レポート10, pp.172-183, 2014.8

3) Maekawa, K., Pimanmas, A. and Okamura, H.: Nonlinear Mechanics of Reinforced Concrete, Spon Press, London, 2003.

4) 土木学会：2012年制定 コンクリート標準示方書［設計編］, 2013.3

5) Maekawa, K., Ishida, T. and Kishi, T. : Multi-Scale Modeling of Structural, Taylor and Francis, 2008. Maekawa, K., Ishida, T. and Kishi, T. : Multi-Scale Modeling of Structural, Taylor and Francis, 2008.

（執筆者：土屋智史，渡辺健，中田裕喜）

5.5 鉄骨配置の違いによる耐荷メカニズムへの影響に関する検討

5.5.1 はじめに

SRC 部材の破壊メカニズムは，コンクリート，鉄筋，および鋼材の挙動がそれぞれ複合して生じる．そのため，同じ断面，鉄筋量，鉄骨量の部材であっても，その材料の配置により，コンクリート，鉄筋，および鋼材へ伝達される力は異なり，その破壊メカニズムも異なることが考えられる．本検討ではこのような観点のもと，逆対称曲げを受ける梁要素に着目し，断面寸法，鉄筋量，鉄骨量を同一とし，鉄骨の配置や板厚の違いによる耐荷力あるいは耐荷メカニズムの違いについて検討を行った．

5.5.2 検討モデル

検討は，図 5.5.1 〜5.5.3 に示す逆対称曲げを受ける梁要素を対象とした．解析は 3 次元非線形 FEM 解析により行う．RC 要素はソリッド要素でモデル化し，材料特性はコンクリート要素内に鉄筋を分散した分散鉄筋モデルとした．鋼板はプレート要素でモデル化し，完全弾塑性型の材料特性を与えた．RC 要素と鋼板はジョイント要素を設け，接触面のすべりに関してはクーロン摩擦を考慮する．摩擦係数は 0.30 とした．

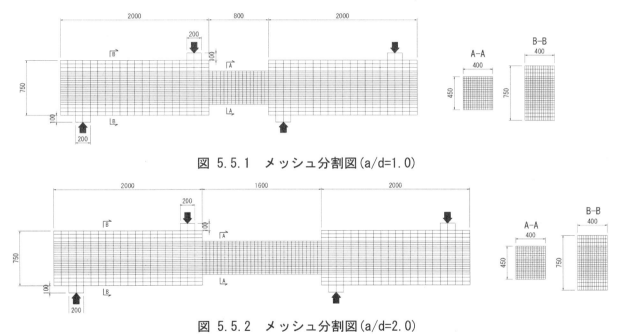

図 5.5.1　メッシュ分割図(a/d=1.0)

図 5.5.2　メッシュ分割図(a/d=2.0)

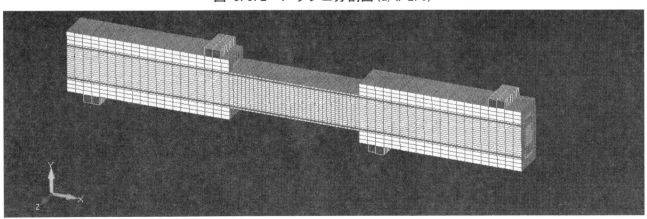

図 5.5.3　解析モデル図

5.5.3 検討ケース

検討ケースを以下に示す．本検討では，断面寸法，鉄筋量，鉄骨量を同一とし，鉄骨の配置や板厚の違いによる耐荷力あるいは耐荷メカニズムの違いを検討した．解析ケースを**表 5.5.1**に示す．また作成したモデルの概念図を**図 5.5.3**に示す．断面諸元は**図 5.5.4**のCASE1～CASE6を基準とし，**表 5.5.1**のAはa/d=1.0，Bはa/d=2.0の場合を示す．なお，本検討ではせん断破壊を想定しているため，Bの軸方向鉄筋の降伏強度を調整した．

表 5.5.1 解析ケース

解析ケース	b_w (mm)	h (mm)	a/d	f'_{ck} (N/mm^2)	軸方向鉄筋 本数	軸方向鉄筋 降伏強度 (N/mm^2)	せん断補強鉄筋 本数	せん断補強鉄筋 降伏強度 (N/mm^2)	鉄骨 形状	鉄骨 降伏強度 (N/mm^2)
CASE1A	400	450	1.0	34.4	D25-4本 / D25-4本	968	D16-ctc160	387	250×250×9×14	332
CASE2A	400	450	1.0	34.4	D25-4本 / D25-4本	968	D16-ctc160	387	250×250×25.1×6	332
CASE3A	400	450	1.0	34.4	D25-4本 / D25-4本	968	D16-ctc160	387	400×200×9×14.13	332
CASE4A	400	450	1.0	34.4	D25-4本 / D25-4本	968	D16-ctc160	387	400×100×9×28.927	332
CASE5A	400	450	1.0	34.4	D25-4本 / D25-4本	968	D16-ctc160	387	(400×100×4.5×14.13)×2	332
CASE6A	400	450	1.0	34.4	D25-4本 / D25-4本	968	D16-ctc160	387	(450×100×7.472×6.0)×2	332
CASE1B	400	450	2.0	34.4	D25-4本 / D25-4本	1936	D16-ctc160	387	250×250×9×14	332
CASE2B	400	450	2.0	34.4	D25-4本 / D25-4本	1936	D16-ctc160	387	250×250×25.1×6	332
CASE3B	400	450	2.0	34.4	D25-4本 / D25-4本	1936	D16-ctc160	387	400×200×9×14.13	332
CASE4B	400	450	2.0	34.4	D25-4本 / D25-4本	1936	D16-ctc160	387	400×100×9×28.927	332
CASE5B	400	450	2.0	34.4	D25-4本 / D25-4本	1936	D16-ctc160	387	(400×100×4.5×14.13)×2	332
CASE6B	400	450	2.0	34.4	D25-4本 / D25-4本	1936	D16-ctc160	387	(450×100×7.472×6.0)×2	332

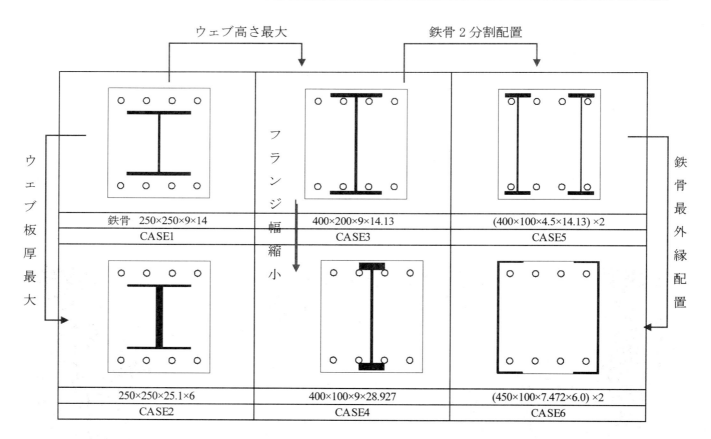

図 5.5.4 解析ケース設定の概念図

モデルは，まず既往の実験結果（**表 5.3.1**）をもとに CASE1 を作成した．CASE1 のモデルに対し，鉄骨量を同一としてウェブの板厚を最大となるように CASE2 とした．これは，一般的な SRC 梁部材のせん断耐力式は，鉄骨ウェブの断面積によりせん断耐力は増加するためである．なお，フランジの板厚の最小厚を 6mm として，鉄骨量が同一となるようにウェブの板厚を調整した．

次に，CASE1 に対し，ウェブの板厚を同一とし，高さが最大となるように CASE3 を作成した．CASE4 は，CASE3 に対しフランジ幅が半分となるように作成した．CASE5 は CASE3 の鉄骨を2分割し側面に配置した．CASE6 は CASE5 に対し，鉄骨をコンクリート最外縁に配置したものである．

複合構造標準示方書により算出される，各解析ケースの設計せん断耐力の算定結果を **表 5.5.2** に示す．なお，せん断耐力の算定に用いる各部分係数は全て 1.0 とした．設計せん断耐力は，鉄骨を最外縁に配置しているため式の適用範囲外と考えられるが，ウェブ高さと板厚を最大で a/d が小さい CASE6A が最大である．またウェブの断面積が同一である CASE3,CASE4,CASE5 は，同一の a/d であれば設計せん断耐力も同一である．

表 5.5.2 設計せん断耐力の算定結果

部材名称		CASE1A	CASE2A	CASE3A	CASE4A	CASE5A	CASE6A	CASE1B	CASE2B	CASE3B	CASE4B	CASE5B	CASE6B
	断面形状	矩形断面	矩形断面	矩形断面	矩形断面	矩形断面	矩形断面	矩形断面	矩形断面	矩形断面	矩形断面	矩形断面	矩形断面
断面形状	$h\ (mm)$	450	450	450	450	450	450	450	450	450	450	450	450
	$b_w\ (mm)$	400	400	400	400	400	400	400	400	400	400	400	400
	$d\ (mm)$	400	400	400	400	400	400	400	400	400	400	400	400
	$a\ (mm)$	400	400	400	400	400	400	800	800	800	800	800	800
	a/d	1.000	1.000	1.000	1.000	1.000	1.000	2.000	2.000	2.000	2.000	2.000	2.000
軸方向鉄筋	$A_{st}\ (mm^2)$	D25	D25	D25	D25	D25	D25	D25	D25	D25	D25	D25	D25
		4本	4本	4本	4本	4本	4本	4本	4本	4本	4本	4本	4本
		2026.8	2026.8	2026.8	2026.8	2026.8	2026.8	2026.8	2026.8	2026.8	2026.8	2026.8	2026.8
せん断補強鉄筋	$A_w\ (mm^2)$	D16	D16	D16	D16	D16	D16	D16	D16	D16	D16	D16	D16
		2本	2本	2本	2本	2本	2本	2本	2本	2本	2本	2本	2本
		397.2	397.2	397.2	397.2	397.2	397.2	397.2	397.2	397.2	397.2	397.2	397.2
	$f_{wyd}\ (N/mm^2)$	387	387	387	387	387	387	387	387	387	387	387	387
	$\theta_s\ (°)$	90	90	90	90	90	90	90	90	90	90	90	90
	$s_s\ (mm)$	160	160	160	160	160	160	160	160	160	160	160	160
	$z\ (mm)$	347.8	347.8	347.8	347.8	347.8	347.8	347.8	347.8	347.8	347.8	347.8	347.8
鉄骨	$H\ (mm)$	250	250	400	400	400	450	250	250	400	400	400	450
	$B\ (mm)$	250	250	200	100	100×2=200	100×2=200	250	250	200	100	100×2=200	100×2=200
	$t1\ (mm)$	9	25.1	9	9	4.5×2=9	7.472×2=14.943	9	25.1	9	9	4.5×2=9	7.472×2=14.943
	$t2\ (mm)$	14	6	14.13	28.92	14.127	6	14	6	14.13	28.92	14.127	6
	$A_w\ (mm^2)$	9124	9124	9124	9124	9124	9124	9124	9124	9124	9124	9124	9124
	$f_{syd}\ (N/mm^2)$	192	192	192	192	192	192	192	192	192	192	192	192
	$k(\%)$	5.069	5.069	5.069	5.069	5.069	5.069	5.069	5.069	5.069	5.069	5.069	5.069
コンクリート	$f'_{ck}\ (N/mm^2)$	34.4	34.4	34.4	34.4	34.4	34.4	34.4	34.4	34.4	34.4	34.4	34.4
	γ_c	1.0	1.0	1.0	1.0	1.0	1.0	1.0	1.0	1.0	1.0	1.0	1.0
	$f'_{cd}\ (N/mm^2)$	34.4	34.4	34.4	34.4	34.4	34.4	34.4	34.4	34.4	34.4	34.4	34.4
	β_d	1.257	1.257	1.257	1.257	1.257	1.257	1.257	1.257	1.257	1.257	1.257	1.257
	β_p	1.082	1.082	1.082	1.082	1.082	1.082	1.082	1.082	1.082	1.082	1.082	1.082
	γ_{bc}	1.0	1.0	1.0	1.0	1.0	1.0	1.0	1.0	1.0	1.0	1.0	1.0
	γ_{bsw}	1.0	1.0	1.0	1.0	1.0	1.0	1.0	1.0	1.0	1.0	1.0	1.0
	γ_{bsv}	1.0	1.0	1.0	1.0	1.0	1.0	1.0	1.0	1.0	1.0	1.0	1.0
	$f(k)$	0.594	0.594	0.594	0.594	0.594	0.594	0.594	0.594	0.594	0.594	0.594	0.594
	$f(a/d)$	3.25	3.25	3.25	3.25	3.25	3.25	1.25	1.25	1.25	1.25	1.25	1.25
	$\cot\theta$	0.803	0.803	0.803	0.803	0.803	0.803	1.000	1.000	1.000	1.000	1.000	1.000
V_{yd}	$V_{cd}\ (kN)$	273.2	273.2	273.2	273.2	273.2	273.2	105.1	105.1	105.1	105.1	105.1	105.1
	$V_{sd}\ (kN)$	268.3	268.3	268.3	268.3	268.3	268.3	334.1	334.1	334.1	334.1	334.1	334.1
	$V_{syd}\ (kN)$	432.0	1204.8	691.2	691.2	691.2	1291.1	432.0	1204.8	691.2	691.2	691.2	1291.1
	$V_{yd}\ (kN)$	973.5	1746.3	1232.7	1232.7	1232.7	1832.6	871.2	1644.0	1130.4	1130.4	1130.4	1730.3

5.5.4 解析結果

(1)全解析ケースの比較

全解析ケースのせん断力-相関変位関係を以下に示す．解析により得られた最大せん断力は，鉄骨を2分割で配置したCASE5Aが最大となった．表5.5.3にa/d=1.0の場合の解析結果と設計せん断耐力式の比較結果を示す．解析結果が設計せん断耐力式より小さくなったのは，ウェブ幅を最大としたCASE2Aと，鉄骨を最外縁に配したCASE6Aとなった．

表5.5.4にはa/d=1.0の場合の各解析ケースの損傷イベントを表記した．表中の①～⑦は損傷イベントの順番を表す．また表中の「せん断補強鉄筋」は，試験区間のせん断補強鉄筋が引張降伏に達した時，「ウェブ」は試験区間内の鉄骨ウェブのvon Mises応力が降伏応力に達した時，「フランジ」は試験区間内の鉄骨フランジのvon Mises応力が降伏応力に達した時，3500μ，7500μ，10000μは，最外縁のコンクリートの圧縮ひずみ（鉄骨配置範囲を除く）がそれぞれ3500μ，7500μ，10000μに達した時，ピークはせん断力-相関変位関係においてポストピークに達した時を表している．

基本ケースであるCASE1Aではせん断補強鉄筋の降伏後，鉄骨ウェブの降伏，フランジが降伏し，その後コンクリート最外縁の圧縮ひずみが増加しポストピークに至っている．CASE2Aではせん断補強鉄筋およびウェブは降伏せず，コンクリート最外縁の圧縮ひずみが増加しポストピークに至っている．CASE3AはCASE1Aと同様な損傷順となっている．CASE4A，CASE5A,CASE6Aは同様な損傷順となっているが，いずれもせん断補強鉄筋の降伏は生じていない．

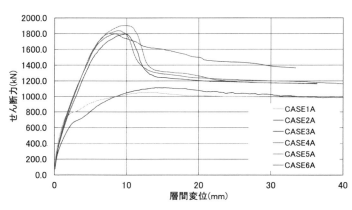

図 5.5.5 せん断力-相関変位関係(a/d=1.0)

表 5.5.3 計算結果と設計せん断耐力の比較(a/d=1.0)

	設計せん断耐力式(kN)	最大せん断力(kN)	最大せん断力 / 耐力式
CASE1A	973.5	1054.2	1.08
CASE2A	1746.3	1114.8	0.64
CASE3A	1232.7	1794.5	1.46
CASE4A	1232.7	1838.3	1.49
CASE5A	1232.7	1903.3	1.54
CASE6A	1832.6	1796.9	0.98

表 5.5.4 損傷イベントの比較(a/d=1.0)

	①	②	③	④	⑤	⑥	⑦
CASE1A	せん断補強鉄筋	ウェブ	フランジ	3500μ	7000μ	10000μ	ピーク
CASE2A	フランジ	3500μ	7000μ	10000μ	ピーク		
CASE3A	せん断補強鉄筋	ウェブ	3500μ	7000μ	フランジ	10000μ	ピーク
CASE4A	3500μ	ウェブ	7000μ	フランジ	10000μ	ピーク	
CASE5A	3500μ	ウェブ	フランジ	7000μ	10000μ	ピーク	
CASE6A	ウェブ	3500μ	7000μ	フランジ	10000μ	ピーク	

表 5.5.5 に a/d=2.0 の場合の解析結果と設計せん断耐力式の比較結果を示す．解析結果が設計せん断耐力式より小さくなったのは，a/d=1.0 と同様にウェブ幅を最大とした CASE2B となり，CASE1B も若干小さくなった．解析結果のせん断力が最大となったのは CASE6B であるが，載荷点および支点直下の非試験区間のコンクリートが軟化して変形が生じ，見掛け上，除荷時のような挙動を示している．

表 5.5.6 には a/d=2.0 の場合の各解析ケースの損傷イベントを表記した．表記方法は a/d=1.0 と同様であるが，a/d=2.0 はせん断ひずみが卓越していたため，せん断ひずみを指標とした．

基本ケースである CASE1B ではせん断補強鉄筋の降伏後，せん断ひずみが 10000μ に達し，鉄骨フランジ，ウェブが降伏し，その後せん断ひずみが増加しポストピークに至っている．CASE2B も同様な損傷順となった．CASE3B，CASE4B，CASE5B，CASE6B では鉄骨降伏後にせん断補強鉄筋が降伏している．

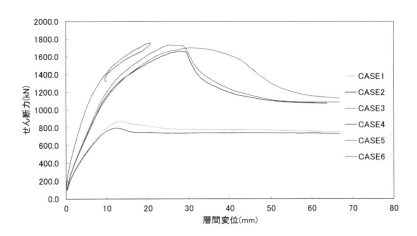

図 5.5.6 せん断力-相関変位関係(a/d=2.0)

表 5.5.5 計算結果と設計せん断耐力の比較(a/d=2.0)

	CASE1B	CASE2B	CASE3B	CASE4B	CASE5B	CASE6B
設計せん断耐力式(kN)	871.2	1644	1130.4	1130.4	1130.4	1730.3
最大せん断力(kN)	866.6	794.8	1662.6	1734.1	1700.9	1758.9
最大せん断力/耐力式	0.99	0.48	1.47	1.53	1.50	1.02

表 5.5.6 損傷イベントの比較(a/d=2.0)

	①	②	③	④	⑤	⑥	⑦
CBSE1B	せん断補強鉄筋	10000μ	フランジ	ウェブ	20000μ	ピーク	
CBSE2B	せん断補強鉄筋	フランジ	ウェブ	10000μ	20000μ	ピーク	
CBSE3B	フランジ	ウェブ	せん断補強鉄筋	10000μ	20000μ	ピーク	
CBSE4B	フランジ	ウェブ	せん断補強鉄筋	10000μ	20000μ	ピーク	
CBSE5B	フランジ	ウェブ	10000μ	せん断補強鉄筋	20000μ	ピーク	
CBSE6B	フランジ	ウェブ	せん断補強鉄筋	10000μ	20000μ	ピーク	

5.5.5 各ケースの解析結果

(1) CASE1A

CASE1A のせん断力-相関変位関係を**図 5.5.7**に示す．また最大せん断力時の変位および各コンター図を**図 5.5.8**に示す．コンクリートの最小主応力は，外側，内側ともに鉄骨位置で分断されており，鉄骨フランジ間で圧縮ストラットが形成されている．ストラットの幅は内側の方が広い．また内側にはフランジと試験区間の隅角部では局所的にコンクリートに大きな応力が生じており，これは鉄骨によりコンクリートが拘束されるためであると考えられる．

最大主ひずみコンターを確認すると，外側のコンクリートはフランジ位置を境により大きなひずみが生じており，フランジ位置でコンクリートが分断されるような挙動となっている．一方，内側ではフランジより外面のコンクリートのひずみレベルは内側より小さい．

せん断補強鉄筋は局所的に降伏はしているが試験区間全域では降伏せず，鉄骨ウェブは試験区間全域で降伏している．

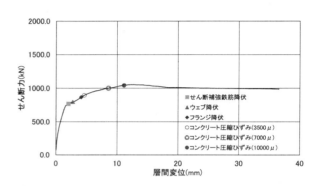

図 5.5.7　せん断力-相関変位関係

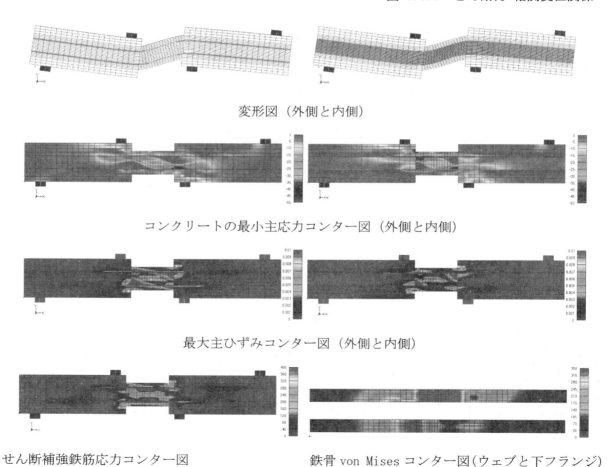

変形図（外側と内側）

コンクリートの最小主応力コンター図（外側と内側）

最大主ひずみコンター図（外側と内側）

せん断補強鉄筋応力コンター図　　　鉄骨 von Mises コンター図（ウェブと下フランジ）

図 5.5.8　最大せん断力時の変形図およびコンター図

(2) CASE2A

CASE2Aのせん断力-相関変位関係を**図 5.5.9** に，最大せん断力時の変位および各コンター図を**図 5.5.10**に示す．コンクリートの最小主応力は，CASE1 と同様に外側，内側ともに鉄骨位置で分断されており，外側はフランジ間で圧縮ストラットが形成されているが内側は形成されていない．最大主ひずみコンターはCASE1Aと同様に，外側のコンクリートがフランジ面を境に大きなひずみが生じている．せん断補強鉄筋は試験区間で降伏せず，ウェブは試験区間端部で局所的に降伏に至る程度である．

CASE2AはCASE1Aのフランジの板厚を減少させ，ウェブの板厚を増加させたモデルであるが，ウェブの降伏は局所的であり，CASE1Aに比べ最大耐力の増加も微小である．これは，下図左上の鉄骨の変形図のように，フランジが降伏し変形することによりウェブへせん断力が伝達されにくくなったことが要因と考えられる．本結果は，対象のような部材の鉄骨ウェブのせん断耐力を期待するには，フランジの変形を抑制するような板厚が必要となることを示した結果であると考えられる．

鉄骨の変形およびvon Mises コンター図

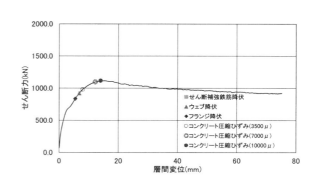

図 5.5.9　せん断力-相関変位関係

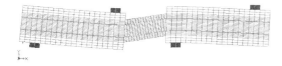 

変形図（外側と内側）

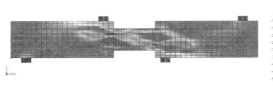 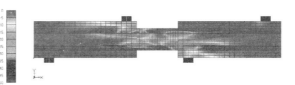

コンクリートの最小主応力コンター図（外側と内側）

最大主ひずみコンター図（外側と内側）

 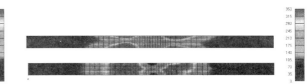

せん断補強鉄筋応力コンター図　　　　鉄骨 von Mises コンター図（ウェブと下フランジ）

図 5.5.10　最大せん断力時の変形図およびコンター図

(3) CASE3A

CASE3Aのせん断力-相関変位関係を図5.5.11に示す．また最大せん断力時の変位および各コンター図を図5.5.12に示す．コンクリートの最小主応力は，フランジを引張鉄筋位置より外面側に配置しているため，CASE1に比べ広い範囲で形成されている．ストラットの幅や応力レベルは，外側は小さいが，内側は大きい．

最大主ひずみコンターは，CASE1と異なり試験区間に対して斜め方向にひずみが大きい領域が発生している．せん断補強鉄筋および鉄骨ウェブは試験区間全域が降伏に達している．

CASE3はCASE1に比べ大きなせん断力を保有していることは，ウェブ高さが高くなったことによる鉄骨のせん断抵抗面積の上昇のみならず，CASE1のようなフランジ位置でのコンクリートが分断されず，広い範囲でコンクリートに圧縮力が伝達されたためだと考えられる．

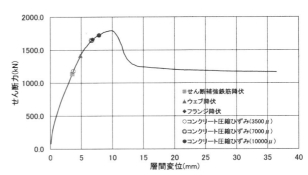

図 5.5.11　せん断力-相関変位関係

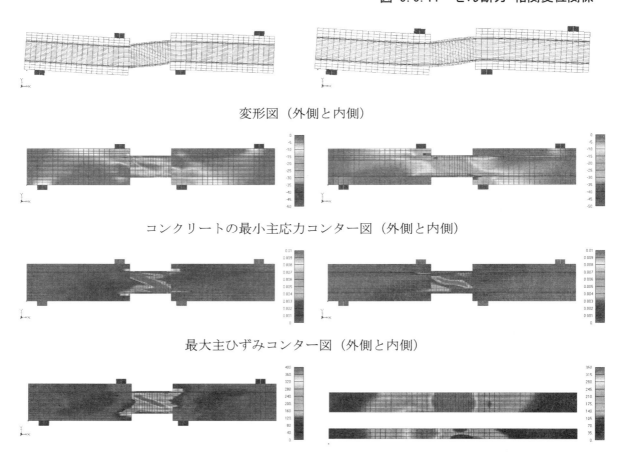

変形図（外側と内側）

コンクリートの最小主応力コンター図（外側と内側）

最大主ひずみコンター図（外側と内側）

せん断補強鉄筋応力コンター図　　　　鉄骨 von Mises コンター図（ウェブと下フランジ）

図 5.5.12　最大せん断力時の変形図およびコンター図

(4) CASE4A

CASE4Aのせん断力-相関変位関係を図5.5.13に，最大せん断力時の変位および各コンター図を図5.5.14に示す．コンクリートの最小主応力は，CASE3Aと同様に広い範囲で圧縮ストラットが形成され，ストラットの幅や応力レベルは，外側は小さく内側が大きいのは同様である．下図左上に試験区間中央のコンクリートの最小主応力コンターを示すが，図のように断面内のコンクリートの圧縮応力はCASE3Aに比べ，CASE4Aの方が広範囲に高い領域が生じている．これは，CASE4Aはフランジ幅がCASE3Aに比べ小さく，コンクリートの圧縮応力の伝達を妨げる領域が小さくなったことが要因と考えられる．そのため，CASE3AよりもCASE4Aの方が，最大せん断力が高くなったと考えられる．

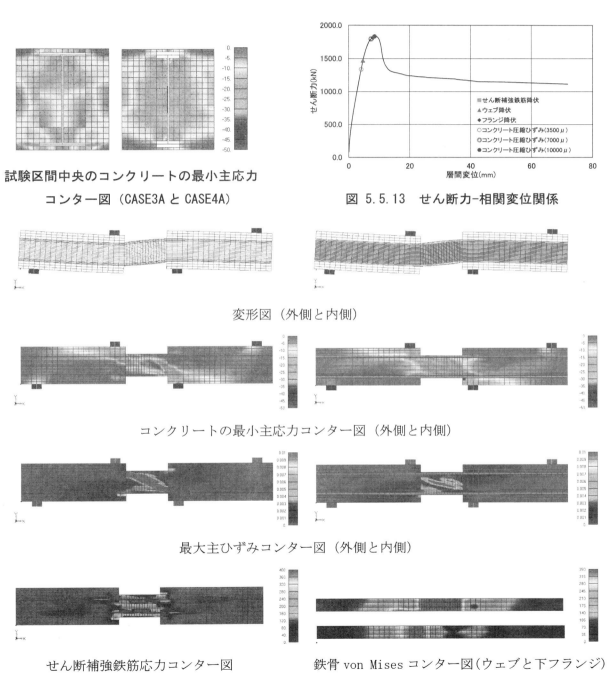

試験区間中央のコンクリートの最小主応力コンター図（CASE3AとCASE4A）

図 5.5.13 せん断力-相関変位関係

変形図（外側と内側）

コンクリートの最小主応力コンター図（外側と内側）

最大主ひずみコンター図（外側と内側）

せん断補強鉄筋応力コンター図

鉄骨von Misesコンター図（ウェブと下フランジ）

図 5.5.14 最大せん断力時の変形図およびコンター図

(5) CASE5A

CASE5Aのせん断力-相関変位関係を図5.5.15に，最大せん断力時の変位および各コンター図を図5.5.16に示す．コンクリートの最小主応力は，CASE4Aと同様に広い範囲で圧縮ストラットが形成され，ストラットの幅や応力レベルは，CASE4Aとは逆に内側より外側が大きい．下図左上に試験区間中央のコンクリートの最小主応力コンターを示すが，図のように断面内のコンクリートの圧縮応力はCASE4Aに比べ，CASE5Aの方が広範囲に高い領域が生じている．CASE4AよりもCASE5Aの最大せん断力が高くなった要因は，鉄骨を側面に配置することにより，コンクリートを鉄骨が拘束し，コンクリートの圧縮応力をより広範囲に均等に伝達することが可能となった結果であると考えられる．

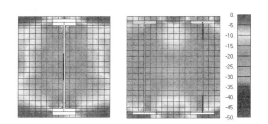

試験区間中央のコンクリートの最小主応力
コンター図（CASE4A と CASE5A）

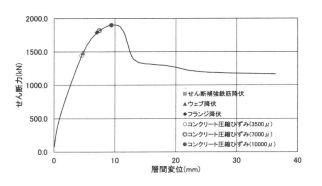

図 5.5.15　せん断力-相関変位関係

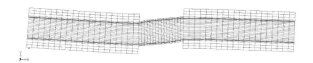 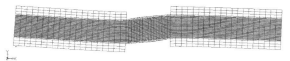

変形図（外側鉄骨側面と内側）

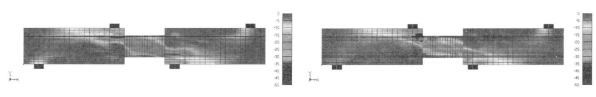

コンクリートの最小主応力コンター図（外側と内側）

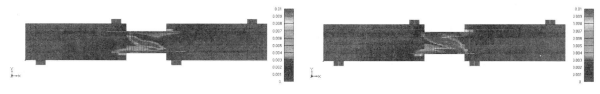

最大主ひずみコンター図（外側と内側）

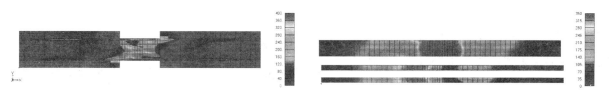

せん断補強鉄筋応力コンター図　　　　　　鉄骨 von Mises コンター図（ウェブと下フランジ）

図 5.5.16　最大せん断力時の変形図およびコンター図

(6) CASE6A

CASE6Aのせん断力-相関変位関係を図5.5.17に，最大せん断力時の変位および各コンター図を図5.5.18に示す．コンクリートの最小主応力は，CASE4AやCASE5Aと同様に広い範囲で圧縮ストラットが形成され，ストラットの幅や応力レベルは，CASE5Aと同様に内側より外側が大きい．変形図を確認すると，CASE6Aは鉄骨フランジが外側へ大きく変形していることが確認できる．CASE6AはCASE5Aよりも最大せん断力が小さいが，これは変形図に示すようにフランジがコンクリートに覆われておらず，フランジが曲げ変形したことが要因と考えられる．

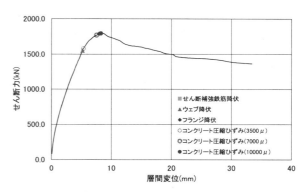

図 5.5.17 せん断力-相関変位関係

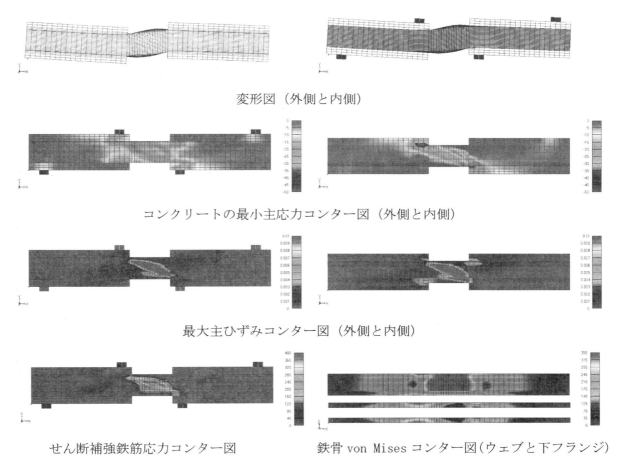

図 5.5.18 最大せん断力時の変形図およびコンター図

(7) CASE1B

CASE1Bのせん断力-相関変位関係を**図 5.5.19**に示す．また最大せん断力時の変位および各コンター図を**図 5.5.20**に示す．コンクリートの最小主応力は，CASE1Aのような圧縮ストラットは形成されていない．せん断ひずみ分布は，鉄骨フランジの界面付近で大きなひずみが生じており，CASE1Aと同様である．せん断補強鉄筋および鉄骨ウェブは試験区間全域で降伏に至っている．CASE1Aに比べ最大せん断力が低下した要因は，せん断スパン比が大きいために圧縮ストラットが形成されず，せん断補強鉄筋と鉄骨ウェブの引張降伏後に，フランジ位置でコンクリート間が乖離するような挙動を示すことが要因と考えられる．

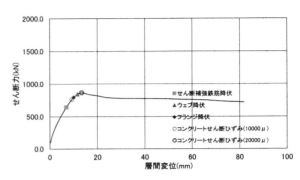

図 5.5.19 せん断力-相関変位関係

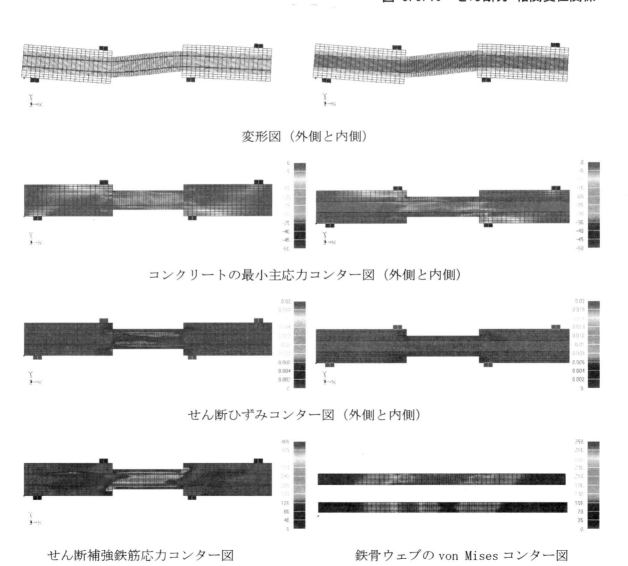

図 5.5.20 最大せん断力時の変形図およびコンター図

(8) CASE2B

CASE2B のせん断力-相関変位関係を図 5.5.21 に，最大せん断力時の変位および各コンター図を図 5.5.22 に示す．コンクリートの最小主応力は，外側では圧縮ストラットが形成されているが，内側ではストラットの形成は確認できない．せん断ひずみは，CASE 2A と同様に外側コンクリートの鉄骨フランジ位置で大きなひずみが生じている．せん断補強鉄筋および鉄骨ウェブは，CASE2A と同様に試験区間全域で降伏には至らず，フランジに曲げ変形が生じている．CASE2B は CASE1B よりも最大せん断力が小さく，その要因は $a/d=1.0$ の結果と同様に，フランジが曲げ変形することにより，ウェブが降伏に至るまでせん断力が伝達されなかったことであると考えられる．

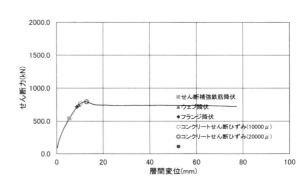

図 5.5.21　せん断力-相関変位関係

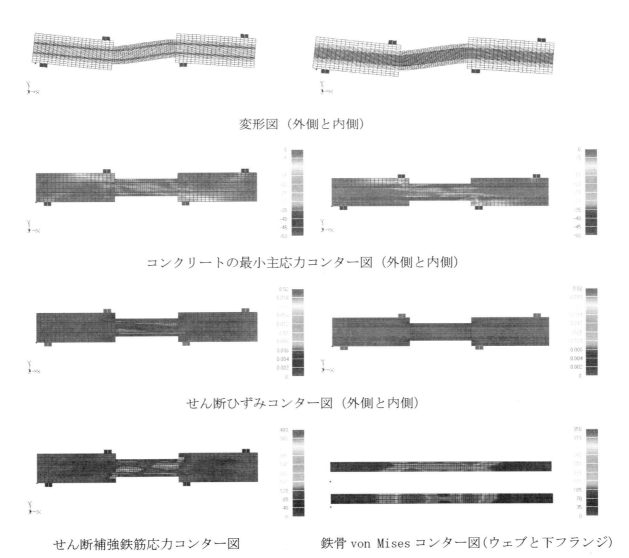

変形図（外側と内側）

コンクリートの最小主応力コンター図（外側と内側）

せん断ひずみコンター図（外側と内側）

せん断補強鉄筋応力コンター図　　　　　鉄骨 von Mises コンター図（ウェブと下フランジ）

図 5.5.22　最大せん断力時の変形図およびコンター図

(9) CASE3B

CASE3Bのせん断力-相関変位関係を図5.5.23に，最大せん断力時の変位および各コンター図を図5.5.24に示す．コンクリートの最小主応力は，コンクリート内部で圧縮ストラットが形成されている．せん断ひずみ分布はフランジ位置からコンクリート内部に斜め方向にひずみが大きくなっており，破壊過程はCASE1Bと異なっている．せん断補強鉄筋および鉄骨ウェブは試験区間内全域で降伏に至っている．CASE1Bに比べCASE3Bは最大せん断力が大きくなっているが，これは鉄骨を引張鉄筋位置に配置することにより，圧縮ストラットが形成されたことと，鉄骨とコンクリートの乖離が生じにくく，コンクリートが斜め引張破壊となっていることが要因と考えられる．

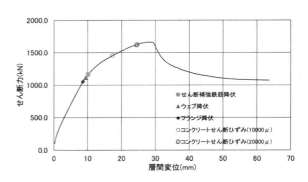

図 5.5.23　せん断力-相関変位関係

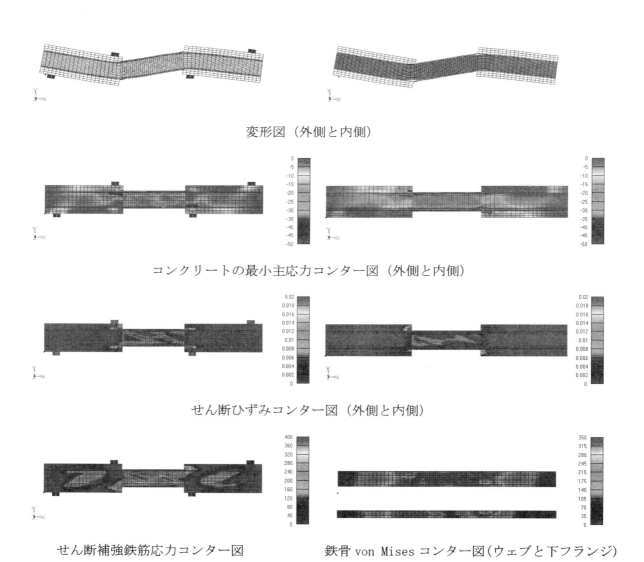

図 5.5.24　最大せん断力時の変形図およびコンター図

(10) CASE4A

CASE4A のせん断力-相関変位関係を**図 5.5.25**，最大せん断力時の変位および各コンター図を**図 5.5.26** に示す．コンクリートの最小主応力分布は，外側，内側ともに圧縮ストラットが形成され，ストラットの応力レベルや幅は内側の方が広い．せん断ひずみ分布は，CASE3A と同様にフランジ界面からコンクリート内側に，斜め方向にひずみが高い領域が形成されている．せん断補強鉄筋および鉄骨ウェブは CASE3A と同様に，試験区間全域で降伏している．CASE4B が CASE3B よりも若干最大水平力が大きくなっているのは，CASE4A と同様にフランジ幅が小さくなることにより，コンクリート内部の圧縮ストラットが広い範囲で形成されたためと考えられる．

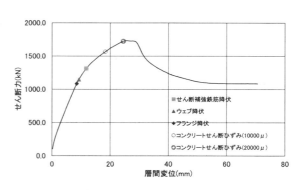

図 5.5.25 せん断力-相関変位関係

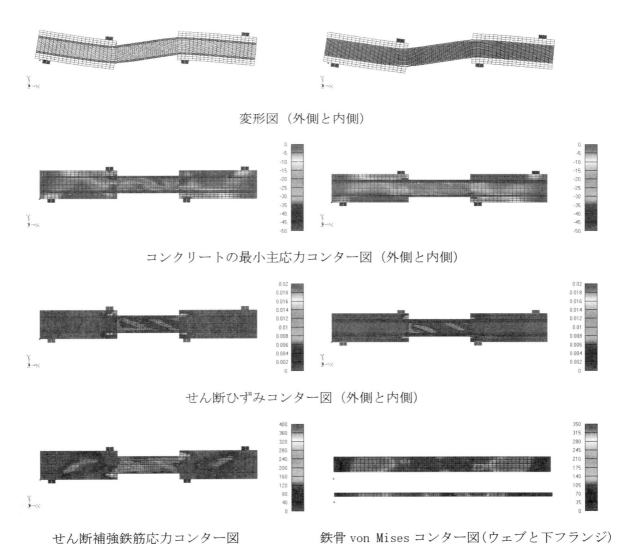

変形図（外側と内側）

コンクリートの最小主応力コンター図（外側と内側）

せん断ひずみコンター図（外側と内側）

せん断補強鉄筋応力コンター図　　　　鉄骨 von Mises コンター図（ウェブと下フランジ）

図 5.5.26 最大せん断力時の変形図およびコンター図

(11) CASE5B

CASE5Bのせん断力-相関変位関係を図 5.5.27，最大せん断力時の変位および各コンター図を図5.5.28に示す．コンクリートの最小主応力分布は，外側，内側ともに圧縮ストラットが形成されている．せん断ひずみ分布は，CASE4Bと同様に外側は斜め方向にひずみが大きい領域が形成されているが，内側は斜め方向および試験区間と非試験区間との境界面にもひずみが大きい領域が形成されている．せん断補強鉄筋および鉄骨ウェブはCASE4Bと同様に，試験区間全域で降伏しているが，CASE4Bに比べ試験区間中央位置の鉄筋の応力は小さい．CASE5BがCASE4Bよりも若干最大水平力が小さくなったのは，鉄骨を端部に配置したことにより，せん断補強鉄筋に比べ剛性が高い鉄骨にせん断力が流れ，せん断補強鉄筋の受持つせん断力が小さくなったこと，かつコンクリート内部のせん断ひずみがCASE4Bに比べ大きくなったことが要因と考えられる．

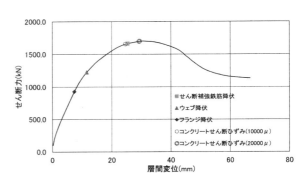

図 5.5.27　せん断力-相関変位関係

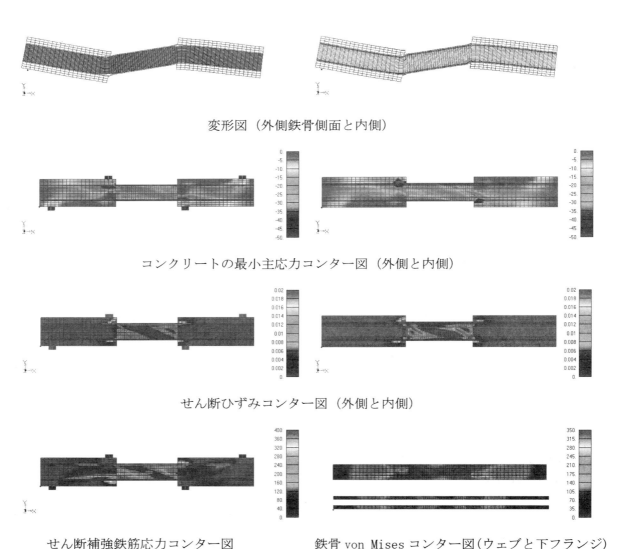

図 5.5.28　最大せん断力時の変形図およびコンター図

(12) CASE6B

CASE6Bのせん断力-相関変位関係を図 5.5.29，最大せん断力時の変位および各コンター図を図5.5.30に示す．コンクリートの最小主応力分布は，外側，内側ともに圧縮ストラットが形成されている．せん断ひずみ分布は，CASE4Bと同様に斜め方向にひずみが大きい領域が形成されている．せん断補強鉄筋および鉄骨ウェブもCASE4Bと同様に，試験区間全域で降伏している．CASE5Bの最大水平力がCASE4Bよりも若干大きくなったのは，ウェブの断面積が大きく，かつフランジが充分な剛性を有することができたことが要因と考えられる．ただし，本解析は載荷点直下のコンクリートが軟化しているため，解析結果の妥当性は今後の課題である．

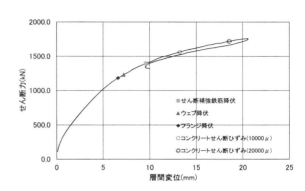

図 5.5.29 せん断力-相関変位関係

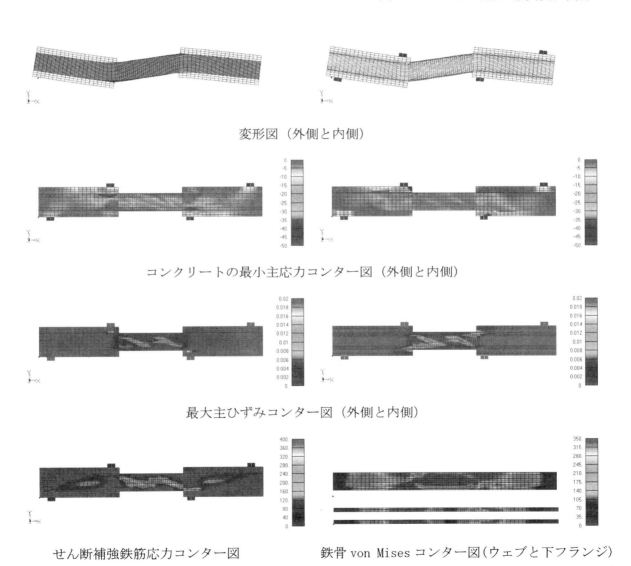

変形図（外側と内側）

コンクリートの最小主応力コンター図（外側と内側）

最大主ひずみコンター図（外側と内側）

せん断補強鉄筋応力コンター図　　　　鉄骨 von Mises コンター図（ウェブと下フランジ）

図 5.5.30 最大せん断力時の変形図およびコンター図

5.5.7 まとめ

本検討は，逆対称曲げを受ける梁部材に着目し，同一の断面，鉄筋量，鉄骨量として，鉄骨の配置を変更した解析モデルを作成し，その耐荷力，および破壊メカニズムについて検討した．

a/d＝1.0 の場合，鉄骨が引張鉄筋より内部に配置される一般的な部材では，鉄骨フランジ位置でコンクリートに大きなひずみが生じ，部材が分断されるような破壊機構となった．せん断スパン比が短い部材の耐荷メカニズムは，せん断補強鉄筋と鉄骨ウェブによるせん断抵抗のみならず，圧縮ストラットの形成によるせん断抵抗も生じる．しかし，鉄骨フランジ位置でコンクリートが分断されることにより，圧縮ストラットは鉄骨フランジより内部の領域のみにしか形成されない．そのため，鉄骨を引張鉄筋位置程度の端部に配置することにより，最大せん断力は大きくなる傾向となった．また，圧縮力は鉄骨フランジがある場合，剛性が高い鉄骨に配分されるため，コンクリート内部の圧縮応力は鉄骨がある位置と無い位置で差が生じる傾向となった．そのため，フランジ幅が小さい方がコンクリートへ流れる圧縮応力が大きく，また鉄骨を分散して配置した方が，均一に圧縮応力はコンクリートに配分され，最大せん断力は大きくなる傾向にあると考えられる．

一方，a/d=2.0 の場合，鉄骨が引張鉄筋より内部に配置される一般的な部材では，a/d=1.0 と同様に鉄骨フランジ位置でコンクリートに大きなひずみが生じ，部材が分断されるような破壊過程となった．鉄骨フランジ位置を引張鉄筋位置程度とすると，斜め方向のせん断ひずみが増加する破壊機構となった．圧縮ストラットは形成されているが応力レベルは低く，最大せん断力はせん断補強鉄筋および鉄骨ウェブのせん断抵抗の影響が大きいと考えられる結果となった．せん断スパン比が大きい場合には，鉄骨を断面内側に配置することにより，外側のせん断補強鉄筋とせん断力を分担しあい，より部材の最大せん断力は大きくなる傾向にあると考えられる．

せん断スパン比が短い場合と長い場合では，部材の耐荷メカニズムは異なり，よりせん断力が大きくなる鉄骨配置も異なる結果となった．ただし，いずれの場合にも，鉄骨ウェブのせん断抵抗を期待するには，フランジの変形を抑制するような十分な剛性を保有することが必要である結果も得られた．

（執筆者：阿部淳一）

付録 5A 鋼材配置に応じたせん断耐力評価のその他の解析結果

5.4.3 で表示を割愛した，その他の解析結果を以下に示す．

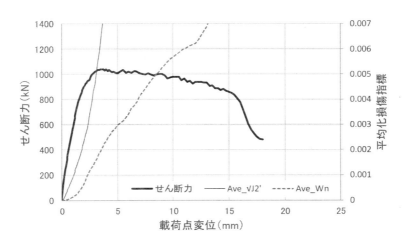

(a) せん断力－載荷点変位関係

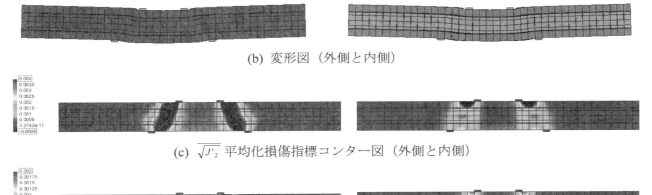

(b) 変形図（外側と内側）

(c) $\sqrt{J'_2}$ 平均化損傷指標コンター図（外側と内側）

(d) $\overline{W_n}$ 平均化損傷指標コンター図（外側と内側）

(1) a/d=1

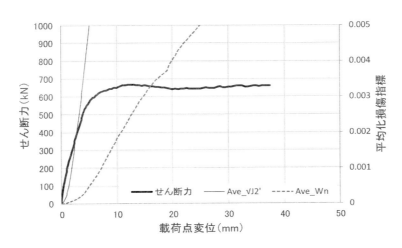

(a) せん断力－載荷点変位関係

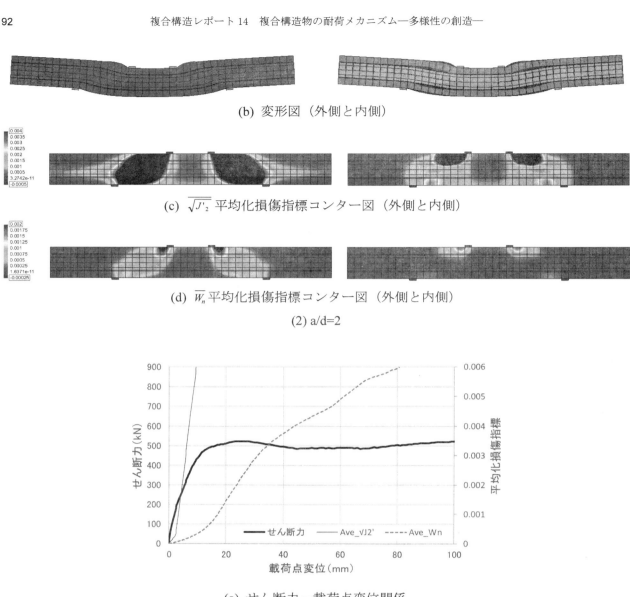

(b) 変形図（外側と内側）

(c) $\overline{\sqrt{J'_2}}$ 平均化損傷指標コンター図（外側と内側）

(d) $\overline{W_n}$ 平均化損傷指標コンター図（外側と内側）

(2) a/d=2

(a) せん断力－載荷点変位関係

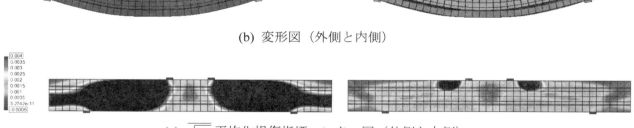

(b) 変形図（外側と内側）

(c) $\overline{\sqrt{J'_2}}$ 平均化損傷指標コンター図（外側と内側）

(d) $\overline{W_n}$ 平均化損傷指標コンター図（外側と内側）

(3) a/d=3

付録図1　断面(b)の解析結果

第5章　鉄骨鉄筋コンクリート（SRC）部材の耐荷メカニズム　　193

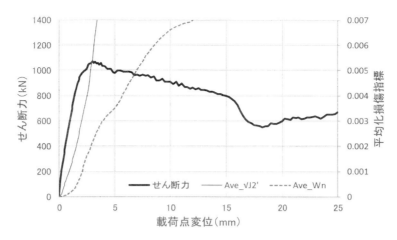

(a) せん断力－載荷点変位関係

(b) 変形図（外側と内側）

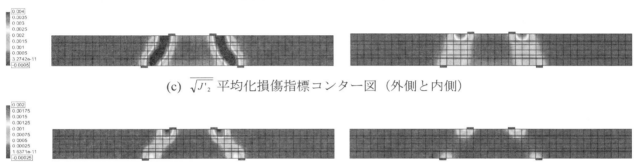

(c) $\overline{\sqrt{J'_2}}$ 平均化損傷指標コンター図（外側と内側）

(d) $\overline{W_n}$ 平均化損傷指標コンター図（外側と内側）

(1) a/d=1

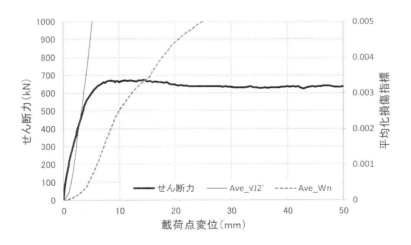

(a) せん断力－載荷点変位関係

(b) 変形図（外側と内側）

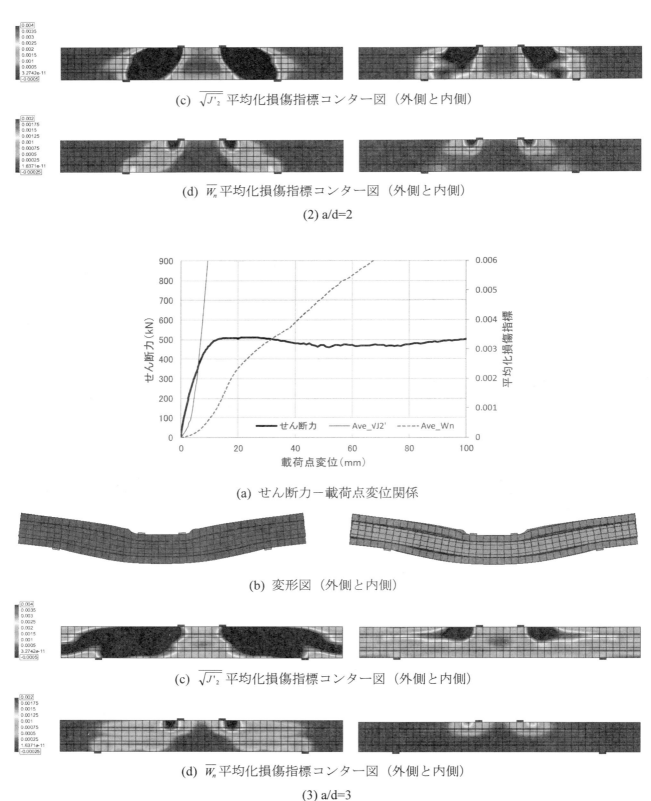

(c) $\overline{\sqrt{J'_2}}$ 平均化損傷指標コンター図（外側と内側）

(d) $\overline{W_n}$ 平均化損傷指標コンター図（外側と内側）

(2) a/d=2

(a) せん断力－載荷点変位関係

(b) 変形図（外側と内側）

(c) $\overline{\sqrt{J'_2}}$ 平均化損傷指標コンター図（外側と内側）

(d) $\overline{W_n}$ 平均化損傷指標コンター図（外側と内側）

(3) a/d=3

付録図2 断面(c)の解析結果

第 5 章　鉄骨鉄筋コンクリート（SRC）部材の耐荷メカニズム

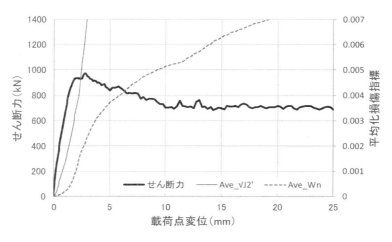

(a) せん断力－載荷点変位関係

(b) 変形図（外側と内側）

(c) $\sqrt{J'_2}$ 平均化損傷指標コンター図（外側と内側）

(d) $\overline{W_n}$ 平均化損傷指標コンター図（外側と内側）

(1) a/d=1

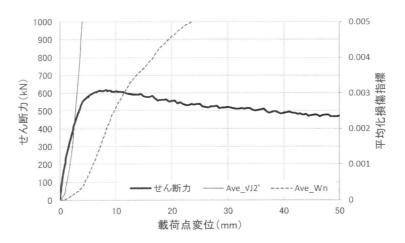

(a) せん断力－載荷点変位関係

(b) 変形図（外側と内側）

196　複合構造レポート 14　複合構造物の耐荷メカニズム―多様性の創造―

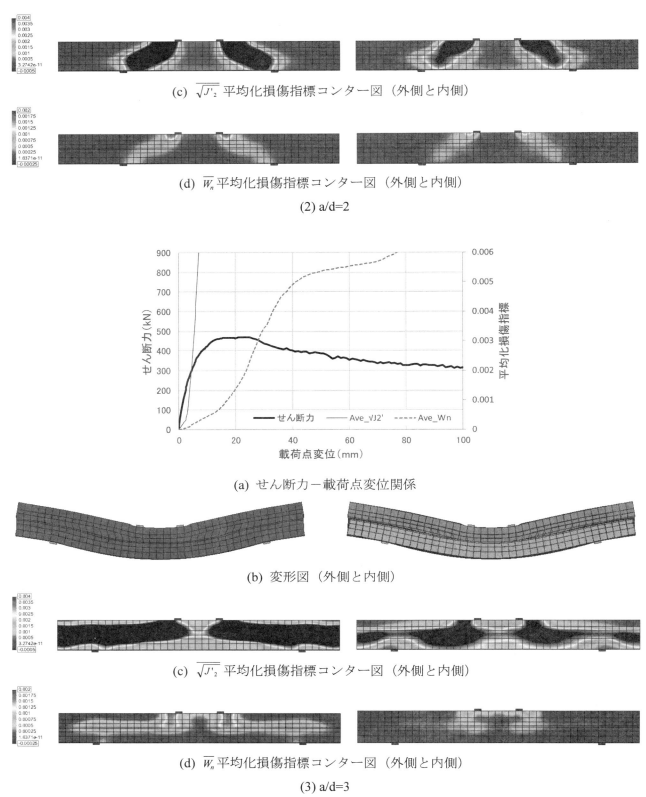

(c) $\overline{\sqrt{J'_2}}$ 平均化損傷指標コンター図（外側と内側）

(d) $\overline{W_n}$ 平均化損傷指標コンター図（外側と内側）

(2) a/d=2

(a) せん断力－載荷点変位関係

(b) 変形図（外側と内側）

(c) $\overline{\sqrt{J'_2}}$ 平均化損傷指標コンター図（外側と内側）

(d) $\overline{W_n}$ 平均化損傷指標コンター図（外側と内側）

(3) a/d=3

付録図 3　断面(d)の解析結果

第5章　鉄骨鉄筋コンクリート（SRC）部材の耐荷メカニズム

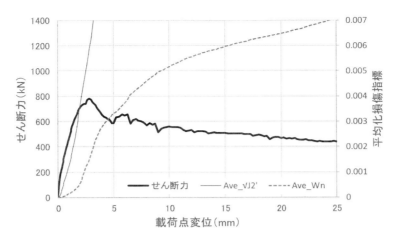

(a) せん断力－載荷点変位関係

(b) 変形図（外側と内側）

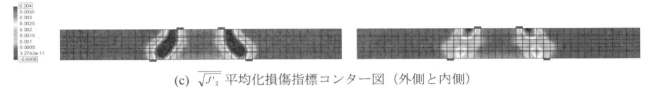

(c) $\overline{\sqrt{J'_2}}$ 平均化損傷指標コンター図（外側と内側）

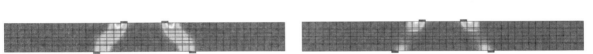

(d) $\overline{W_n}$ 平均化損傷指標コンター図（外側と内側）

(1) a/d=1

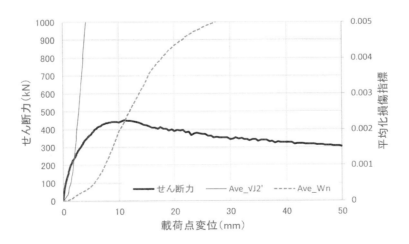

(a) せん断力－載荷点変位関係

(b) 変形図（外側と内側）

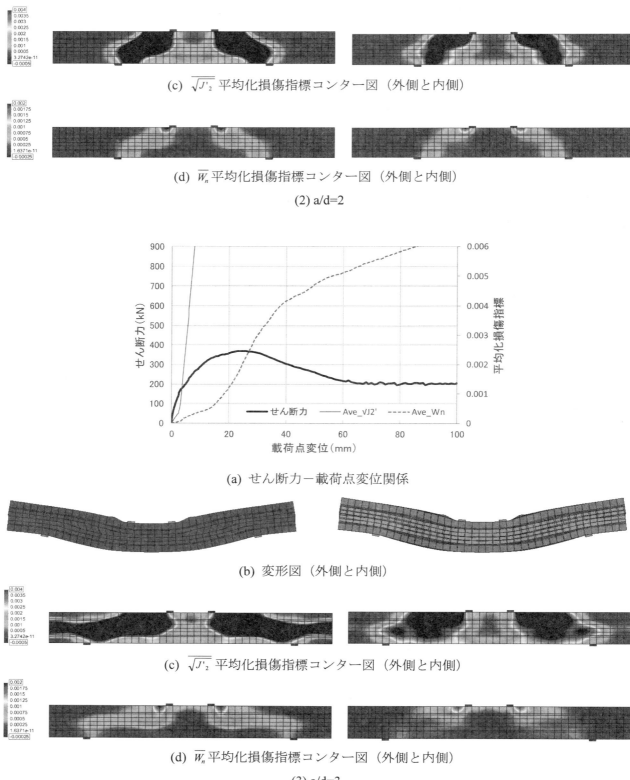

(c) $\overline{\sqrt{J'_2}}$ 平均化損傷指標コンター図（外側と内側）

(d) $\overline{w_n}$ 平均化損傷指標コンター図（外側と内側）

(2) a/d=2

(a) せん断力－載荷点変位関係

(b) 変形図（外側と内側）

(c) $\overline{\sqrt{J'_2}}$ 平均化損傷指標コンター図（外側と内側）

(d) $\overline{w_n}$ 平均化損傷指標コンター図（外側と内側）

(3) a/d=3

付録図4　断面(e)の解析結果

第5章　鉄骨鉄筋コンクリート（SRC）部材の耐荷メカニズム

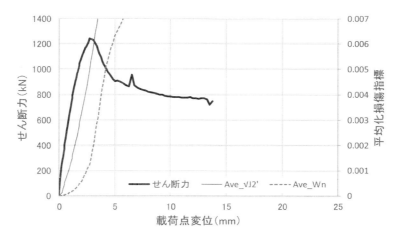

(a) せん断力－載荷点変位関係

(b) 変形図（外側と内側）

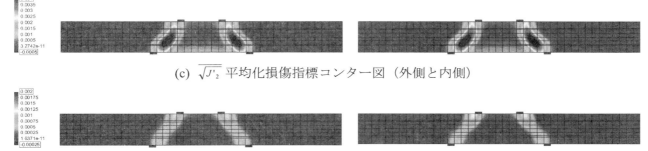

(c) $\overline{\sqrt{J'_2}}$ 平均化損傷指標コンター図（外側と内側）

(d) $\overline{W_n}$ 平均化損傷指標コンター図（外側と内側）

(1) a/d=1

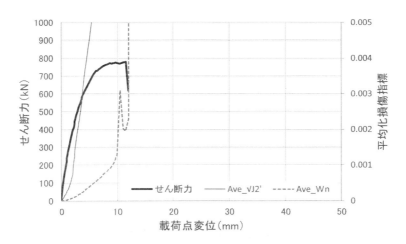

(a) せん断力－載荷点変位関係

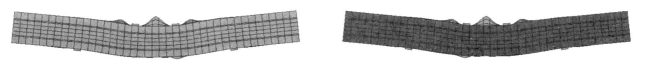

(b) 変形図（外側と内側）

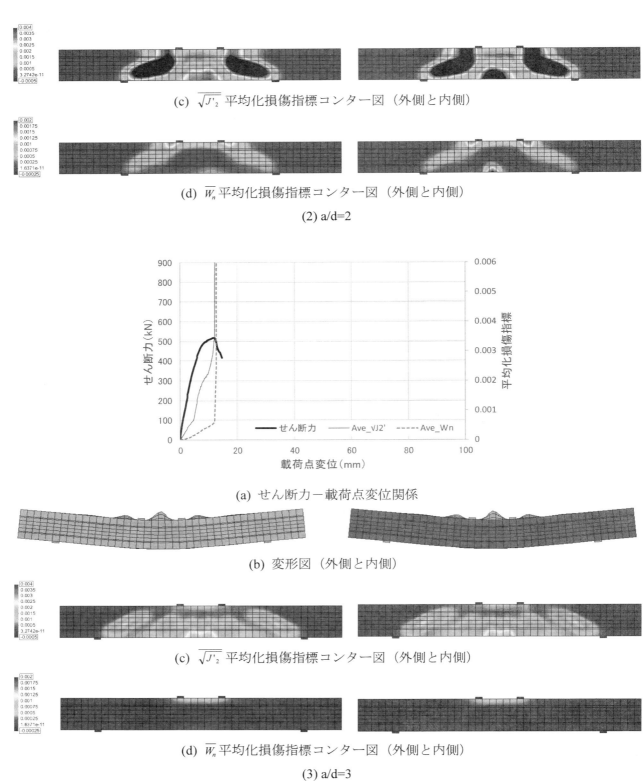

(c) $\overline{\sqrt{J'_2}}$ 平均化損傷指標コンター図（外側と内側）

(d) $\overline{W_n}$ 平均化損傷指標コンター図（外側と内側）

(2) a/d=2

(a) せん断力－載荷点変位関係

(b) 変形図（外側と内側）

(c) $\overline{\sqrt{J'_2}}$ 平均化損傷指標コンター図（外側と内側）

(d) $\overline{W_n}$ 平均化損傷指標コンター図（外側と内側）

(3) a/d=3

付録図5 断面(g)の解析結果

第5章 鉄骨鉄筋コンクリート (SRC) 部材の耐荷メカニズム

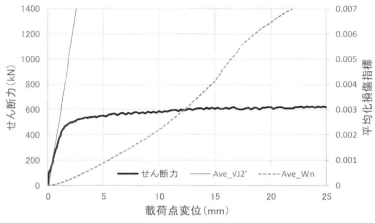

(a) せん断力－載荷点変位関係

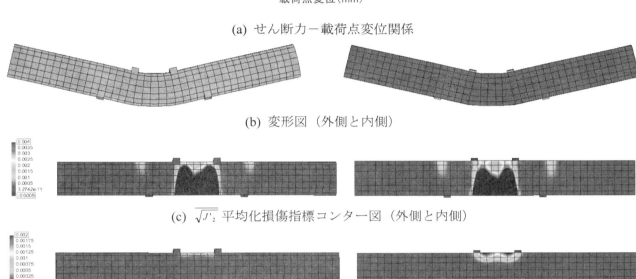

(b) 変形図（外側と内側）

(c) $\overline{\sqrt{J'_2}}$ 平均化損傷指標コンター図（外側と内側）

(d) $\overline{W_n}$ 平均化損傷指標コンター図（外側と内側）

(1) a/d=1

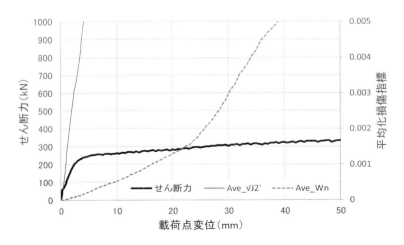

(a) せん断力－載荷点変位関係

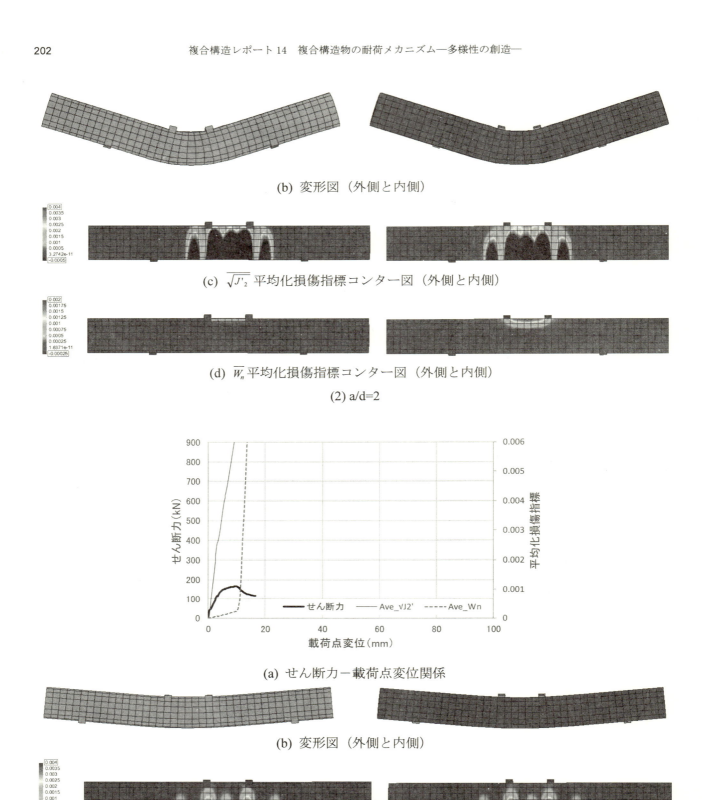

(b) 変形図（外側と内側）

(c) $\overline{\sqrt{J'_2}}$ 平均化損傷指標コンター図（外側と内側）

(d) $\overline{W_n}$ 平均化損傷指標コンター図（外側と内側）

(2) a/d=2

(a) せん断力－載荷点変位関係

(b) 変形図（外側と内側）

(c) $\overline{\sqrt{J'_2}}$ 平均化損傷指標コンター図（外側と内側）

(d) $\overline{W_n}$ 平均化損傷指標コンター図（外側と内側）

(3) a/d=3

付録図6 断面(i)の解析結果

第 5 章　鉄骨鉄筋コンクリート（SRC）部材の耐荷メカニズム

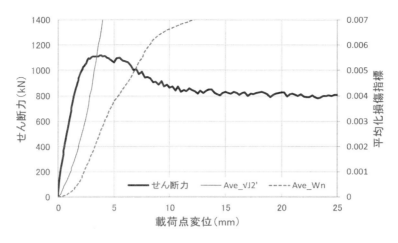

(a) せん断力－載荷点変位関係

(b) 変形図（外側と内側）

(c) $\overline{\sqrt{J'_2}}$ 平均化損傷指標コンター図（外側と内側）

(d) $\overline{W_n}$ 平均化損傷指標コンター図（外側と内側）

(1) a/d=1

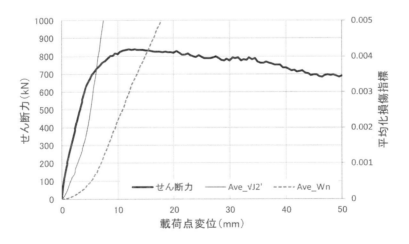

(a) せん断力－載荷点変位関係

(b) 変形図（外側と内側）

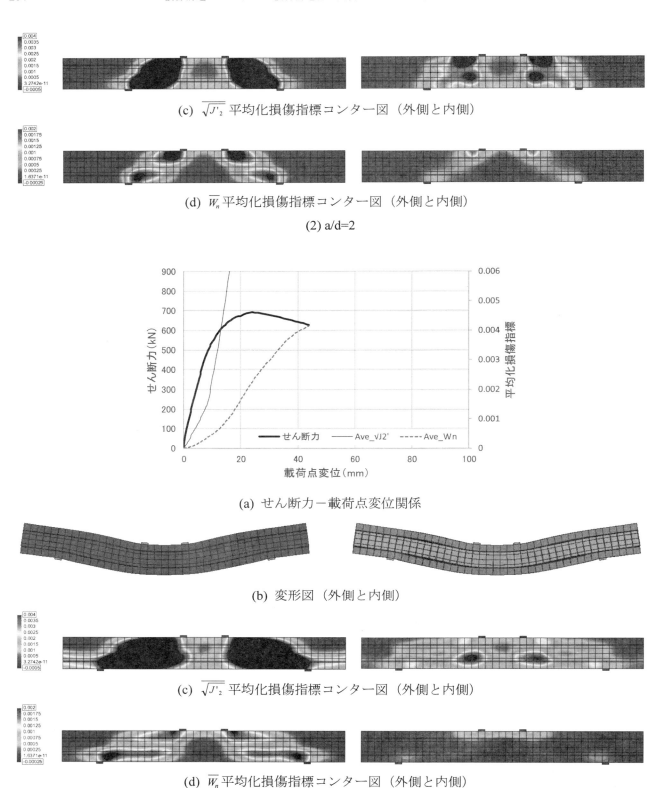

(c) $\overline{\sqrt{J'_2}}$ 平均化損傷指標コンター図（外側と内側）

(d) $\overline{W_n}$ 平均化損傷指標コンター図（外側と内側）

(2) a/d=2

(a) せん断力－載荷点変位関係

(b) 変形図（外側と内側）

(c) $\overline{\sqrt{J'_2}}$ 平均化損傷指標コンター図（外側と内側）

(d) $\overline{W_n}$ 平均化損傷指標コンター図（外側と内側）

(3) a/d=3

付録図 7 断面(a)でせん断補強筋ありの解析結果

第5章 鉄骨鉄筋コンクリート（SRC）部材の耐荷メカニズム

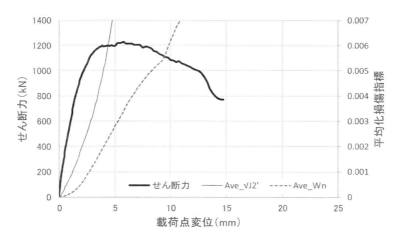

(a) せん断力－載荷点変位関係

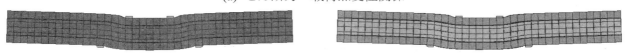

(b) 変形図（外側と内側）

(c) $\overline{\sqrt{J'_2}}$ 平均化損傷指標コンター図（外側と内側）

(d) $\overline{W_n}$ 平均化損傷指標コンター図（外側と内側）

(1) a/d=1

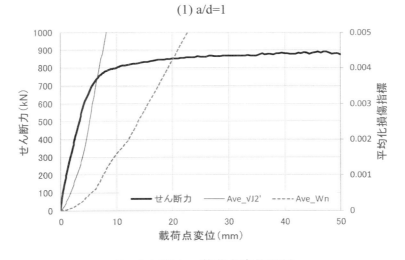

(a) せん断力－載荷点変位関係

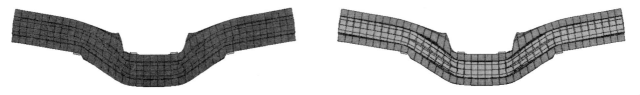

(b) 変形図（外側と内側）

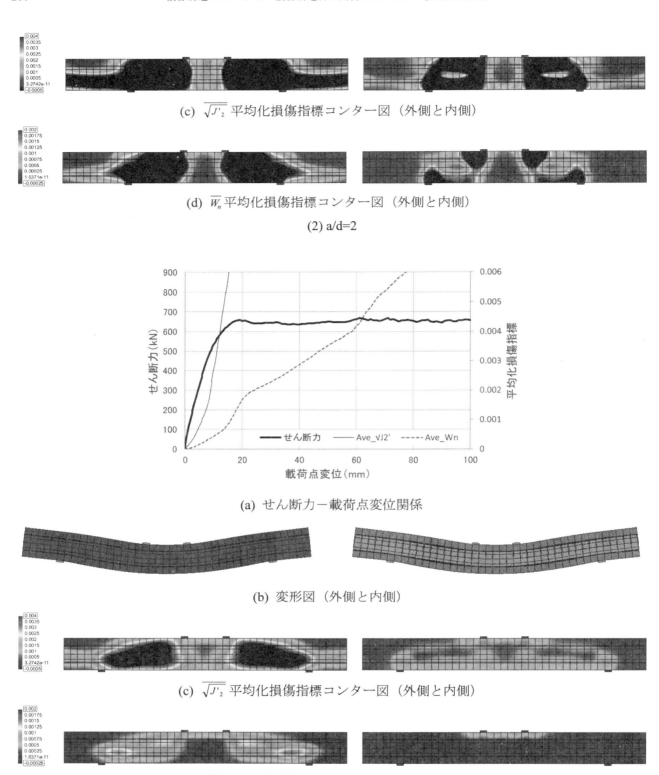

(c) $\overline{\sqrt{J'_2}}$ 平均化損傷指標コンター図（外側と内側）

(d) $\overline{w_n}$ 平均化損傷指標コンター図（外側と内側）

(2) a/d=2

(a) せん断力－載荷点変位関係

(b) 変形図（外側と内側）

(c) $\overline{\sqrt{J'_2}}$ 平均化損傷指標コンター図（外側と内側）

(d) $\overline{w_n}$ 平均化損傷指標コンター図（外側と内側）

(3) a/d=3

付録図 8 断面(b)でせん断補強筋ありの解析結果

第5章　鉄骨鉄筋コンクリート（SRC）部材の耐荷メカニズム

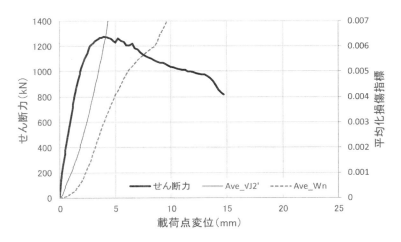

(a) せん断力－載荷点変位関係

(b) 変形図（外側と内側）

(c) $\overline{\sqrt{J'_2}}$ 平均化損傷指標コンター図（外側と内側）

(d) $\overline{W_n}$ 平均化損傷指標コンター図（外側と内側）

(1) a/d=1

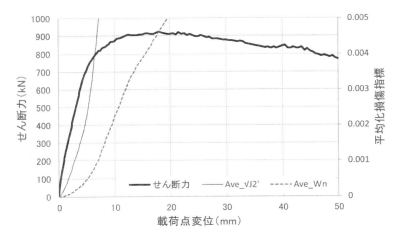

(a) せん断力－載荷点変位関係

(b) 変形図（外側と内側）

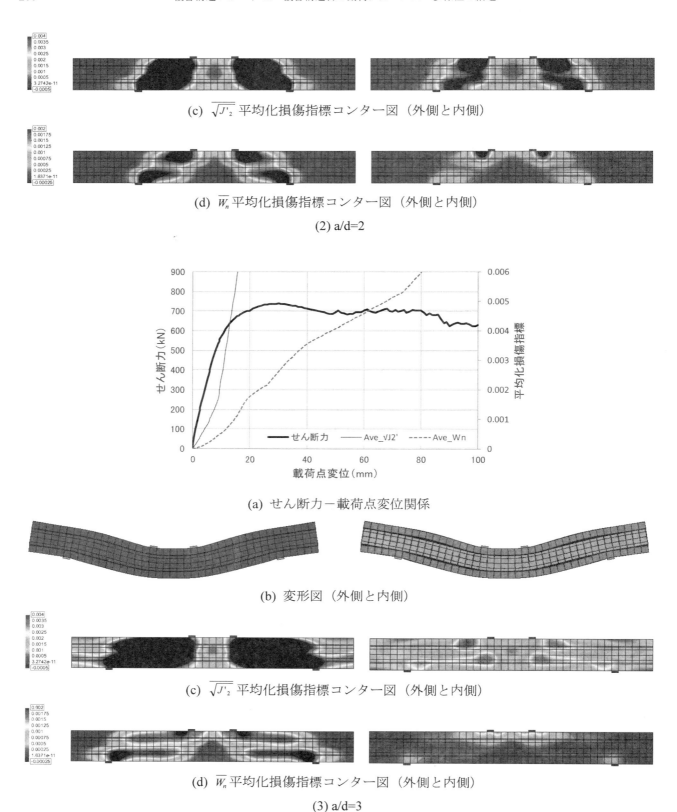

(c) $\overline{\sqrt{J'_2}}$ 平均化損傷指標コンター図（外側と内側）

(d) $\overline{W_n}$ 平均化損傷指標コンター図（外側と内側）

(2) a/d=2

(a) せん断力－載荷点変位関係

(b) 変形図（外側と内側）

(c) $\overline{\sqrt{J'_2}}$ 平均化損傷指標コンター図（外側と内側）

(d) $\overline{W_n}$ 平均化損傷指標コンター図（外側と内側）

(3) a/d=3

付録図 9 断面(c)でせん断補強筋ありの解析結果

第5章 鉄骨鉄筋コンクリート（SRC）部材の耐荷メカニズム

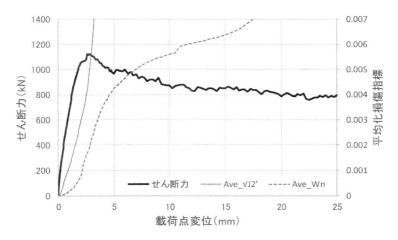

(a) せん断力－載荷点変位関係

(b) 変形図（外側と内側）

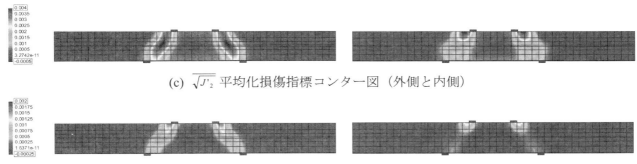

(c) $\overline{\sqrt{J'_2}}$ 平均化損傷指標コンター図（外側と内側）

(d) $\overline{W_n}$ 平均化損傷指標コンター図（外側と内側）

(1) a/d=1

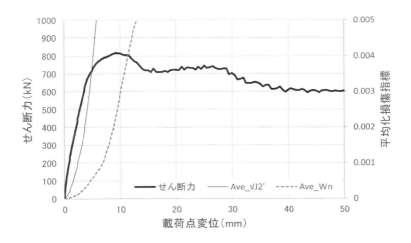

(a) せん断力－載荷点変位関係

(b) 変形図（外側と内側）

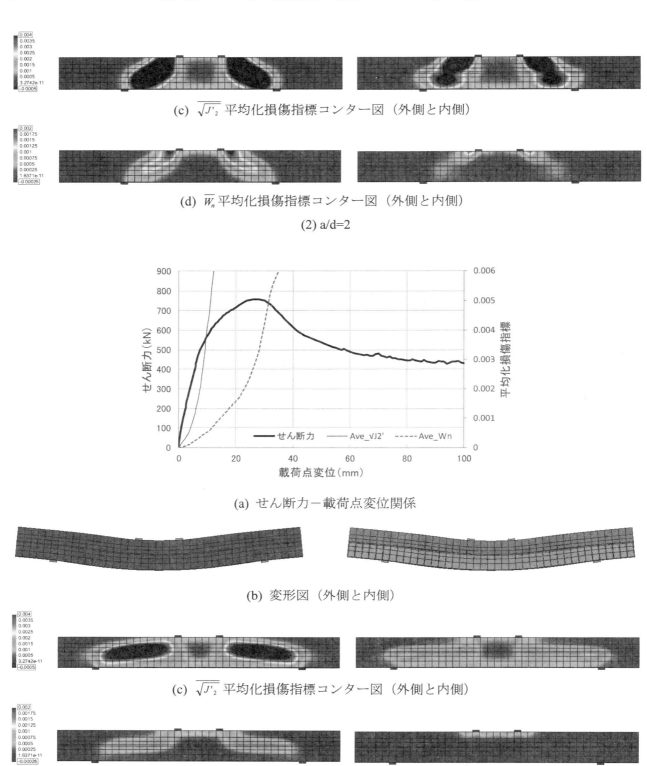

(c) $\overline{\sqrt{J'_2}}$ 平均化損傷指標コンター図（外側と内側）

(d) $\overline{W_n}$ 平均化損傷指標コンター図（外側と内側）

(2) a/d=2

(a) せん断力－載荷点変位関係

(b) 変形図（外側と内側）

(c) $\overline{\sqrt{J'_2}}$ 平均化損傷指標コンター図（外側と内側）

(d) $\overline{W_n}$ 平均化損傷指標コンター図（外側と内側）

(3) a/d=3

付録図 10 断面(d)でせん断補強筋ありの解析結果

第 5 章　鉄骨鉄筋コンクリート（SRC）部材の耐荷メカニズム

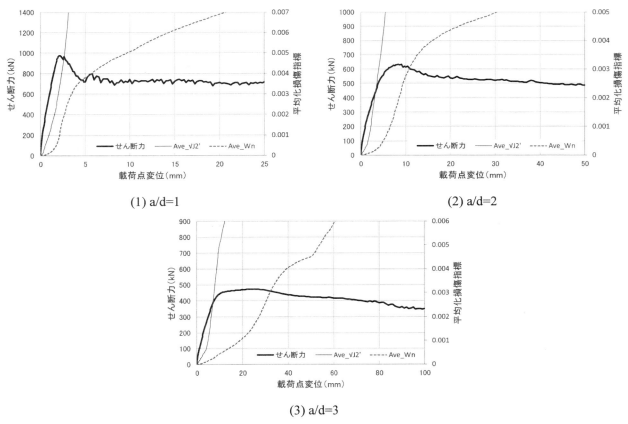

(1) a/d=1
(2) a/d=2
(3) a/d=3

付録図 11　断面(a)でフランジ幅狭の解析結果

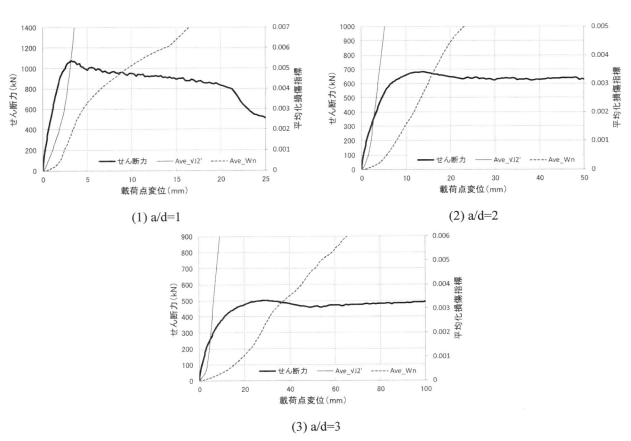

(1) a/d=1
(2) a/d=2
(3) a/d=3

付録図 12　断面(b)でフランジ幅狭の解析結果

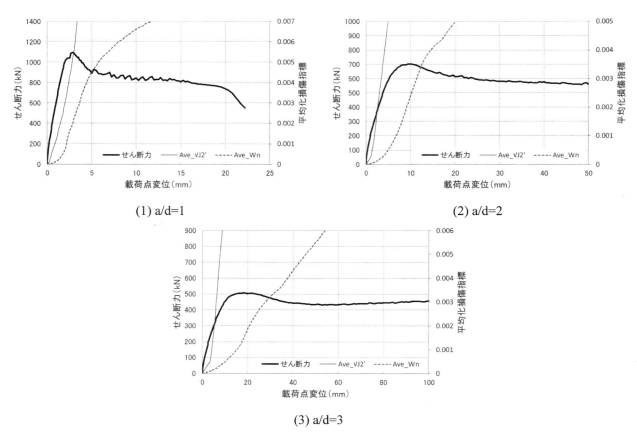

付録図 13 断面(c)でフランジ幅狭の解析結果

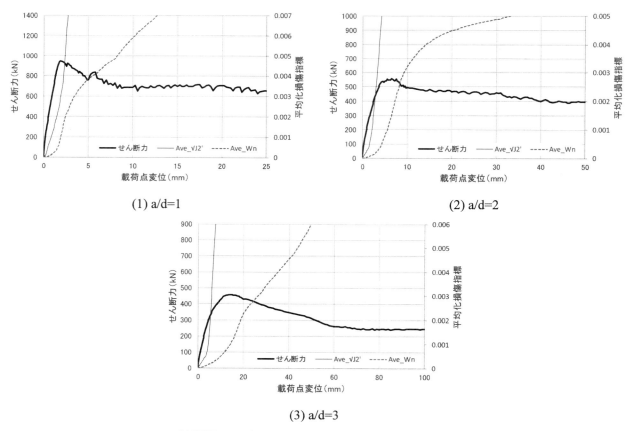

付録図 14 断面(d)でフランジ幅狭の解析結果

第5章 鉄骨鉄筋コンクリート (SRC) 部材の耐荷メカニズム

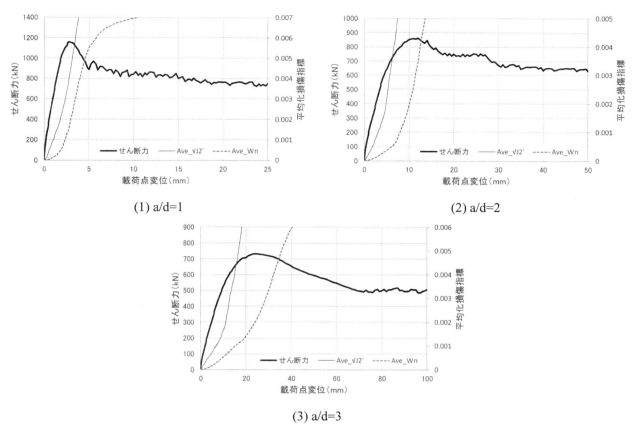

付録図15 断面(a)でフランジ幅狭かつせん断補強筋ありの解析結果

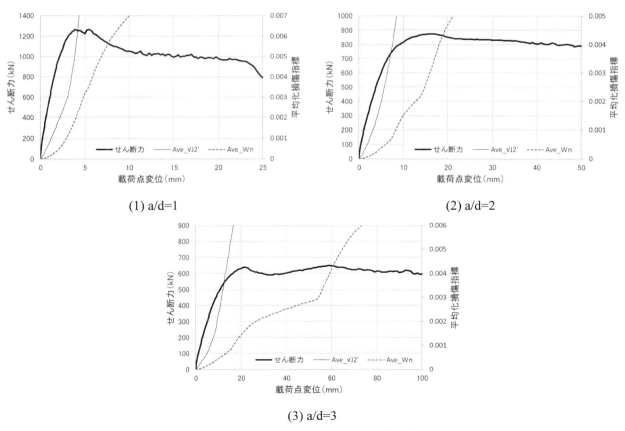

付録図16 断面(b)でフランジ幅狭かつせん断補強筋ありの解析結果

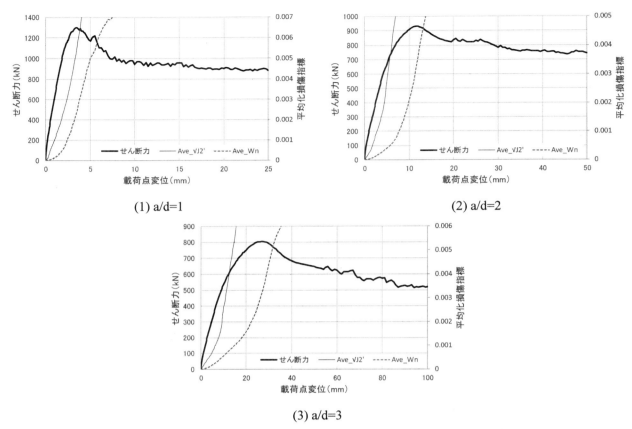

(1) a/d=1
(2) a/d=2
(3) a/d=3

付録図 17 断面(c)でフランジ幅狭かつせん断補強筋ありの解析結果

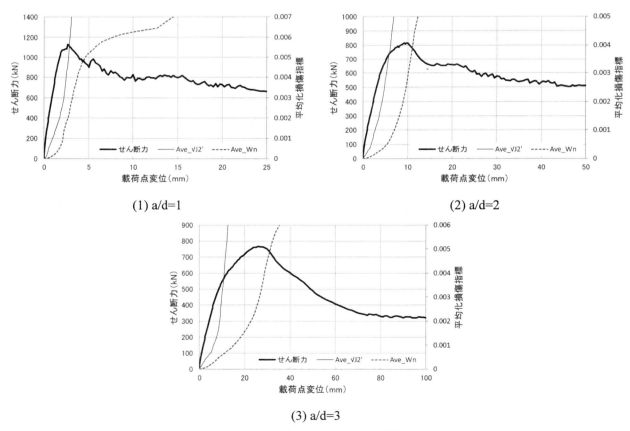

(1) a/d=1
(2) a/d=2
(3) a/d=3

付録図 18 断面(d)でフランジ幅狭かつせん断補強筋ありの解析結果

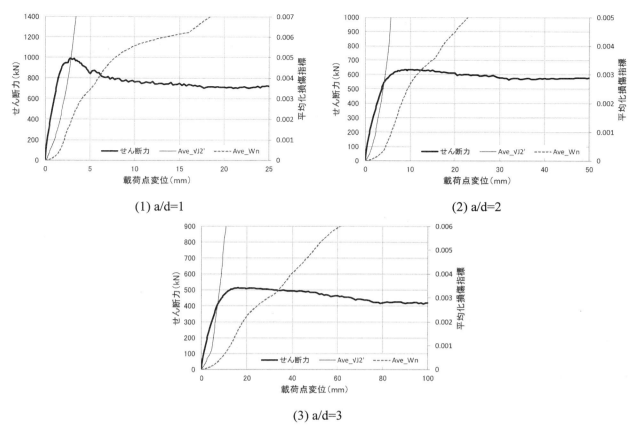

付録図 19 断面(a)で支点外を剛とした解析結果

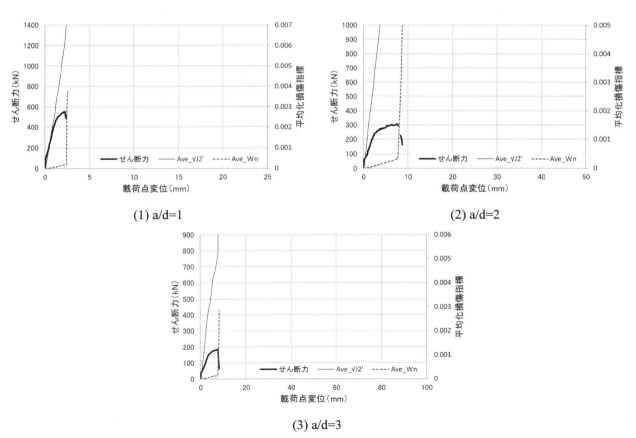

付録図 20 断面(h)で支点外を剛とした解析結果

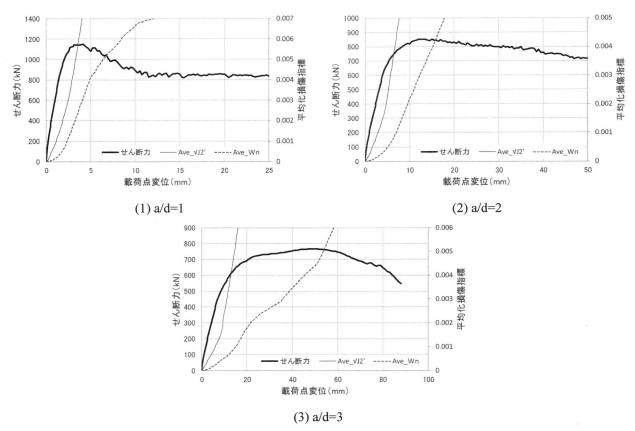

付録図 21　断面(a)で支点外を剛かつせん断補強筋ありの解析結果

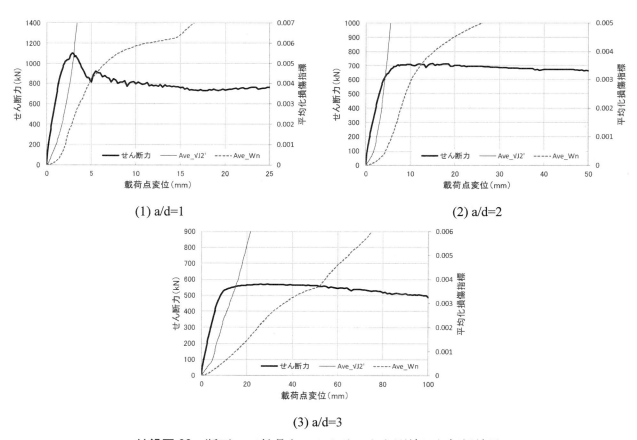

付録図 22　断面(a)で鉄骨とコンクリートを剛結した解析結果

第5章 鉄骨鉄筋コンクリート (SRC) 部材の耐荷メカニズム

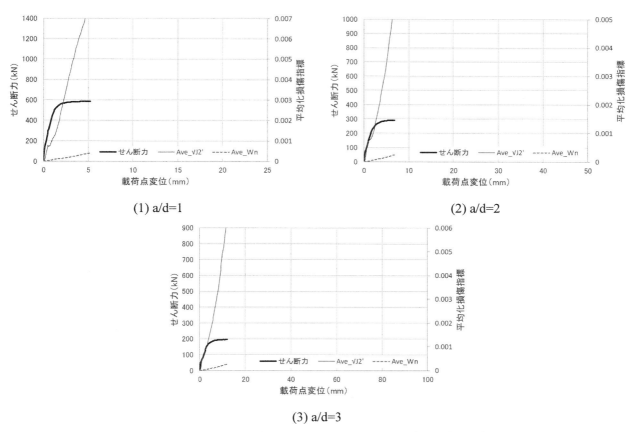

付録図 23 断面(h)で鉄骨とコンクリートを剛結した解析結果

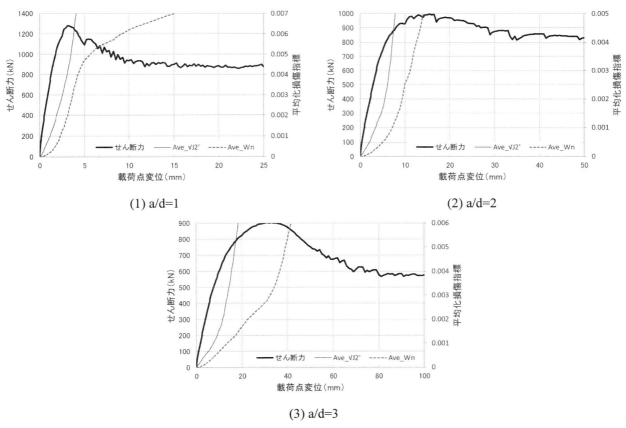

付録図 24 断面(a)で鉄骨とコンクリートを剛結かつせん断補強筋ありの解析結果

第6章 コンクリート充填鋼管（CFT）部材の耐荷メカニズム

6.1 検討課題

コンクリート充填鋼管部材（以下，CFT部材）とは，円形あるいは矩形の閉断面の鋼管に，材軸方向に沿って全体にわたりコンクリートを充填した構造を有し，力学的に鋼とコンクリートの合成を期待した部材である．鋼管とコンクリートの合成作用を期待する上で，充填コンクリートの鋼管からの抜出しを防止できる構造であることが前提である．

CFT部材は，(a)鋼管とコンクリートの合成により，断面寸法に比して大きな耐荷力が得られ，(b)コンクリートが鋼管の局部座屈の進行を遅らせることにより，変形性能に優れており，(c)コンクリート打込み時には鋼管が型枠の役割を果たし，工期短縮や近接工事等の施工環境の厳しい条件に対応できる，等の特徴を有している．

CFT部材は，種々の検討がなされ，「複合構造標準示方書（2014年制定）」[1]に設計，施工，維持管理の標準的な手法が取り入れられ，実構造物にも多く適用されている．一方，より汎用性の高い照査法や照査精度の向上，供用中の性能評価及び性能回復・向上技術の開発等のためには，例えば以下のような検討課題がある．ここでは，CFT部材の耐荷メカニズムに関する検討課題を中心に挙げている．

・繰り返し載荷に対する耐荷メカニズムの解明
・充填コンクリートの収縮およびクリープによる経時挙動と，その耐荷メカニズムへの影響
・供用時の検査手法および健全度評価方法
・損傷を受けた場合の力学的性能の回復・向上のための補修・補強方法

これらについては，いくつか検討事例はあるものの，いまだ十分に明らかになっているとは言いがたい．本章では，上記のうち特に繰り返し載荷に対する耐荷メカニズムについて載荷試験や解析による検討結果を示し，その他の検討課題については既往の知見を整理するとともに，今後のために検討すべき課題の内容を示した．

6.2 既存の設計法の整理

CFT部材の設計法は複合構造標準示方書[1]に定められており，［設計編］では，標準編と仕様編に区分され，仕様編の中に「コンクリート充填鋼管部材編」（以下，CFT部材編）があり，実務で標準と考えられる照査法が定められている．なお，CFT部材編によることができない場合には，標準編に定める照査の考え方にもとづき，仕様編の「有限要素解析による性能照査編」によりFEM解析を用いることを推奨している．

ここでは，CFT部材編に示されている標準的な照査法のうち，円形断面の部材を対象とした部材のモデル化と照査の前提となる構造細目について概要を示す[2]．

(a) 部材のモデル化

CFT部材は，鉛直荷重を受ける柱等の鉛直部材で多く適用される．そのため，断面諸元や使用材料は，地震時の照査で決定されることが多い．CFT部材を合理的に設計するためには，大規模地震動に対しては軽微な損傷は許容しつつ，塑性変形性能を有効に考慮することが重要となる．

CFT部材の曲げモーメントと部材角，曲げモーメントと曲率に関する非線形特性の算定方法はいくつか提案されているが，複合構造標準示方書[1])では，円形断面の部材を対象に，図6.2.1に示すトリリニア型の骨格曲線にモデル化する場合の方法について示されている．これは，後述するCFT部材の交番載荷試験結果等における曲げモーメントと部材角の関係と試験体の損傷状況の関係をもとに設定されたものである．また，最大曲げ耐力以降の耐力低下域において限界点の定め方について統一されたものはないが，鋼管の局部座屈が顕著になる時点として，最大曲げ耐力の90%を維持する点をとることとしている．

　曲げモーメントは，断面をファイバー要素に分割し，以下の仮定等に基づきRC方式により算定する．
- 繊ひずみは，部材断面中立軸からの距離に比例する．
- コンクリートの引張応力は無視する．
- コンクリートの応力－ひずみ関係は，文献3),4) 等を参考に，鋼管による拘束効果（コンファインド効果）を考慮する．
- 鋼管の応力－ひずみ関係は，引張側は降伏後のひずみ硬化の影響を考慮し，圧縮側は降伏強度または局部座屈後の圧縮強度のいずれか小さい方を維持する．
- 軸力は，鋼管およびコンクリートに均等に載荷され，軸力による鋼管とコンクリートの軸ひずみは同じとする．

　降伏曲げモーメントM_yは，水平力作用方向に対して引張側45度位置の鋼管が降伏ひずみに達するときとして算定する．また，最大曲げモーメントM_mは，コンクリートの終局ひずみを設定して算定する．

　部材角は，例えばM点については，図6.2.2に示すような曲率分布を仮定して算定する．特徴的な点は以下の通りである．
- く体変形（$\delta_{mb}+\delta_{mp}$）と，接合部からの鋼管の伸び出しによる変形（δ_{m1}）を累加して算定する．
- く体変形（$\delta_{mb}+\delta_{mp}$）は，塑性ヒンジ部（δ_{mp}）と塑性ヒンジ部以外（δ_{mb}）に分けて算定する．塑性ヒンジ部以外は，図6.2.2の曲率分布をもとに算定する．また，塑性ヒンジ部は，この部分の回転角を載荷試験結果等に基づき求めた算定式により算定する．

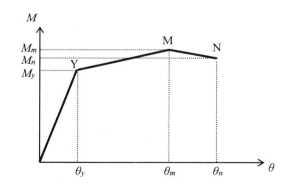

M_y：鋼管引張降伏時の曲げモーメント
M_m：最大曲げモーメント
M_n：最大曲げモーメントの90%
θ_y：降伏時の部材角
θ_m：鋼管の局部座屈発生点の部材角（最大曲げ耐力時に相当）
θ_n：鋼管の局部座屈が顕著になる時点の部材角（M_mの90%を維持する最大変形時に相当）

図 6.2.1　CFT部材（円形断面）のモデル化（曲げモーメントと部材角の関係）[1)]

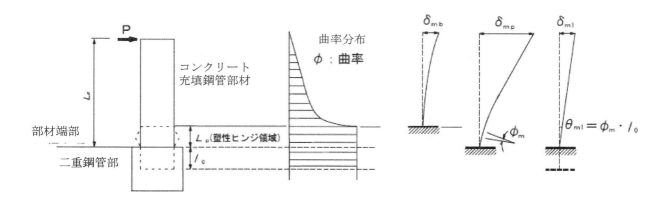

図 6.2.2　M点における曲率分布の仮定[1]

(b) 照査の前提となる構造細目

CFT部材編で対象とする部材は，
・鋼管とコンクリートは一体性が保たれていること
・鋼管とコンクリートがともに軸方向力を負担すること
を満足している必要がある．

CFT部材は，鋼管と充填コンクリートが力学的に一体となって外力に抵抗する構造である．そのためには，コンクリートの充填が良好で，コンクリートの鋼管からの抜出しを拘束し，鋼管とコンクリートの一体性を確保する構造とする必要がある．コンクリートの鋼管からの抜け出しを防止する構造としては，鋼管内壁に頭付きスタッドを溶植する構造，柱の両端に強固なダイアフラムで拘束する構造，この他，突起付き鋼管の使用や鋼管端部にずれ止めの丸鋼あるいは帯板を溶接する構造が考えられている．実構造では，鋼管内面全体にわたってずれ止めを取り付ける構造は，製作上困難であることから，それ以外の方法が用いられることが多い．

また，後者については，作用軸力を鋼管および充填コンクリートそれぞれの部分で均衡して分担させるため，鋼管の軸力分担率の範囲が0.2～0.9となることを求めている．すなわち，CFT部材の全断面塑性軸力に対する鋼管部分の全塑性軸力の割合の範囲を定め，鋼管とコンクリートの断面構成のバランスを求めている．

その他，CFT部材編を用いて照査する場合の前提条件として，
・環境作用による耐久性（鋼材の腐食等）を一定レベルに確保できること
・照査の前提となる構造細目（鋼板の最小板厚，鋼板とコンクリートの接触面，鋼板の継手，ダイアフラム等）
・施工における配慮事項（鋼管の製作，コンクリートの打込みにおける品質管理等）
　等を定めている．

6.3　繰り返し載荷に対する耐荷メカニズムの検討

6.3.1　載荷試験結果に基づく外観損傷と耐荷力との関連（損傷イベント）

(1) 円形断面

CFT部材は高架橋等の柱に用いられることが多く，地震時には軸力に加え，繰返し曲げが作用する．地震

時の CFT 部材の評価を行うためには，**図 6.3.1** のような片持ち柱形式の試験体の交番載荷試験が多く実施されている[例えば5]．載荷は，鉛直方向に一定の荷重を加えた状態で，水平方向に，**図 6.3.2** のように漸増する繰返し変位を与える．

円形断面の CFT 部材の交番載荷試験結果の水平荷重と水平変位の関係と損傷状況の例を**図 6.3.3** に示す．**図 6.3.3** は，せん断スパン比 $La/D=3.0$，鋼管の径厚比 $D/t=64$，軸力比 $N'/N'y=0.2$（La：せん断スパン，D：鋼管外径，t：鋼管厚，N'：作用軸力，$N'y$：全塑性軸力）の試験結果を示している．

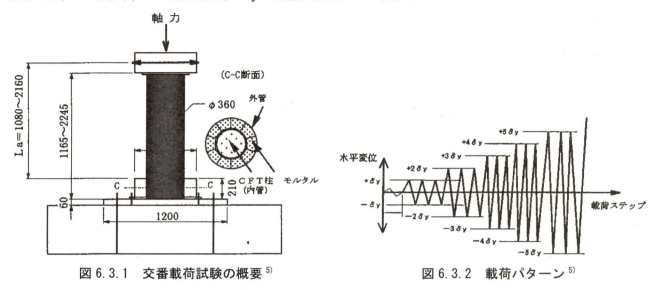

図 6.3.1　交番載荷試験の概要[5]　　　　　図 6.3.2　載荷パターン[5]

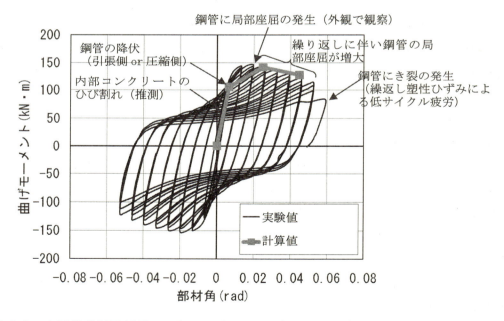

図 6.3.3　交番載荷試験結果の一例（$La/d=3.0, D/t=64, N'/N'y=0.2$）

上記のような荷重－変位関係と，後述する損傷状況等を考慮して，複合構造標準示方書[1]や鉄道構造物等設計標準・同解説（鋼とコンクリートの複合構造）[6]（以下，鉄道標準）では，**図 6.3.4** のような一般的な挙動を示した上で，**図 6.2.1** のような非線形モデルが示されている．

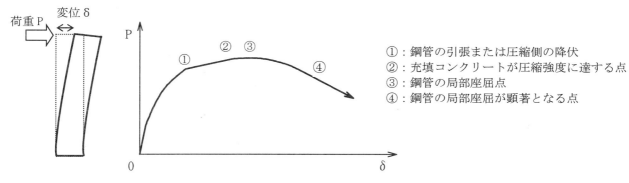

図 6.3.4　CFT 部材の挙動[1]

　CFT 部材の既往の交番載荷試験における外観上の損傷状況は，鋼管の径厚比や軸力等によってその進展速度や程度は多少異なるが，いずれも以下の通りで同様である[7]．

・鋼管の降伏以降も，最大荷重までは，外観上の損傷は認められず，繰り返しによる荷重低下はほとんどない．

・荷重の増加が緩やかになり，ほぼ最大荷重において，鋼管基部に局部座屈が観察される．このことから，鋼管の局部座屈の発生によって耐力が決定されていると考えられる．

・鋼管基部の局部座屈が繰り返し載荷により進展（図 6.3.5(a)）し，これに伴い荷重が低下する．なお，鋼管が局部座屈する範囲は，端部から 0.5D（D：鋼管外径）以内である．

・さらに載荷を続けると，局部座屈が大きくなり，その頂部付近に低サイクル疲労によるき裂が発生する場合が多い（図 6.3.5(b)）．鋼管のき裂発生後は，荷重を保持できなくなるため載荷終了となる．

　なお，載荷後に鋼管をはつると，鋼管が局部座屈した範囲に，充填コンクリートのひび割れ・圧壊が生じている（図 6.3.5(c)）．なお，充填コンクリートは鋼管の局部座屈した箇所にも詰まっている．

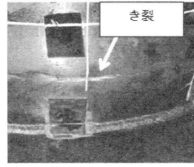

(a) 鋼管基部の局部座屈　　　(b) 局部座屈部のき裂　(c) 充填コンクリートのひび割れ・圧壊

図 6.3.5　載荷試験における損傷状況

　荷重－変位関係と材料損傷の関係を整理すると表 6.3.1 のようになると考えられる．これらは，試験体の条件によって多少異なるものの概ね共通している．

表 6.3.1 荷重－変位関係と材料損傷の関係

荷重－変位関係		充填コンクリート	鋼管	その他
①	（剛性が若干低下）	引張側ひび割れ（推測）	弾性状態	付着切れ（推測）
②	（剛性がやや低下）	ひび割れ増（推測）	降伏（引張側 or 圧縮側）	
③	剛性低下	ひび割れ増（推測）	塑性域の拡大	
④	最大荷重点付近	コンクリート圧壊（推測）	局部座屈の発生	
⑤	最大荷重以降の荷重低下域	コンクリート圧壊域の拡大（推測）	局部座屈の増大	鉛直剛性の低下
⑥	（き裂発生）荷重低下		き裂発生（引張側）	
⑦	荷重低下大		き裂の拡大	荷重保持困難

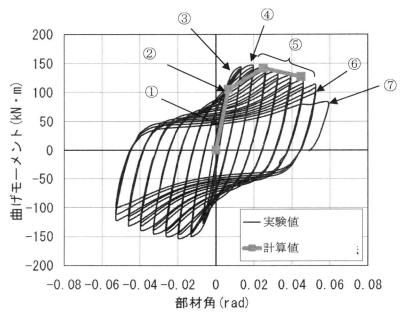

初期時には荷重－変位関係が線形であるが，水平載荷に伴い，鋼管は弾性範囲であるが若干剛性が低下する．これは，鋼管内を確認できないため推測ではあるが，充填コンクリートに曲げひび割れが生じたためと考えられる．その後，充填コンクリートの曲げひび割れの本数の増加およびひび割れ幅の増大とともに，基部付近の鋼管の引張縁または圧縮縁が降伏する．この時点では荷重－変位関係の剛性の変化は小さい．その後，鋼管の降伏域の広がりとともに，剛性が低下するようになる．おそらく鋼管とコンクリートとは，局所的には，かなり早期の段階で付着が切れているものと思われる．

さらに水平載荷を続けると，剛性が低下し，基部付近の鋼管の圧縮側に局部座屈が認められる．ほぼこれと同時期に充填コンクリートが圧壊していると推測される．これは，どちらが先かは明確ではないが，鋼管またはコンクリートに局部座屈または圧壊が生じると，それまで負担していた圧縮応力に抵抗できなくなり，この負担がコンクリートまたは鋼管に移るためと考えられる．この時点で最大荷重程度となる．これ以降は，繰り返し載荷に伴い，鋼管の局部座屈が大きくなり，これとともに荷重が低下する．この辺りでは，鉛直方向の変位（圧縮変形）も大きくなり，鉛直剛性も低下していく．

その後も水平載荷を続けると，鋼管の局部座屈が大きくなった部分において，き裂が発生し，それが繰り返し載荷による引張（引張応力の作用）・圧縮（局部座屈の増大）を受けることによりき裂が進展・拡大し，

鋼管が引張側にも抵抗できなくなり，水平荷重を保持できなくなる．き裂は低サイクル疲労によるものであり，その発生時点は，鋼管の径厚比や載荷の繰り返し数にもよるが，明確な荷重の低下が認められた以降（最大荷重の90%程度の荷重を下回った以降）において生じている．

また，文献8)では，非線形三次元FEMおよび載荷試験により，円形CFT部材の水平荷重－変位関係の履歴形状の傾向と主に鋼管の局部座屈の進展について以下のような考察がされている．ここでは，鋼管の損傷箇所近傍にダイアフラムがある構造が対象である．水平荷重－変位関係の履歴形状は，はじめは紡錘形をなしているが，最大荷重以降はくびれのある履歴ループを示している．ただし，変位が大きくなっても，履歴ループは劣化せずに，エネルギー吸収の大きい安定した形状を示す．この傾向について，文献8)においては，非線形三次元FEMおよび載荷試験により，ダイアフラムを有する円形CFT部材の場合は，圧縮側の鋼管に局部座屈が発生するとダイアフラムにより充填コンクリートに圧縮応力が伝達されること，引張側は繰り返しによるコンクリートがダイアフラムを押し上げ鋼管の引張力がより大きくなり局部座屈が引き延ばされて修復する効果を有し，局部座屈の進展が抑えられているためと考察されている．

(2) 矩形断面

矩形断面のCFT部材は，円形断面と比較して，鋼管の拘束効果が小さいため，曲げ耐力や変形性能が相対的に小さくなることに留意する必要がある [9]．なお，変形性能については，複合構造標準示方書[1]や鉄道標準[6]において具体的な算定方法は示されていない．

正方形CFT部材の交番載荷試験結果の水平荷重と水平変位の関係と損傷状況の例を図6.3.6に示す．図6.3.6は，せん断スパン比$L_a/D=3.0$，鋼管の幅厚比$B/t=30$，軸力比$N'/N'_y=0.2$（L_a：せん断スパン，B：鋼管幅，t：鋼管厚，N'：作用軸力，N'_y：全塑性軸力）の試験結果を示している．なお，試験方法は図6.3.1，図6.3.2と同様に実施している．

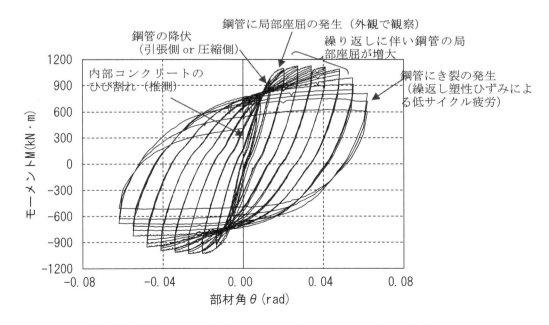

図6.3.6　交番載荷試験結果の一例（$L_a/d=3.0, B/t=30, N'/N'_y=0.2$）

図6.3.3と比較すると，損傷状況やその順序について，円形CFTと同等であると判断できる．すなわち，CFT部材の挙動は図6.3.4のとおりにモデル化できると考えられる．

既往の交番載荷試験における外観上の損傷状況は，鋼管の径厚比や軸力等によってその進展速度や程度は多少異なるが，いずれも以下の通りで同様である[10].

- 鋼管の降伏以降，局部座屈の発生が観察される．ただし，最大荷重までは，局部座屈の程度は小さく，また繰り返しによる荷重低下はほとんどない．
- 荷重の増加が緩やかになり，ほぼ最大荷重において，鋼管基部に明らかな局部座屈が観察される．
　このことから，鋼管の局部座屈の発生によって耐力が決定されていると考えられる．
- 鋼管基部の局部座屈が繰り返し載荷により進展し，これに伴い荷重が低下する．なお，鋼管が局部座屈する範囲は，端部から0.4～0.9D（D：鋼管外径）であるが，0.5Dが大半である．
- さらに載荷を続けると，局部座屈が大きくなり，溶接角部において，低サイクル疲労によるき裂が発生する．また，場合によっては，局部座屈の頂点に沿って，水平方向にも低サイクル疲労によるき裂が発生する（図 6.3.7）．鋼管のき裂発生後は，荷重を保持できなくなるため載荷終了となる．なお，き裂発生時点は，鋼管の径厚比や載荷の繰り返し数にもよるが，明確な荷重の低下が認められた以降（最大荷重の90％程度の荷重を下回った以降）において生じている．

　円形 CFT と比較すると，局部座屈の発生が幾分早いことや，局部座屈の範囲等は異なるものの，損傷の順序等は概ね同等である．すなわち，正方形 CFT においても，荷重－変位関係における点と，材料損傷の関係は表 6.3.1 のようになると考えられる．

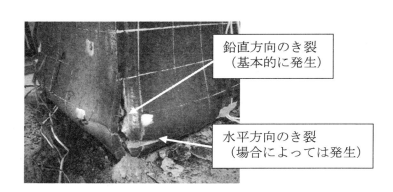

図 6.3.7　載荷試験における損傷状況

　図 6.3.8 に，正方形 CFT 柱[10]の実験において計測された鋼管のひずみとコンクリートの内部ひずみを示す．せん断スパン比 $L_a/D=3.0$，鋼管の幅厚比 $B/t=80$，軸力比 $N'/N'_y=0.2$ の実験結果である．なお，図の横軸は断面中心からの断面方向の距離を示しており，±180mm が鋼管ひずみ，±130mm がコンクリートひずみである．図より，$1\delta_y$ では若干のずれはあるものの，概ね平面保持が成立している．一方，$2\delta_y$ 以降になると，平面保持が明らかに成立しなくなっていることから，少なくとも $2\delta_y$ 時には鋼管とコンクリートの付着がきれていると考えられる．

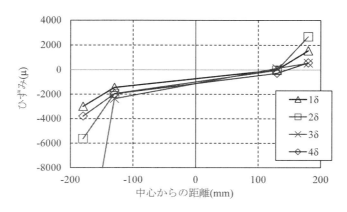

図 6.3.8　断面方向のひずみ分布（La/d=3.0, B/t=80, N'/N'y=0.2）

　図 6.3.9 に, 正方形 CFT 柱における, 各パラメータが曲げモーメント－部材角関係に及ぼす影響を示す [10]. 図 6.3.9 (a) は, せん断スパン比が 3.0 で, 幅厚比 B/t が 30, 60, 80 の 3 ケースについて比較して示している. 円形 CFT と同様に, 幅厚比が小さくなれば, 降伏以降の最大荷重に至るまでの変形が大きく, 最大荷重以降の剛性低下が小さい. 図 6.3.9 (b) は, 軸力比 N'/N'y が 0.2, 0.4 の 2 ケースについて比較して示している. 軸力比が大きくなれば, 降伏以降の最大荷重までの変形が小さく, 最大荷重以降の剛性低下が大きい. 図 6.3.9 (c) は, 鋼管およびコンクリート強度 f'c が, SM490, f'c=24N/mm^2 と SM570, f'c=40N/mm^2 の実験結果を比較したものである. 材料強度による変形性能の違いはほとんど見られない. 図 6.3.9 (d) は, せん断スパン比 La/B が 3~6.4 の 5 ケースについて比較して示している. せん断スパン比が大きい場合, 最大荷重以降の剛性低下が小さくなる.

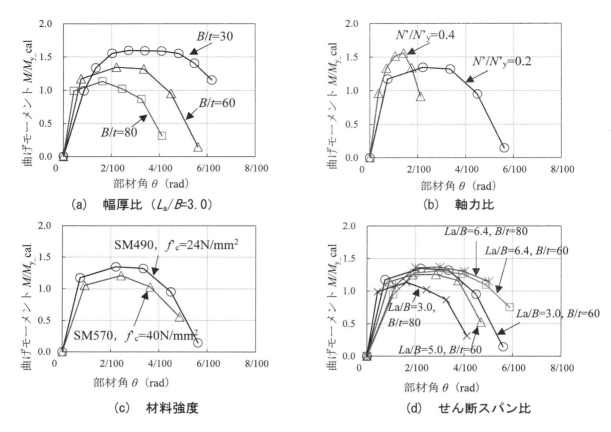

図 6.3.9 各パラメータと曲げモーメント-部材角関係

6.3.2 有限要素解析に基づく損傷と耐荷力との関連

(1) 損傷イベントの考察

ここでは，図 6.3.10 に概略を示した，円形断面の CFT 柱の正負交番による曲げ載荷実験[11]の K-1 試験体（鋼管厚 4.2 [mm]で外径 269 [mm]の円形断面で，せん断スパン比 3.0，軸力比 0.21）を対象に，FEM による解析的検討を行う．実験では，$3\delta_y$ 程度の時点で鋼管基部に局部座屈が生じ，それと前後して最大荷重（モーメントで約 150 [kN·m]）に到達し，さらに載荷が進むにつれて局部座屈が進展して，緩やかに荷重が低下したと報告されている[11]．

充填コンクリート部と載荷部/支持部はソリッド要素（無筋要素と弾性要素）を用いてモデル化し，構造用鋼材（鋼管）はシェル要素にてモデル化する．鋼材とコンクリートの間に接合要素を定義した．基部のコンクリート要素では，鉛直方向の載荷に対して，ひび割れ発生以降も数倍の圧縮破壊エネルギー付与に相当する緩やかな圧縮軟化挙動を示すよう，鋼管による拘束効果を簡易的に設定した．幾何学的非線形は考慮している．

解析結果[12]を図 6.3.11 に示す．解析では $3\delta_y$ 程度の部材角 0.02 [rad]時に最大モーメント 147 [kN]を示しており，実験結果に近い結果が得られた（図 6.3.11(a)）．図 6.3.11(d)の鋼管を除外したコンター図より，圧縮損傷とひび割れ損傷ともに，充填コンクリート基部で生じていることが分かる．本検討での要素分割では鋼管の座屈による変形を直接的に再現することは困難であるが（図 6.3.11(c)），解析では載荷当初より，広い範囲で鋼管とコンクリートの間で剥離が生じていることは確認している．図 6.3.11(b)には平均化損傷指標の進展を，図 6.3.11(e)には鋼管基部での軸平均ひずみの進展を示している．これによれば，K-1 試験体では，$3\delta_y$ 程度から 10000μ を超える引張および圧縮ひずみとなっていることが分かる．

第6章 コンクリート充填鋼管（CFT）部材の耐荷メカニズム

以上より，本解析における CFT 部材曲げ挙動の損傷イベントとしては，以下のようになっていると推察される．ただし，解析における鋼管座屈については，定性的な判断に留まっている．なお，部材耐荷力低下後には，鋼管の軸ひずみ応答が圧縮側にシフトしていく状況が確認できる（図 6.3.11(e)）．

> 充填コンクリートひび割れ⇒鋼管曲げ降伏⇒基部コンクリートの圧壊≒部材としての最大荷重(ただし，緩やかな耐力低下)⇒鋼管座屈・・・＞　いずれは鋼材の破断（！？）

試験体の諸元

試験体名	外径(mm)	鋼管厚(mm)	材料強度(N/mm^2) コンクリート圧縮強度	材料強度(N/mm^2) 鋼管降伏強度	せん断スパン(mm)	導入軸力(kN)	径厚比	せん断スパン比	軸力比	径厚比パラメータ	細長比パラメータ
	D	t	f'_c	f_{sy}	L_a	N'	D/t	L_a/D	N'/N'_y	R_t	$\bar{\lambda}$
K-1	269.0	4.2	21.9	299.8	810	425	64	3.0	0.21	0.08	0.22
K-2	269.5	4.2	23.6	299.8	459	440	64	1.7	0.21	0.08	0.12
K-3	269.9	2.3	24.9	358.9	459	374	117	1.7	0.20	0.17	0.13

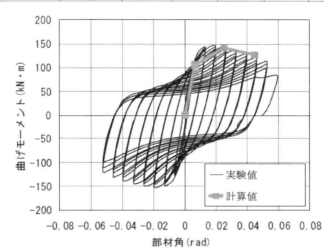

試験体 K-1 （La/d=3.0, D/t=64）

図 6.3.10　実験の概要 [11]

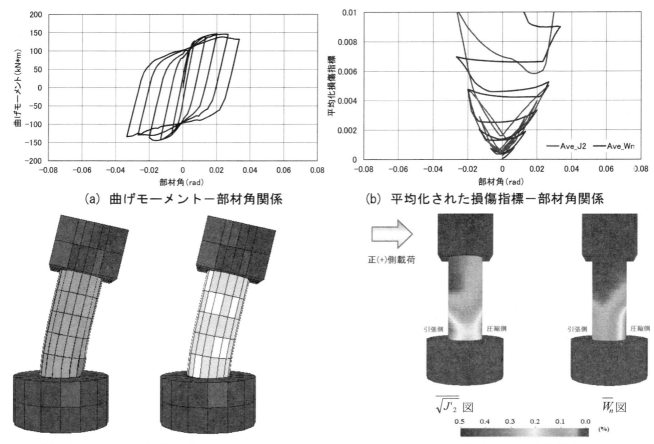

(a) 曲げモーメント－部材角関係
(b) 平均化された損傷指標－部材角関係
(c) 変形図（左：鋼管，右：コンクリート）
(d) +0.02 rad 処女載荷時平均化損傷指標コンター図
(e) 曲げモーメント－鋼材ひずみ（局所値）関係

図 6.3.11　解析結果 [12]

(2) 鋼管とコンクリート間のバネ特性による耐荷メカニズムへの影響

上述の解析手法の適用性を踏まえた上で，鋼－コンクリート間のバネ特性に着目した感度解析を実施する（表 6.3.2）．ケース 1 が，図 6.3.11 のケースに相当する．鋼－コンクリート間の接合要素については，PBLに対する解析事例 [13] と同一のモデル化を採用しており，ケース 4 を除き，鉛直方向については圧縮側に剛なバネを，引張側に剛性ゼロのバネを配置する．せん断方向については，開口時と閉口時で別々のバネを配置し，開口時には剛性をゼロとする．

解析結果を図 6.3.12 に示す．追加して実施した感度解析では，いずれも耐力，じん性ともにケース 1 よりも低下し，鋼－コンクリート間のバネ特性がピーク荷重までに及ぼす影響は少ない結果となった．これは，鋼とコンクリートを剛結する条件としたケース 4 でも同様であり，6.2 の既存の設計法と相関する結果であ

ると言える．引き続き，慎重に検討する必要があるが，充填コンクリートでは（ひび割れ発生以降も）圧縮軟化に対する拘束効果の影響が大きいと思われる．

表 6.3.2　検討ケース一覧

	コンクリート圧縮軟化	接合要素	閉口時せん断バネ※	摩擦係数	固着強度	備考
ケース1	緩やか	あり	1,000	0.3	非考慮(0)	S-C接合部非線形バネ
ケース2	標準	あり	1,000	0.3	非考慮(0)	S-C接合部非線形バネ
ケース3	標準	あり	1,000	0.3	考慮	S-C接合部非線形バネ
ケース4	標準	あり（剛結）	(1,000)	0.3	（非考慮）	線形バネ

※kgf/cm²/cm

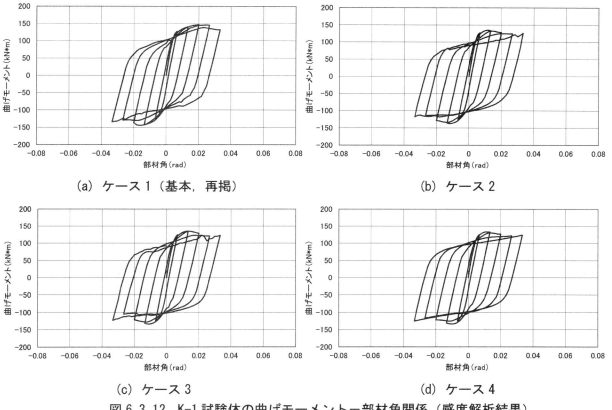

(a) ケース1（基本，再掲）　　　(b) ケース2

(c) ケース3　　　(d) ケース4

図 6.3.12　K-1試験体の曲げモーメント－部材角関係（感度解析結果）

6.4　供用時の評価および対策

6.4.1　供用時（地震後を含む）の外観による性能評価

CFT部材の鋼管外面に現れる変状としては，さびや腐食の発生，局部座屈の発生，き裂の発生が想定される．これらの変状について，既往の交番載荷試験結果や解析結果（表6.3.1等）から推察し，主として力学的な性能との関係を整理すると表6.4.1のようになると考えられる．

CFT部材は，充填コンクリートの状況により力学的性能が変わるため，今後は内部のコンクリートのひび割れや圧壊等の損傷状況を検知できる手法の開発が望まれる．

表 6.4.1 鋼管外面の変状と部材の力学的な性能の関係

鋼管外面の変状	部材の力学的な性能
さびや腐食の発生	著しい腐食（腐食厚が大きい状態）でなければ力学的性能に及ぼす影響は小さい．この場合，さび等を除去して適切な防錆処理を施すことにより性能回復は容易に可能．
局部座屈の発生	軽微な局部座屈であれば，曲げ耐力や軸方向耐力の低下は小さい．ただし，鋼管が降伏しており，充填コンクリートにひび割れが生じている可能性が高く剛性は少し低下する．また，局部座屈が大きい場合には耐力がかなり低下している可能性がある．
き裂の発生	発生する部位にもよるが，引張力を受ける部位では，耐力が大きく低下している可能性がある．またき裂が急激に進展する可能性もあり，注意が必要である．

6.4.2 損傷（主として地震）に対する補修・補強法

CFT 部材は，これまでのところ，耐荷メカニズムに影響を及ぼすような損傷は生じていないと考えられるが，地震等により損傷した場合の補修・補強法について検討しておくことが重要である．特に，CFT 部材は，外面から補修・補強せざるを得なく，また狭隘な箇所で適用される場合が多く施工上の制約を受けるため，適用できる工法が限定されることが想定される．

CFT 部材の損傷に対する補修の要否やその方法について，既往の交番載荷試験結果や解析結果（表 6.3.1 等）から判断すると，耐力・変形性能の回復の観点から，以下のことが考えられる．

・鋼管の局部座屈が発生していなければ，曲げ耐力は低下しないため補修は不要である．
・鋼管の局部座屈の発生後は，繰り返しに伴い局部座屈が進展し荷重が低下する．そのため，曲げ耐力や変形性能の低下を抑えるためには，鋼管の局部座屈の進展を抑える補修が必要である．
・鋼管の局部座屈が大きい場合は，局部座屈の進展抑止のみでなく耐力を回復できる補修が必要である．

CFT 部材の補強の検討例としては，鋼繊維を混入した構造[14]，充填コンクリートに鉄筋を挿入した構造[15]等があるが，いずれも新設構造であり，損傷が生じた場合の補修としての適用は困難と考えられる．一方，コンクリート無充填の円形鋼管については，鋼管の外側にすき間をあけて鋼板を巻立てる構造[16]，鋼管に炭素繊維シートを巻き立てる構造[17],[18]等が提案されている．また，文献19)においては，局部座屈が生じた鋼製橋脚の補修方法について，実験および解析による検討が行われている．いずれも，コンクリート無充填の鋼管の局部座屈の発生や進展を抑制することを目的とした構造である．さらに，文献 20)においては，円形断面の CFT 部材について，鋼管の局部座屈の進展抑止と施工性に主眼を置き，部材の損傷レベルに応じて，CFT 部材の鋼管の局部座屈部分の外側に鋼管を巻き立てる3つの構造について，載荷試験による検討が行われている．

このように，参考となる検討事例はあるものの，CFT 部材を対象とした損傷に対する補修方法の検討は少なく，今後の検討課題であると考えられる．

6.4.3 経時変化に対する評価

CFT 部材の経時変化をもたらす現象として，(a)鋼管の腐食，(b)充填コンクリートの収縮とクリープ，(c)充填コンクリートの劣化が挙げられる．以下に，これらについて，現状の扱いや課題等について記載す

る．
(a) 鋼管の腐食

　環境作用による鋼管外面の腐食に対しては防錆対策を十分に行うこと，および定期的な維持管理を行うことにより抑制することが可能である．また，鋼管内面については，CFT 部材内面は密閉された構造のため，鋼管内面が腐食することは考えにくい．このため，鋼管の腐食については，通常の鋼構造物と同様に扱うことで，特別な経時変化の影響を考慮する必要はないと考えられる．

(b) 充填コンクリートの収縮とクリープ

　充填コンクリートは，鋼管内の密閉された状況で硬化するため，その乾燥収縮は小さいと考えられる．そのため，複合構造標準示方書[1]では，一般に充填コンクリートの収縮の影響は無視してよいこととされている．ただし，高強度コンクリート等を用いる場合は，自己収縮が無視できなくなるため，必要に応じて考慮しなければならないとされている．

　また，充填コンクリートのクリープは，鋼管に密閉された状況のため，乾燥によるクリープが小さく，通常の屋外のコンクリートより小さくなることが確認されている．CFT 指針（日本建築学会）[21]では，通常の屋外のコンクリートのクリープ係数の半分程度であると記載されている．しかしながら，充填コンクリートのクリープに関する検討は少なく，複合構造標準示方書[1]では，充填コンクリート用のクリープ係数の提案までは至っておらず，通常の鉄筋コンクリート部材等のコンクリートと同様としている．CFT 部材の多様化に伴い，軸力が高い部位に適用される場合や，構造系が施工中と施工後で変わる場合では，充填コンクリートのクリープの影響を考慮する必要があり，クリープ係数の設定，さらには CFT 部材としてのクリープ挙動の評価方法について明らかにしていく必要がある．

(c) 充填コンクリートの劣化

　充填コンクリートは，適切な材料の選定や施工を行うことを前提に，鋼管に完全に覆われており，外部からの劣化因子の侵入がなく環境条件が安定していることなどから，劣化の進行は極めて遅いものと考えられる[1]．

6.5　おわりに

　CFT 部材は，鋼管の中にコンクリートを充填した非常にシンプルな構造で，鋼管とコンクリートの相互作用により優れた耐力や変形性能が期待される．一方，鉄筋コンクリートや鋼部材と比べると検討事例は少なく，部材の力学的な性能が十分に解明されているとは言いがたい．実際に，有限要素解析で，ポストピーク域を含む挙動を高精度に評価するためには，鋼管やコンクリートの非線形特性，これら両者の相互作用等を適切に設定する必要があり，シンプルな構造であるにも関わらず，耐荷メカニズムは単純なものではない．

　CFT 部材の優れた性能を構造物に適材適所に活用していくために，今後も上記のような検討課題に対して継続して検討が必要と考えている．

参考文献

1) 土木学会：2014 年制定　複合構造標準示方書［原則編］［設計編］［施工編］［維持管理編］，丸善，2015.5
2) 池田学：土木分野における CFT 構造の現状と課題，第 11 回複合・合成構造の活用に関するシンポジウム，2015.11

3) Mander, J. B., Priestley, M. J. N. and Park, R.: Theoretical Stress-Strain Model for Confined Concrete, Journal of Structural Engineering, ASCE, Vol.114, No.8, pp.1804-1826, 1988.

4) Mander, J.B. and Priestley, M. J. N.: Observed Stress-Strain Behavior of Confined Concrete, Journal of Structural Engineering, ASCE, Vol.114, No.8, pp.1827-1849, 1988.

5) 村田清満，山田正人，池田学，瀧口将志，渡邊忠朋，木下雅敬：コンクリート充填円形鋼管柱の変形性能の再評価，土木学会論文集，No.640，Ⅰ-50，2000.1

6) 国土交通省鉄道局監修：鉄道構造物等設計標準・同解説　鋼とコンクリートの複合構造物，2016.1

7) 池田学，萬代能久，斉藤雅充，吉田直人：コンクリート充填鋼管部材の補修方法に関する実験的検討，コンクリート工学年次論文集，Vol.35，No.2，pp.1213-1218，2013.7

8) 後藤芳顯，関一優，海老澤健正，呂西林：地震動下のコンクリート充填円形断面鋼製橋脚における局部座屈変形の進展抑制機構と耐震性向上，土木学会論文集A1（構造・地震工学），Vol.69，No.1，pp.101-120，2013.3

9) 村田清満，安原正人，木下雅敬：曲げと軸力を受ける角形コンクリート充填鋼管柱の耐力及び変形性性能，土木学会第51回年次学術講演会，Ⅰ-A435，pp.870-871，1996.9

10) 網谷岳夫，池田学，井上佳樹，青木千里，山田正人：角形断面コンクリート充填鋼管柱における鋼管基部伸び出しを考慮した変形性能評価法，鋼構造論文集，第96号，2017.12.（掲載予定）

11) 池田学，萬代能久，吉田直人：短柱CFT部材の曲げ耐力・変形性能の算定法の検討，コンクリート工学年次論文集，Vol.33，No.2，pp.1135-1140，2011.

12) 米津薫，藤山知加子，土屋智史，牧剛史，斉藤成彦，渡辺忠朋：非線形解析に基づく各種合成部材及び接合部の損傷評価，土木学会論文集A1（構造・地震工学），Vol.72，No.5，pp.II_124-II_134，2016.6

13) 土木学会：複合構造ずれ止めの抵抗機構の解明への挑戦　3.6　孔あき鋼板ジベルの押抜き挙動のFEM解析，複合構造レポート10，pp.172-183，2014.8

14) 木村秀樹，高津比呂人：鋼繊維を混入した超高強度コンクリート充填鋼管短柱の中心圧縮実験，日本建築学会大会学術講演梗概集，pp.1103-1104，2002.8

15) 長谷川明，塩井幸武，工藤浩，鈴木拓也：鉄筋コンクリート充填鋼管の曲げ耐力試験，第8回複合・合成構造の活用に関するシンポジウム，2009.11

16) 社団法人日本道路協会：道路橋示方書・同解説　V耐震設計編，2012.3

17) 小野紘一，杉浦邦征，大島義信，三木亮二，若原直樹，小牧秀之：炭素繊維シート巻き立てによる損傷鋼管の補修効果に関する検討，土木学会第57回年次学術講演会講演概要集，2002.9

18) 西野孝仁，古川哲仁，三谷勲：CFRPによって局部座屈形成を抑制した円形鋼管柱材の変形能力（その1），日本建築学会大会学術講演梗概集，pp.463-464，2000.9

19) 嶋口儀之，鈴木森晶，太田樹，青木徹彦：局部座屈が生じた円形断面鋼製橋脚の修復方法に関する研究，構造工学論文集，Vol.58A，pp.277-289，2012.3

20) 池田学，萬代能久，斉藤雅充，吉田直人：コンクリート充填鋼管部材の補修方法に関する実験的検討，コンクリート工学年次論文集，Vol.35，No.2，pp.1213-1218，2013

21) 日本建築学会：コンクリート充填鋼管構造設計施工指針，2008.10

（執筆者：池田学，葛西昭，土屋智史，中田裕喜）

第7章　異種部材接合部の耐荷メカニズム

7.1　概要

　連続桁形式の橋梁が一般化している中，異なる種類の部材あるいは橋脚と桁を接合する事例が増加している．本章では，主として橋梁を対象としており，異種の橋桁同士の接合を直列方式の接合，異種の桁と橋脚の接合を直角方式の接合と呼び，それぞれの耐荷メカニズムについて調査・検討を行ったものである．まず，現状の設計思想について，既存の指針等をもとに調査・整理した．次に，直列方式の接合については，現状の支圧板方式接合構造の力の伝達について分析を行うとともに，FEM 解析により接合部各構成要素の力の分担についてパラメトリックに検討した．直角方式の接合については，既往の接合構造について力の伝達を分析した．

　接合部の耐荷メカニズムを明らかにして，接合部の耐力や挙動を精度良く予測することができるようになれば，接合部の破壊を先行させる設計も場合によっては成立することが考えられる．現行の示方書，例えば「2014年制定　複合構造標準示方書設計編」では，"異種部材接合部と一般部の限界状態へ至る順位を明確にしなければならない"として，接合部を先に降伏させることを否定していない．しかしながら，"・・・接合部が破壊した後の挙動や各部の耐力を正確に把握することは難しく，このような構造の採用にあたっては相当慎重な検討を行う必要がある．"としている．また，設計要領第二集[2]では，上・下部構造の剛結構造における剛結部では塑性化させないことを標準としており，現状では接合部の多くがこの思想に基づいて設計されているものと考えられる．

　最後の項では接合部の破壊を先行させる設計方法を発展型と呼び，直列方式の接合を題材にこのメリットデメリットについて机上の検討を行った．

7.1.1 異種部材接合部を有する実構造の例

直列方式の接合では，生口橋（**写真 7.1.1**）や矢作川橋（**写真 7.1.2**），揖斐川橋，木曽川橋などが有名である．

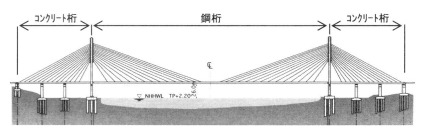

写真 7.1.1　生口橋

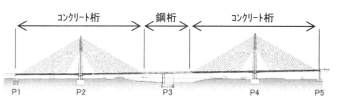

写真 7.1.2　矢作川橋

都市内高架橋における支間割りのアンバランスを直列方式の接合で解消した最近の例としては，下衣知高架橋（**写真 7.1.3**）や河原口高架橋（**写真 7.1.4**）がある．

写真 7.1.3　下衣知高架橋

写真 7.1.4　河原口高架橋

直角方式の接合の最近の例としては，関口高架橋（**写真 7.1.5**），社家第一高架橋（**写真 7.1.6**）などがある．

写真 7.1.5　関口高架橋

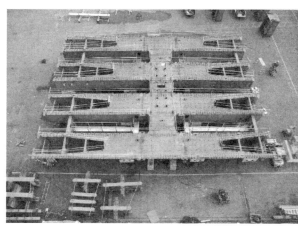

写真 7.1.6　社家第一高架橋

参考文献

1) 設計要領第二集（橋梁建設編），東・中・西日本高速道路株式会社，2009.7

7.2 既存の接合構造と設計思想

7.2.1 直列方式の接合（鋼桁とコンクリート桁の接合）

鋼桁とコンクリート桁を接合することを直列方式の接合と呼ぶ．鋼桁は，鋼合成桁や鋼床版箱桁などが，コンクリート桁は，RC構造，PC構造，PRC構造などが接合される．接合される構造が多様であり，また施工性やコストを考慮する必要があるため，いくつかの接合方法が提案され施工されている．

以下に，直列方式の接合の現状を記載する．

(1) 接合方式

PC工学会「複合橋設計施工規準」[1]では，接合方法として，後面支圧板方式，前後面支圧板方式，支圧接合方式，ずれ止め接合方式に分類している．古くは海外において前面支圧板方式も採用されていた[2]が，現在はほとんど採用事例がない．図7.2.1に，それぞれ接合部の概念図を示す．

接合部は，部材軸方向に配置するずれ止めおよび支圧板とPC鋼材等によるプレストレスを併用したPC構造として設計されることが一般的である．また，当該接合部においては塑性化させず，隣接する桁が先行して塑性化するような設計を標準としている．

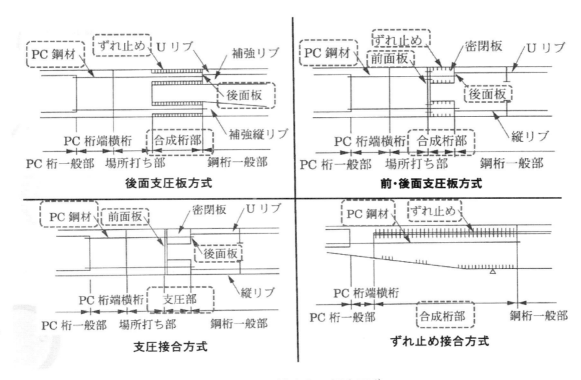

図 7.2.1 接合部の概念図[1]

また，PC工学会「複合橋設計施工基準」では，鋼殻セルの厚さおよび長さ，ずれ止めの種類，鋼板の厚さなどの標準値が示されている．

- 図7.2.2に示す接合部の鋼殻セルの厚さは，ジャッキの作業空間と定着具の縁端距離も確保できる60〜80cmを標準とする．
- 図7.2.2に示す接合部の長さは，鋼殻セル厚の2〜3倍を標準とする．接合部は長い程その応力分散性は高なるが，あまり長くなると中詰めコンクリートの施工性が低下する．

・ずれ止めの種類は，頭付きスタッドあるいは孔あき鋼板ジベルを標準とする．
・ずれ止めに頭付きスタッドを用いる場合，鋼板の板厚を10mm以上としなければならない．

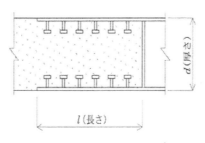

図 7.2.2 鋼殻セル [1)]

(2) 応力伝達と分担率

圧縮力，引張力，せん断力の各種断面力は，鋼桁から中詰コンクリートを通じてコンクリート桁へ伝達される．この中詰コンクリート部の応力伝達要素に，①ずれ止め，②支圧板，③プレストレス，④支圧による摩擦力，⑤鋼板とコンクリート間の付着・摩擦があり，軸圧縮力，軸引張力，せん断力などの外力よって伝達機構が異なる．ここでは，土木学会複合構造標準示方書で示されている「後面支圧板方式」と「支圧接合方式」の応力伝達について整理する．

a) 後面支圧板方式

後面支圧方式における圧縮力，引張力，せん断力の応力伝達は，以下のとおりである．

・軸方向圧縮力
①ずれ止め，②後面支圧板，⑤鋼板とコンクリート間の付着・摩擦で抵抗し，圧縮力を伝達する．
・軸方向引張力
③プレストレスで抵抗するが，これを超える部分については，①ずれ止めで抵抗し，引張力を伝達する．
・せん断力
①ずれ止め，⑤鋼板とコンクリート間の付着・摩擦で抵抗する．

ただし，⑤鋼板とコンクリート間の付着・摩擦による抵抗力は，不確定要素が多いこと，結果的に安全側であることより，設計では無視している．

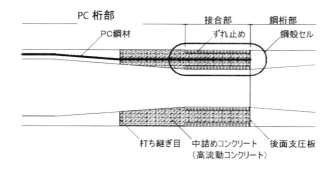

図 7.2.3 後面支圧板方式概念図 [3)]

b) 支圧接合方式

支圧接合方式における圧縮力，引張力，せん断力の応力伝達は，以下のとおりである（図 7.2.4）．

- 軸方向圧縮力
  ②前後面支圧板，⑤鋼板とコンクリート間の付着・摩擦で抵抗し，圧縮力を伝達する．
- 軸方向引張力
  ③プレストレスのみで抵抗し，引張力を伝達する．
- せん断力
  ④支圧による摩擦力，⑤鋼板とコンクリート間の付着・摩擦で抵抗する．

ただし，⑤鋼板とコンクリート間の付着・摩擦による抵抗力は，不確定要素が多いこと，結果的に安全側であることより，設計では無視している．

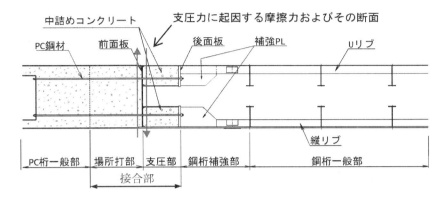

図 7.2.4 支圧接合方式概念図[3]

圧縮力と引張力の一部をずれ止めに負担させる「後面支圧板方式」では，図 7.2.5 に示すとおり，引張力および圧縮力に対するそれぞれのずれ止めの分担率は，ＰＣ工学会「複合橋設計施工基準」に示される簡易推定手法において，おおまかに把握することが可能である．

$$R = K_{ps} / (K_{ps} + K_{cp}) \tag{7.2.1}$$

K_{ps}：ずれ止めと鋼殻セルの合成ばね剛性
K_{cp}：コンクリートと後面支圧板の合成ばね剛性

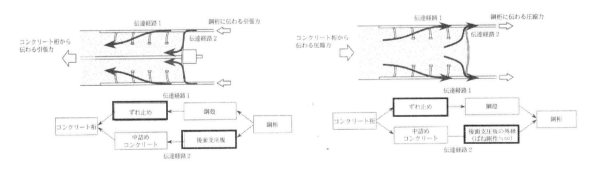

図 7.2.5 力の伝達機構[1]

(3) 考察

直列方式の接合の設計では，作用する断面力に対して力の流れを仮定・分解し，それぞれの接合要素（支圧板，ずれ止め等）に求める機能や役割を限定して照査しているのが現状である．また，接合部全体としての耐荷力を評価する簡易な手法が確立されていないため，実験あるいは非線形の FEM 解析等で安全性を確認することが行われている．

7.2.3 直角方式の接合（鋼桁と鉄筋コンクリート橋脚の接合）

(1) 接合方式

NEXCO 設計要領第二集[3]における"上・下部構造の剛結構造"を基に，"鋼鈑桁または鋼箱桁と RC 橋脚の剛結構造"である直角方式の接合を紹介する．本要領では，当該剛結部においては塑性化させず，橋脚基部が先行して塑性化するような設計を標準としている．また，鋼上部構造の断面力を，横桁，ダイヤフラム，主桁腹板，鋼製柱のような伝達部材とずれ止めを介して RC 橋脚に伝達することを前提に，部材とずれ止めを設計するとしている．本要領では，図 7.2.6 の 4 形式を標準としている．

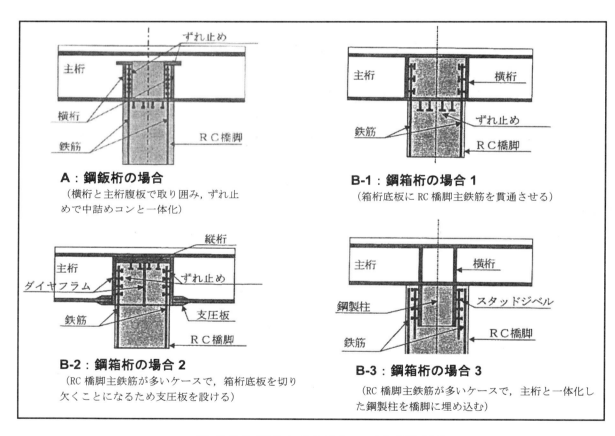

図 7.2.6 直角方式の接合の 4 形式概念図

鋼鈑桁の場合は，横桁と主桁腹板で取り囲んだ領域に橋脚主鉄筋を延長配置し，コンクリートを打設することで接合部を構成する（A）．また，鋼箱桁の場合は，横桁で取り囲んだ接合領域の底版に孔をあけて橋脚の主鉄筋を貫通させるケース（B-1），橋脚主鉄筋が多い場合で底板を無くして橋脚主鉄筋を配置するケース（B-2），橋脚主鉄筋が多い場合で主桁と一体化した鋼製柱を橋脚内に埋め込むケース（B-3）の 3 つを想定している．

(2) 応力伝達

前述した A, B1～B3 の 4 ケースについて，圧縮力，引張力，せん断力の応力伝達について説明する．

(a) A 鋼鈑桁の場合

応力の伝達要素としては，①鋼鈑桁，②横桁，③ずれ止め，④コンクリート，⑤鉄筋，⑥橋脚がある．

- 力の流れ：鋼鈑桁→横桁→ずれ止め→コンクリート→鉄筋→橋脚
- 曲げ引張：横桁のずれ止め→コンクリート→鉄筋→橋脚
- 曲げ圧縮：主桁下フランジ＋主桁と横桁のずれ止め→コンクリート→鉄筋→橋脚
- 軸力：主桁下フランジ＋主桁と横桁のずれ止め→コンクリート→鉄筋→橋脚
- せん断力：主桁と横桁のずれ止め→橋脚コンクリート
- 軸力と曲げモーメントの偶力との合力が圧縮力として作用する側の力の伝達機構は 2 経路考える．一つ目は主桁フランジの支圧で伝達されるもの，もう一つは横桁を介して伝達されるものである．本設計指針では，その 2 つ経路の分担を 1:1 に仮定して良いとしている．引張力として作用する側は，主桁下フランジによる伝達を無視する．
- せん断力は，主桁・横桁などのずれ止めから橋脚コンクリートへ伝達．

(b) B-1 鋼箱桁の場合 1

応力の伝達要素としては，①鋼鈑桁，②横梁（横桁），③コンクリート，④鉄筋，⑤橋脚がある．

- 力の流れ：鋼鈑桁→横梁（横桁）→コンクリート→鉄筋→橋脚
- 曲げ引張：横梁→ずれ止め→コンクリート→橋脚主鉄筋
- 曲げ圧縮：主桁下フランジ→支圧で橋脚コンクリートへ
- 軸力：横梁下フランジ→支圧で橋脚コンクリートへ
- せん断力：下フランジ下面のずれ止め→橋脚コンクリートへ

(c) B-2 鋼箱桁の場合 2

応力の伝達要素としては，①鋼鈑桁，②ダイヤフラム（＝横桁？），③ずれ止め，④コンクリート，⑤鉄筋，⑥橋脚がある．

- 力の流れ：鋼鈑桁→ダイヤフラム（＝横桁？）→ずれ止め→コンクリート→鉄筋→橋脚
- 曲げ引張：ダイヤフラム（＋縦桁）→ずれ止め→コンクリート→橋脚主鉄筋
- 曲げ圧縮：主桁下フランジの支圧板→橋脚コンクリートへ
- 軸力：ダイヤフラムずれ止め→橋脚コンクリートへせん断力として伝達
- せん断力：主桁下フランジ支圧板（＋縦桁）→橋脚コンクリートへ

(d) B-3 鋼箱桁の場合 3

応力の伝達要素としては，①鋼鈑桁，②鋼製柱，③ずれ止め，④コンクリート，⑤鉄筋，⑥橋脚がある．

- 力の流れ：鋼鈑桁→鋼製柱→ずれ止め→コンクリート→鉄筋→橋脚
- 曲げ引張：鋼製柱のずれ止め→コンクリート→橋脚主鉄筋
- 曲げ圧縮：鋼製柱のずれ止め→橋脚コンクリート
- 軸力：鋼製柱のずれ止め→コンクリート
- せん断力：鋼製柱のずれ止め→コンクリート

(3) ずれ止めの設計

主にせん断力に対して抵抗するずれ止めは，着目断面に作用するせん断力が均等に分配されるものとして設計する．

(4) 考察

直角方式の接合（鋼桁と鉄筋コンクリート橋脚の接合部）の場合も直列方式の接合と同様に，接合要素の機能や役割を限定した設計が可能である．しかし，接合部の耐荷力を評価できる照査方法がないため，接合部全体をモデル化した FEM 解析や実験による検証が必要になっている．

主鋼板とコンクリート間の付着・摩擦による抵抗力は，不確定要素が多いこと，結果的に安全側であることより，設計では無視している．

例えば，**図 7.2.6** の A では，曲げに対して主桁ウエブのずれ止めの抵抗を無視している．このように，作用する断面力に対してより優位に抵抗する伝達機構だけをピックアップして設計している（安全側である）．それぞれの断面力に対して必要なずれ止め本数を計算し，それを加算する方式である．それぞれの余裕度も加算されるため，かなり安全側である．また，下フランジの支圧と横桁ずれ止めの負担割合を 1:1 に仮定するなど根拠が不明である．

参考文献
1) （社）プレストレストコンクリート技術協会編：複合橋設計施工規準，技報堂出版，p.229，2005.11
2) 山本　徹：混合主桁を有する斜張橋，コンクリート工学，Vol52，No.1，2014.1
3) 設計要領第二集（橋梁建設編），東・中・西日本高速道路株式会社，9 章複合構造，p.5，2009.7

7.3　接合部における力の伝達と解析的検討

7.3.1　接合部における力の伝達要素

鋼とコンクリート間の力の伝達は，**図 7.3.1** に示すように支圧と摩擦の 2 つの基本抵抗機構に帰着する．これは，三次元 FEM 解析において支圧と摩擦を構成則としたジョイント要素で，すべての力の伝達をモデル化できることと同義である．

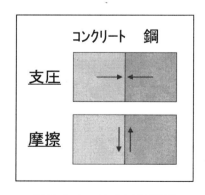

図 7.3.1　基本抵抗機構

摩擦を無視した場合，部材同士に作用する引張力やせん断力は**図 7.3.2** に示すように，すべて支圧力に変換できる．これは，実際にはアンカーやずれ止め，支圧板などを用いて力の作用する境界面を引張力の場合は 180 度，せん断力の場合は 90 度回転していることになる．

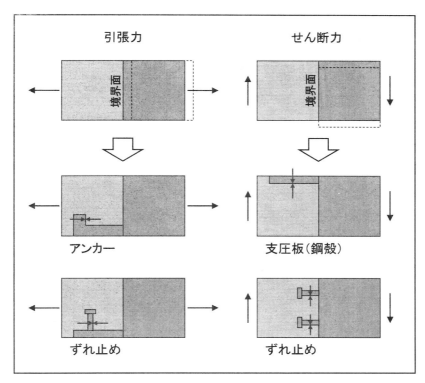

図 7.3.2　引張力やせん断力の支圧力への変換

以上の基本伝達機構を踏まえた上で，直列方式の接合，直角方式の接合の力の伝達について分析を行った．

7.3.2　直列方式の接合

(1) 力の伝達機構

直列方式の接合の場合における力の伝達と耐荷挙動の説明およびイメージ図（**図 7.3.3～9**）を以下に示す．

STEP①

　コンクリート桁と鋼桁の単純接合

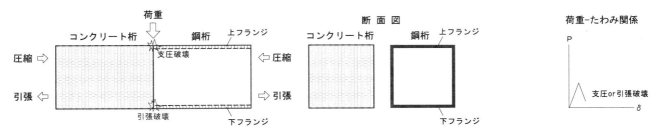

圧縮側：接合面での支圧破壊
引張側：接合面での引張破壊

図 7.3.3 STEP①

STEP②

　圧縮側：接合面に支圧板

　引張側：コンクリート桁部へ鋼桁下フランジの延長

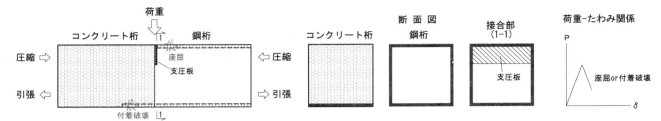

　　圧縮側：支圧板背面の鋼桁フランジの座屈破壊
　　引張側：鋼桁下フランジの付着破壊

図 7.3.4 STEP②

STEP③

　圧縮側：鋼桁部に補強リブ

　引張側：延長した下フランジにずれ止めの配置

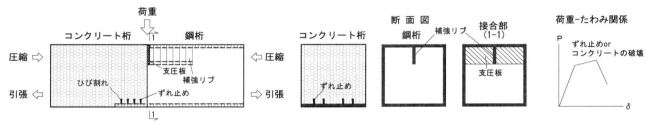

　　圧縮側：圧縮力に対し，コンクリート，支圧板および補強リブで抵抗
　　引張側：ずれ止め or コンクリートの破壊

図 7.3.5 STEP③

STEP④

　圧縮側：―

　引張側：補強鉄筋の配置

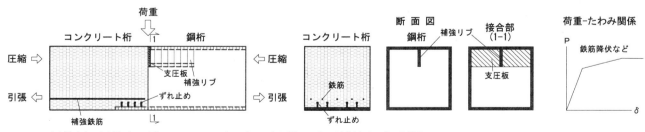

　　圧縮側：圧縮力に対し，コンクリート，支圧板および補強リブで抵抗
　　引張側：引張力に対し，ずれ止め，補強鉄筋，鋼桁フランジで抵抗

図 7.3.6 STEP④

STEP⑤

　直列方式の接合の場合，主桁に必要な PC 鋼材が配置されることが多い．したがって，引張力に対する負担分を PC 鋼材にも分担させる．

圧縮側：－

引張側：PC鋼材を配置

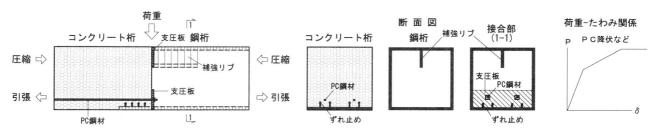

圧縮側：圧縮力に対し，コンクリート，支圧板および補強リブで抵抗
引張側：引張力に対し，ずれ止め，PC鋼材，鋼桁フランジで抵抗

図 7.3.7 STEP⑤

STEP⑥

接合部の断面急変を避けるため，コンクリート部を鋼桁部まで延長した突起構造とする．

圧縮側：－

引張側：コンクリート部を鋼桁部まで延長した突起構造

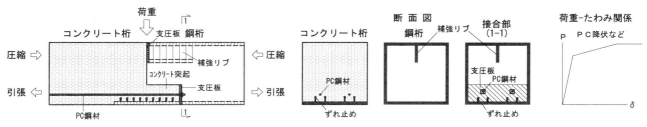

圧縮側：圧縮力に対し，コンクリート，支圧板および補強リブで抵抗
引張側：引張力に対し，ずれ止め，PC鋼材，鋼桁フランジで抵抗

図 7.3.8 STEP⑥

STEP⑦

実際の構造物では，正負交番に荷重が作用するため，圧縮および引張に抵抗できる構造．

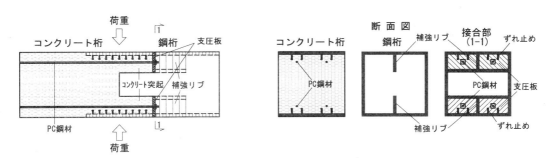

図 7.3.9 STEP⑦

ここまで，直列方式の接合の場合における力の伝達と耐荷挙動の説明を列記した．実際の構造物では，STEP⑤の発展系として，図 7.3.10 に示すような後面支圧板方式や支圧接合方式が採用されることが多い．引張力や圧縮力の伝達は，鋼板，ずれ止め，中詰めコンクリート，支圧板，補強材からなる鋼殻セル構

造として，コンクリートおよび鋼部材に伝達され，剛性変化に対応した構造である．また，このような接合方式は，鋼殻セルの構造成立を確認するための部分的な要素試験，接合部をモデル化したFEM解析による部分的な検証等において構造が決定されているが，耐荷力など接合構造全体の挙動までは検証されていない．

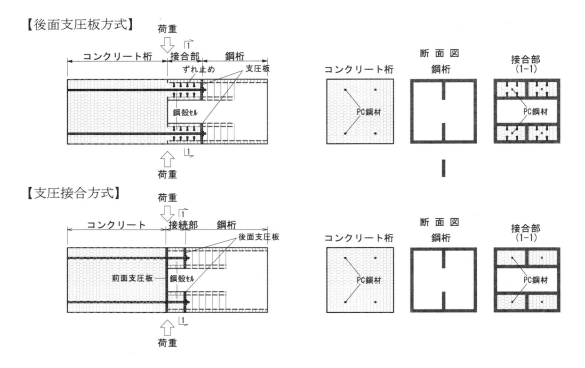

図 7.3.10　後面支圧板方式と支圧接合方式

(2) 非線形 FEM による検討

a) はじめに

① 検討の目的

後面支圧板方式による鋼桁とコンクリート桁の接合は，異種部材の直列接合の代表例である．後面支圧板方式は，鋼殻セルの内面に孔あき鋼板ジベルやスタッド等のずれ止めを配置し，セル内にコンクリートを充填した上で，PC鋼材により緊張力を与えて接合する方式である．各鋼殻セル部分は，曲げモーメントに伴う圧縮力あるいは引張力に対して抵抗する必要があり，ずれ止めと後面支圧板による力の伝達機構および分担率に関する検討が過去に行われている[1]．ただし，分担率については線形範囲内での検討に留まっている．そこで，文献[1]において実施された接合部の載荷試験を対象として，非線形有限要素解析により非線形領域における分担率の推移を定量的に明らかにするとともに，分担率に影響を及ぼす接合部の各種諸元を変化させたパラメトリック解析を実施して，後面支圧板方式による接合部の耐荷メカニズムを明らかにすることを目的として検討を行った．

② 検討対象とした実験

本検討では，文献[1]で実施された鋼殻セル接合部の圧縮載荷試験（負曲げの下フランジ側）および引張載荷試験（負曲げ部の上フランジ側）を対象とした．本実験は，接合部のずれ耐荷性能と最終破壊性状，鋼殻セルの拘束効果と孔貫通鉄筋の補強効果，鋼殻セルの応力分布性状に着目して行われたものである．試験体

は TYPE-P（後面支圧板なし，圧縮載荷），TYPE-C（後面支圧板あり，圧縮載荷），TYPE-T（後面支圧板およびプレストレスあり，引張載荷）の3種類であり，それぞれ孔貫通鉄筋のない接合部と貫通鉄筋を配置した接合部を両側に一体化して同時に載荷できるような試験体となっている．検討時間とモデル化の都合上，本検討では孔貫通鉄筋のない接合部を対象とした．試験体諸元を図 7.3.11 に示す．鋼殻および孔あき鋼板の板厚はそれぞれ 25mm，12mm であり，いずれも SM490A 材を用いている．後面支圧板の板厚は，圧縮載荷試験体で 22mm，引張載荷試験体で 44mm であり，いずれも SM490A 材である．孔あき鋼板は，高さ 100mm，孔径 60mm の孔を 100mm ピッチで計 9 個／枚配置したものを，鋼殻内に合計 4 枚溶接している．TYPE-T 試験体は，PC 鋼棒 2 本を用いて合計約 3400kN のプレストレスが導入されている．試験体の載荷方法の概要図を図 7.3.12 に示す．

③ 接合部における応力伝達機構

接合部内における応力伝達機構の概念図を図 7.3.13 に示す．

後面支圧板のないTYPE-Pでは，鋼殻側から作用する圧縮力はPBL鋼板へ伝達され，PBL孔に働くせん断力として鋼殻内コンクリートへ伝達される．すなわち，圧縮力の伝達経路はずれ止めのみである．

ずれ止めと後面支圧板を有するTYPE-Cでは，鋼殻側から作用する圧縮力はPBL鋼板と後面支圧板に分配される．PBL鋼板に伝達した力はPBL孔に働くせん断力として鋼殻内コンクリートへ伝達され，後面支圧板からはそれと接するコンクリート表面への支圧力として鋼殻内コンクリートへ伝達される．

ずれ止めと後面支圧板，PC鋼材を有する TYPE-T では，プレストレス導入時と鋼殻への引張載荷時で伝達性状が異なる．プレストレス導入時は，PC鋼棒の緊張力が後面支圧板に面外力として働く．この力は後面支圧板内部のコンクリートへの支圧力として鋼殻内コンクリートへ直接伝達されるとともに，接合部鋼殻からずれ止めに働くせん断力として鋼殻内コンクリートへ伝達される．一方，鋼殻に作用する引張力は，圧縮力と同様に，PBL鋼板と後面支圧板に分配される．PBL鋼板に伝達した力はPBL孔に働くせん断力として鋼殻内コンクリートへ伝達されるが，後面支圧板に伝達された力は，鋼殻内コンクリートに働くプレストレスを減少させるとともに，張力増分として PC 鋼棒に直接伝達される．

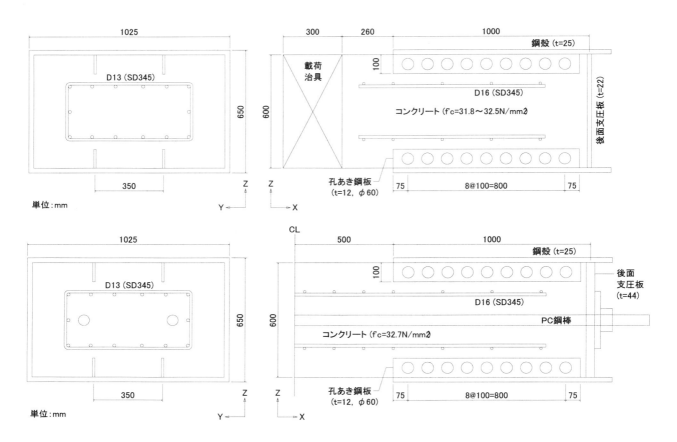

図 7.3.11 試験体の接合部諸元（上段：TYPE-C 試験体，下段：TYPE-T 試験体）[1]

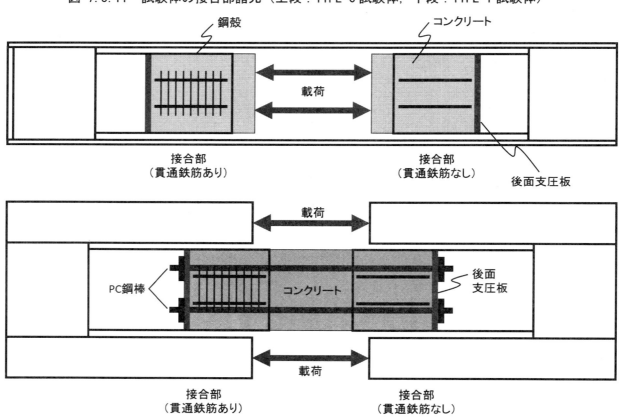

図 7.3.12 載荷装置の概要（平面図）（上段：圧縮載荷，下段：引張載荷）[1]

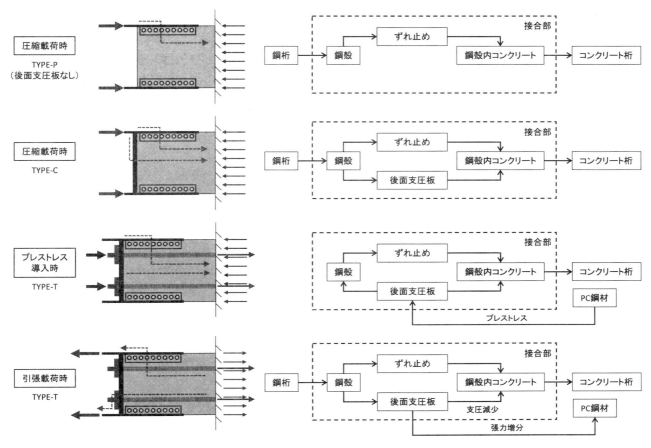

図 7.3.13 後面支圧板方式による接合部の応力伝達機構

b) モデル化

① 解析メッシュ

解析に用いたメッシュを図 7.3.14 に示す．試験体を構成する鋼殻，コンクリート，孔あき鋼板，後面支圧板および載荷治具はすべて，20節点6面体要素を用いてモデル化した[2]．また，鋼要素とコンクリート要素の境界面には，16 節点ジョイント要素を配置し，接触・剥離およびすべりと摩擦の影響を考慮できるようにした．引張載荷モデルにおける PC 鋼棒は，2 節点トラス要素を用いてモデル化した．なお，鋼板の厚さ方向の要素数が 1 であっても，面外曲げ変形を所定の精度で再現可能なように，モデル中の全ての要素において要素積分次数を 3 次とした．いずれも対称性を考慮して試験体の 1/4 領域をモデル化したが，後に示す解析結果の荷重は，すべて試験体としての荷重として 4 倍して示している．

② 材料構成則

コンクリート要素には，岡村・前川らによって開発された履歴依存型非線形材料構成則[3),4)]を適用した．本構成則は，分散ひび割れの仮定に基づく非直交多方向固定ひび割れモデルおよびコンクリートと鉄筋の非線形材料構成モデルから成り，鉄筋コンクリート構造物の強非線形領域における適用性が検証されたモデルである．補強筋が配置されていない要素には，ひび割れの局所化が再現可能なように，引張側構成則に引張破壊エネルギーに基づくひび割れ後の引張軟化を考慮した．さらに，圧縮側構成則においても，圧縮破壊エネルギーと要素寸法に応じてピーク後の軟化勾配を設定した．これは，試験体形状の影響（特に孔あき鋼板内のコンクリート）で，寸法が非常に小さな要素を使用することが不可避なため，エネルギーに基づく軟化勾配の調整を行い，解析結果に及ぼす要素寸法依存性を極力排除することが不可欠なためである．

鋼板要素およびPC鋼棒のトラス要素には，von Misesの降伏条件に基づく弾塑性型の応力－ひずみ関係を与えた．トラス要素に所定の初期ひずみを与えることによって，初期プレストレスを導入している．

鋼要素とコンクリート要素間の界面には，接触・剥離と摩擦すべりを考慮可能なジョイント要素を配置した．このジョイント要素は，図 7.3.15 に示すように，閉口時にはせん断方向の固着強度（粘着力）および固着破壊後の摩擦応力が考慮されるモデルを使用した．ただし，本検討においては固着強度を考慮せず，摩擦のみを考慮した．

③ 境界条件および載荷方法

PシリーズおよびCシリーズは，鋼桁側の鋼殻を面外方向（X方向）に拘束し，コンクリート側に載荷治具（弾性体としてモデル化）を介して1点集中荷重を変位制御で与えた．Tシリーズは，コンクリート端面を面外方向（X方向）に拘束し，鋼桁側に取り付けた載荷治具を介して1点集中荷重を荷重制御により与えた．Tシリーズを荷重制御で解析した理由は，プレストレス導入時に載荷治具に反力を生じさせないためである．変位制御で解析を実施するには，プレストレス導入後に載荷点の境界条件を変更するなど，計算上の工夫が必要である．

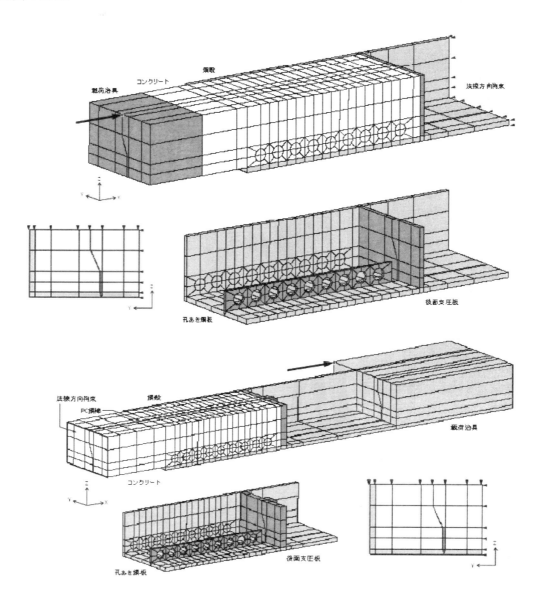

図 7.3.14　有限要素メッシュ（上段：TYPE-C(ケース C1)，下段：TYPE-T(ケース T1)）

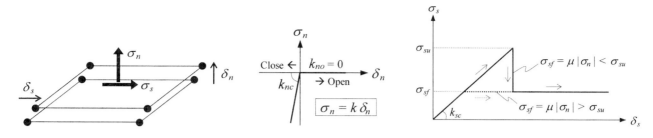

図 7.3.15 鋼-コンクリート間ジョイント要素の特性

c) 解析ケースおよび比較方法

解析ケースの一覧を表 7.3.1 に示す．パラメータは，後面支圧板厚（圧縮ケースのみ），接合部長（PBL 孔数），鋼-コンクリート間の摩擦係数，プレストレスの大きさ（引張ケースのみ）とした．これらの要因が接合部の耐荷力や荷重-相対ずれ変位関係，ずれ止めと後面支圧板の荷重分担率に及ぼす影響について考察を行った．なお，相対ずれ変位は，文献[1]における変位計測点に合わせ，接合部鋼殻仕口部でのコンクリートに対する相対変位をとっている．すなわち，個々の PBL 孔におけるずれ変位ではなく，接合部全体としてのマクロなずれ変位であることに注意されたい．

図 7.3.13 に示した応力伝達経路によれば，例えば鋼殻に働く圧縮力はずれ止めか後面支圧板のいずれかを経由して鋼殻内のコンクリート，さらには接合部外のコンクリート桁へ伝達される．図 7.3.16 に示すように，後面支圧板のやや内側の断面において，鋼殻要素の応力の積分値，コンクリート要素の応力の積分値を求めれば，前者はずれ止めを介して伝達される力，後者は後面支圧板を介して伝達される力に相当し，これらの合計がトータルの圧縮力に近似するものと考えられる．したがって，本検討では図 7.3.16 に示す断面の応力積分値により，ずれ止めと後面支圧板の荷重分担率を求めることとした．ただし，鋼-コンクリート境界面の摩擦を考慮したケースでは，ずれ止めと摩擦による力の合計値が鋼殻要素の応力積分値に含まれることに注意されたい．

要素応力の積分値を載荷荷重に対してプロットした結果の例を図 7.3.17 に太実線で示す．ケース C1 では荷重 10000kN 程度，ケース T1 では荷重 4000kN 程度から，徐々に 45 度線(図中の細実線)から離れ始め，17000kN 程度（C1）ないし 7000kN 弱（T1）からは明らかな乖離が見受けられる．そこで，この 45 度線からの偏差が 15％（図中の破線）以内の範囲を有効な結果と設定し，応力積分値を用いた荷重分担に関する考察はすべて，この範囲に限定して行うこととした．

表 7.3.1 解析ケース一覧

Pシリーズ（圧縮載荷）

Case	接合部長 (mm)	PBL 孔数	界面摩擦	備考
P1	950	9	なし	TYPE-P
P2				
P3				
P4				
P5				
P6	650	6	なし	接合部長
P7	1250	12	なし	
P8	950	9	μ=0.5	界面摩擦
P9	950	9	μ=1.0	

Cシリーズ（圧縮載荷）

Case	後面支圧板厚(mm)	接合部長 (mm)	PBL 孔数	界面摩擦	備考
C1	22	950	9	なし	TYPE-C
C2	22	950	9	なし	孔内弾性
C3	22	950	0	なし	PBLなし
C4	11	950	9	なし	支圧板厚
C5	44	950	9	なし	
C6	22	650	6	なし	接合部長
C7	22	1250	12	なし	
C8	22	950	9	μ=0.5	界面摩擦
C9	22	950	9	μ=1.0	

Tシリーズ（引張載荷）

Case	接合部長 (mm)	PBL 孔数	界面摩擦	プレストレス (kN)	備考
T1	950	9	なし	3500	TYPE-T
T2	950	9	なし	3500	孔内弾性
T3	950	9	なし	----	PC鋼材なし
T4	950	9	なし	0	プレストレス
T5	950	9	なし	2000	
T6	650	6	なし	3500	接合部長
T7	1250	12	なし	3500	
T8	950	9	μ=0.5	3500	界面摩擦
T9	950	9	μ=1.0	3500	

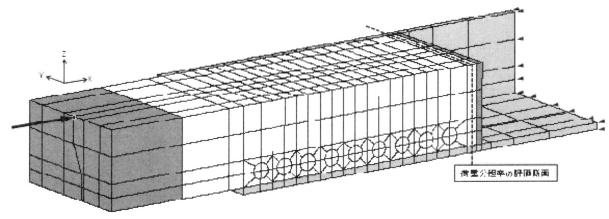

図 7.3.16 荷重分担率の評価断面

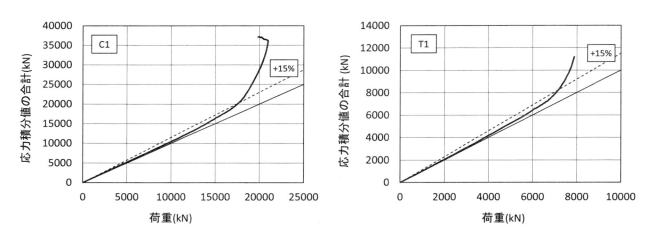

図 7.3.17 応力積分値の推移の例

d) 解析結果

① Pシリーズ（圧縮載荷，後面支圧板なし）

試験体TYPE-Pに対応する解析ケースP1の結果について，解析から得られた荷重－相対ずれ変位関係を**図 7.3.18**に示す．実験における最大荷重が約6100kNであるのに対し，解析の最大荷重は5313kNであり，解析は実験を13%程度過少評価している．P1はずれ止めのみによって荷重に抵抗するため，孔あき鋼板部の解析精度が全体結果に大きく寄与しているが，実験では鋼とコンクリートの間の摩擦が完全にゼロではないため，その影響も上記の誤差に含まれていると考えられる．なお，最大荷重を単純にPBL孔の個数で除した荷重は，実験値は約170kN，解析値は約147kNとなる．2014年制定複合構造標準示方書［設計編］[5]で規定されている孔あき鋼板ジベルのせん断耐力式による計算値は約183kNである．

微小荷重載荷時のPBL鋼板の主応力ベクトル図を**図 7.3.19**に示す．圧縮載荷によって，PBL孔間の鋼板に斜め方向の主引張ひずみが生じるとともに，孔内コンクリートと鋼板との支圧力によって孔右面から斜め下へ流れる主圧縮応力が生じるのが分かる．また，9個の孔の周囲の応力レベルを比較すると，このケースでは左端から右端に渡り，主応力の大きさに大きな差異が見られない．ただしこれはあくまでも微小荷重載荷時の分布であり，荷重が増加して孔周辺コンクリートにひび割れが生じると，分布は変化していくと考えられる．

第 7 章　異種部材接合部の耐荷メカニズム

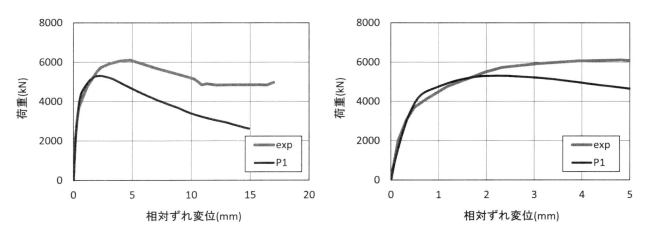

図 7.3.18　荷重－相対ずれ変位関係（P1，右図は左図の低変位域を拡大表示）

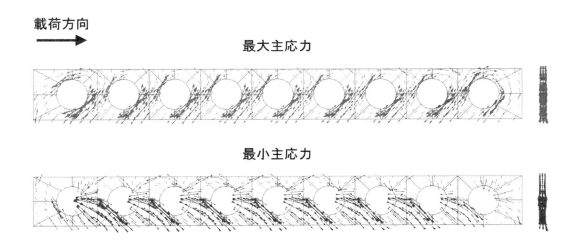

図 7.3.19　PBL鋼板の主応力ベクトル図（P1，微小荷重載荷時）

接合部長を変化させたケース P6, P7 の荷重－ずれ変位関係を，P1 と合わせて図 7.3.20(a)に示す．接合部長 650mm（P6）および 1250mm（P7）の最大荷重はそれぞれ 3663kN，6818kN であった．PBL 孔 1 個あたりの荷重はそれぞれ 153kN および 142kN となる．L=950mm（P1）の 147kN と合わせると，PBL 孔を直列させた場合に，個数の増加に伴い，1 個あたりのせん断耐力は若干ではあるが低下する傾向があると考えられる．また，接合部長の増加（孔数の増加）により，載荷初期のずれ剛性も大きくなる傾向が見受けられる．各ケースの最大荷重時における PBL 鋼板の最小主応力ベクトルの分布を図 7.3.21 に示す．右側に位置する孔ほど，孔右上で接線方向の主圧縮応力が生じる傾向が見られるが，主応力の大きさの分布に顕著な違いは見受けられない．

鋼－コンクリート間の摩擦係数を変化させたケース P8, P9 の荷重－ずれ変位関係を，P1 と合わせて図 7.3.20(b)に示す．摩擦係数 μ=0.5（P8）および μ=1.0（P9）の最大荷重はそれぞれ 12919kN，14856kN であった．これらのケースでは，最大荷重を発現するときのずれ変位が約 4mm 程度であり，μ=0.0（P1）における約 2mm に比べて非常に大きい．すなわち，PBL 孔周辺コンクリートが破壊によって膨張し，鋼殻に大きな拘束圧が作用するために，大きなずれ変位まで荷重が増加し続けたものと考えられる．摩擦によって鋼殻に働くせん断応力は直応力に比例することをふまえ，各ケースの最大荷重時における鋼殻と接するコンクリート要素表面の直応力分布を図 7.3.22 に示す．μ=0.0（P1）では鋼殻内コンクリート側面の下部（すなわち鋼殻の隅角部側面）で比較的均一な直応力が働いており，これは鋼殻内コンクリートのポアソン効果と PBL 部のコンクリート塑性変形に起因する応力であると考えられる．μ=0.5（P8）および μ=1.0（P9）では，隅角部側面の直応力が緩和されているものの，隅角部底面や PBL 鋼板近傍底面で比較的大きな直応力が生じており，荷重に及ぼす摩擦の寄与分が大きいことが分かる．

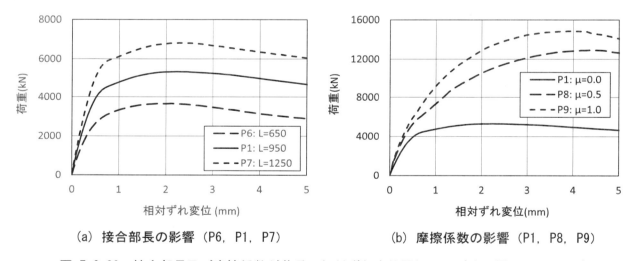

(a) 接合部長の影響（P6, P1, P7）　　(b) 摩擦係数の影響（P1, P8, P9）

図 7.3.20　接合部長及び摩擦係数が荷重－相対ずれ変位関係に及ぼす影響（P シリーズ）

第7章 異種部材接合部の耐荷メカニズム

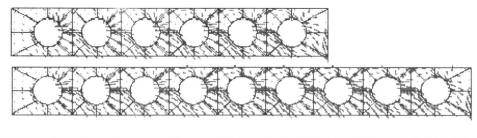

図 7.3.21 最大荷重時における PBL 鋼板の最小主応力ベクトル分布（上から順に P6，P1，P7）

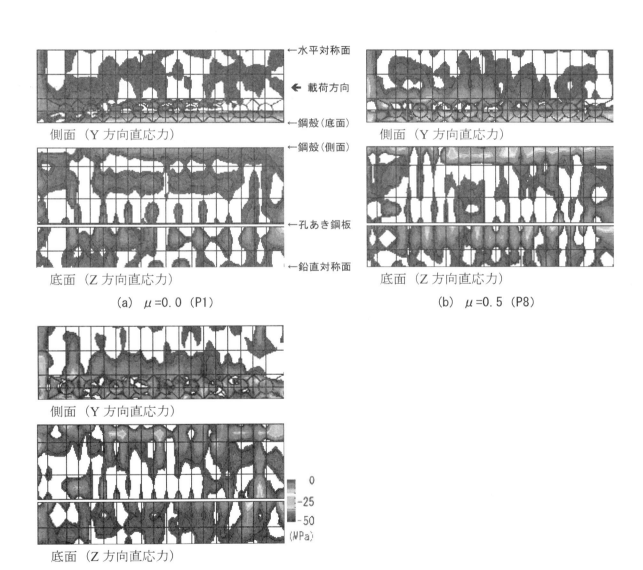

(a) μ =0.0（P1）

(b) μ =0.5（P8）

(c) μ =1.0（P9）

図 7.3.22 最大荷重時における鋼殻と接するコンクリート表面の直応力分布（P1，P8，P9）

② Cシリーズ（圧縮載荷，後面支圧板あり）
（ⅰ）基本性状

試験体 TYPE-C に対応する解析ケース C1 の結果について，解析から得られた荷重－相対ずれ変位関係および前述の分担率評価断面にて算定された分担率の推移を図 7.3.23 に示す．ここで分担率は，鋼殻の応力積分値の全体に対する比率で示しており，この値はずれ止めの分担率と見なせるものと考えられる．図中には参考として，PBL 孔内のコンクリートを弾性体としてモデル化したケース C2，および PBL 鋼板を孔のない単なる帯鋼板としてモデル化したケース C3 の結果を合わせて示している．

なお，文献[1] の実験では，載荷装置の制約から荷重 8000kN 程度で載荷を終了しており，試験体の破壊荷重は不明である．8000kN 時の相対ずれ変位は 0.5mm 程度と非常に小さかった．

C1 の解析結果では，相対ずれ変位が約 10mm 程度で最大荷重 20969kN となっている．鋼殻の荷重分担率は，載荷初期では 50%程度であるが，荷重-相対ずれ変位関係の傾きが緩やかになり始める荷重 10000kN 前後から徐々に低下し始め，荷重 17500kN 時に 33%程度まで低下している．c)にて前述したように，これ以降は応力積分値の精度が極端に下がるために解析値を示していないが，PBL のせん断抵抗が下がるにつれて，鋼殻の荷重分担率もさらに低下していくものと思われる．

微小荷重載荷時の PBL 鋼板の主応力ベクトル分布を図 7.3.24 に示す．前出のケース P1（図 7.3.19）において，9 個の PBL 孔の全域で概ね同等の主応力が生じていたのに対し，本ケースでは載荷側（仕口部側）で主応力が大きく，接合部鋼殻内部へ入るほど主応力が小さくなっていくことが分かる．これは，鋼殻の奥に後面支圧板が存在し，鋼殻内部コンクリートの移動が拘束されることに起因すると考えられる．

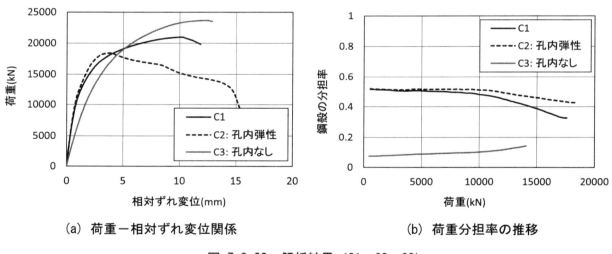

(a) 荷重－相対ずれ変位関係　　　　　　(b) 荷重分担率の推移

図 7.3.23　解析結果（C1, C2, C3）

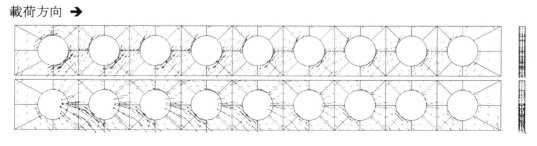

図 7.3.24　PBL 鋼板の主応力ベクトル図（C1，微小荷重載荷時）（上：最大主応力，下：最小主応力）

(ⅱ) 後面支圧板厚の影響

後面支圧板厚を変化させたケース C4，C5 について，荷重－相対ずれ変位関係および荷重分担率の推移を，C1 と合わせて図 7.3.25 に示す．

後面支圧板を 11mm，22mm，44mm と増加させると，荷重－相対ずれ変位関係が変化し，最大荷重が大きく増加する．すなわち，圧縮力に対しては，後面支圧板の板厚が接合部耐力の支配的要因となっていることを示唆している．また，後面支圧板厚の増加により，鋼殻の分担率，すなわちずれ止めの分担率が若干低下しており，これは文献[1]で報告されている傾向と同様である．後面支圧板付近の鋼板の最大主ひずみ分布を図 7.3.26 に示す．t=11mm（C4）では後面支圧板の縁端にひずみが局所的に集中しているのに対して，t=44mm では内側の鋼殻にひずみが集中し，しかも鋼殻が純引張に近い変形を生じているのが分かる．

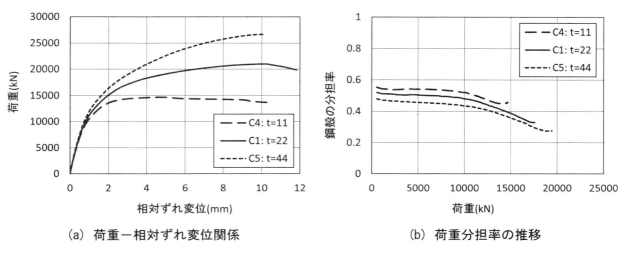

(a) 荷重－相対ずれ変位関係　　　　(b) 荷重分担率の推移

図 7.3.25　後面支圧板厚の影響（C4，C1，C5）

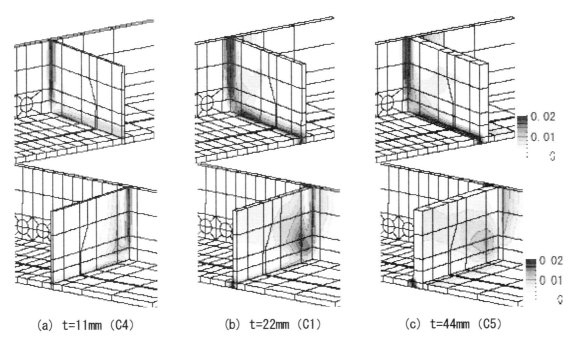

(a) t=11mm（C4）　　(b) t=22mm（C1）　　(c) t=44mm（C5）

図 7.3.26　後面支圧板付近の鋼板の最大主ひずみ分布（C4，C1，C5）（最大荷重時）

（iii）接合部長の影響

接合部長を変化させたケース C6, C7 について，荷重－相対ずれ変位関係および荷重分担率の推移を，C1 と合わせて**図 7.3.27** に示す．

接合部長を 650mm，950mm，1250mm と変化させても，荷重－相対ずれ変位関係はほとんど変わらない．すなわち，圧縮力に対しては，接合部を長くしても耐荷力が増大するわけではないと言える．この理由は，前項の C1 に対する考察で述べたように，圧縮に対しては，後面支圧板がずれ止めのずれ変位を抑制する役割を果たしているため，耐荷力の決定要因が後面支圧板近傍コンクリートの支圧力による破壊（塑性化）となっているためであると考えられる．

しかしながら，分担率の推移は接合部長に応じて異なっており，接合部長が長くなると，鋼殻の分担率すなわちずれ止めの分担率が大きくなっている．これは単純にずれ止めの個数が増加したことに起因するものであり，文献[1]で報告された検討結果でも同様の傾向が得られている．このことは，ずれ止め個数の増加に

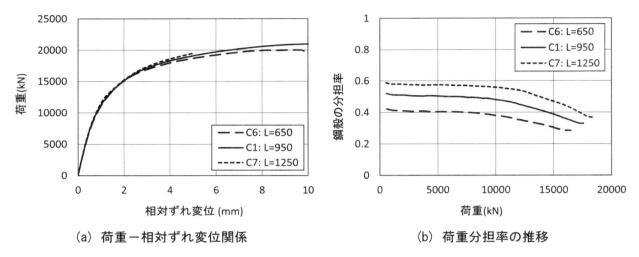

(a) 荷重－相対ずれ変位関係　　　　　　　　(b) 荷重分担率の推移

図 7.3.27　接合部長の影響（C6, C1, C7）

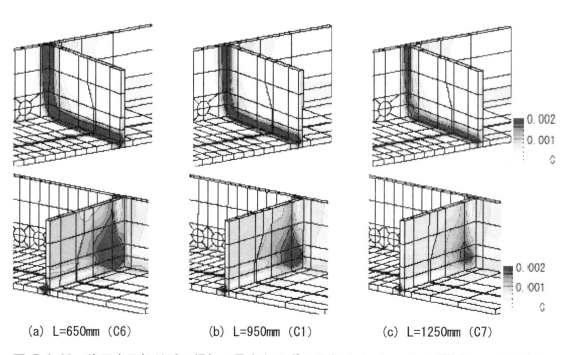

(a) L=650mm（C6）　　　(b) L=950mm（C1）　　　(c) L=1250mm（C7）

図 7.3.28　後面支圧板付近の鋼板の最大主ひずみ分布（C6, C1, C7）（荷重 15000kN 時）

より，後面支圧板の負担が減少していることを意味している．例として，荷重15000kN付近における鋼板の最大主ひずみ分布を図 7.3.28 に示す．接合部長の短い C6 では後面支圧板外面および内面の縁端部で広範囲にわたり高ひずみを生じているが，接合部長の長い C7 では高ひずみ領域が相対的に小さくなっており，後面支圧板の曲げ変形が小さいことが明らかである．すなわち，接合部としての耐荷力は変わらなくても，例えば接合部長を長くしてずれ止めの個数を増やすことにより，後面支圧板の板厚をやや薄くするなどの設計が可能であることを示唆するものである．

(iv) 摩擦係数の影響

摩擦係数を変化させたケース C8，C9 について，荷重－相対ずれ変位関係および荷重分担率の推移を，C1と合わせて図 7.3.29 に示す．ただし前述したように，ここで示す鋼殻の分担率には，ずれ止めだけでなく摩擦の影響が含まれたものであることに注意されたい．

摩擦係数が増加すると，荷重－相対ずれ変位関係における初期剛性が増加する．また，最大荷重も増加するが，$\mu=0.5$（C8）と $\mu=1.0$（C9）では最大荷重に差はほとんどなく，26000kN 程度で頭打ちとなっている．また，鋼殻の分担率が載荷初期で急激に増大しているが，これは摩擦を剛塑性でモデル化した影響であると考えられる．

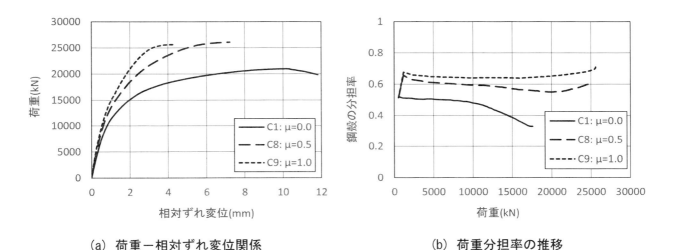

(a) 荷重－相対ずれ変位関係　　　　　　　　(b) 荷重分担率の推移

図 7.3.29　摩擦係数の影響（C8，C1，C9）

③ T シリーズ（引張載荷）
（i）基本性状

試験体 TYPE-T に対応する解析ケース T1 の結果について，解析から得られた荷重－相対ずれ変位関係，PC 鋼棒張力および張力増分の推移を図 7.3.30 に示す．荷重－相対ずれ変位関係のグラフでは，PC 鋼棒の張力増分を控除した荷重値を破線でプロットしている．また，図中には参考として，PBL 孔内のコンクリートを弾性体としてモデル化したケース T2 の結果を合わせて示している．なお，c) で述べたように，引張載荷の解析は荷重制御にて実施しているため，圧縮載荷時のようなポストピーク挙動は再現されていないことに注意されたい．

全荷重から PC 鋼棒の張力増分を控除した荷重は，相対ずれ変位 1.5mm 以降，約 4600kN 程度でほぼ一定に推移している．この荷重は，導入したプレストレス（3500kN）とコンクリート内に配置された軸方向鉄筋（14-D16，SD345）の降伏引張力（約 1100kN）の合計に概ね一致している．すなわち，鋼殻外部のコンクリート部で鉄筋が降伏した後は，載荷した引張荷重は張力増分として PC 鋼棒に直接伝達されることを意味している．このことは，図 7.3.30(b) において荷重 4600kN 以降の張力の推移が，45 度の傾きとなっていることからもわかる．

ケース T1 について，相対ずれ変位 0.3mm 時，0.5mm 時，1.5mm 時および 3.8mm 時における X 方向（載荷軸方向）直ひずみコンターを図 7.3.31 に示す．相対ずれ変位 0.5mm 時（荷重 3500kN 程度）では，ずれ止め外側（鋼殻仕口側）のコンクリートのプレストレスが消失するため，ずれ止め近傍でひび割れが生じ始め，荷重－ずれ変位関係の傾きが緩やかになる．相対ずれ変位 1.5mm 時（荷重 4200kN 程度）では，ずれ止め近傍を起点とするひび割れが上部へ進展する．本モデルは 1/4 モデルであり，モデル上面は対称面であるので，上部へ進展したひび割れは鋼殻内部で上下方向の貫通ひび割れを意味する．相対ずれ変位 3.8mm 時は張力増分を控除した荷重一定領域であり，鋼殻仕口部に完全な貫通ひび割れが生じ，かつひずみも 0.01 を超過して鉄筋が降伏していることが分かる．

後面支圧板内側の分担力評価断面において算定された，鋼殻とコンクリートに働く力の推移を図 7.3.32 に示す．図中には，PC 鋼棒の張力も併せてプロットしている．上述した荷重 4600kN 付近までの区間では，コンクリートに働くプレストレスが減少していく傾向が見られる．これは，鋼殻への引張載荷によって後面支圧板がコンクリートから引き離される方向へ移動することによると考えられる．荷重 4600kN を境に，コンクリート圧縮力は増加に転じるが，上述したようにこの荷重レベルでは張力増分を控除した荷重は増加しないので，コンクリート圧縮力の増加は，鋼殻の引張力増加（すなわちずれ止めのせん断力増加）に一致する．ずれ止めにずれ変位が生じると，鋼殻の引張方向変位に比べて，内部コンクリートの変位が小さくなるため，後面支圧板と内部コンクリートとの間の支圧力は減少する方向に寄与する．一方，荷重から PC 鋼棒の張力増分を控除したものの，この張力増分は後面支圧板を面外方向に変形させ，これにより内部コンクリートに働く支圧力（圧縮力）は増大する方向に寄与する．したがって，後面支圧板近傍のコンクリートの圧縮力が増加するか減少するかは，後面支圧板の面外変形とずれ止めのずれ変位の大小に依存すると考えられる．本ケースの場合は，ずれ止めのずれ変位に比べて後面支圧板の面外変形の寄与分が大きいために，コンクリートの圧縮力が増加したものと考えられる．

第7章　異種部材接合部の耐荷メカニズム

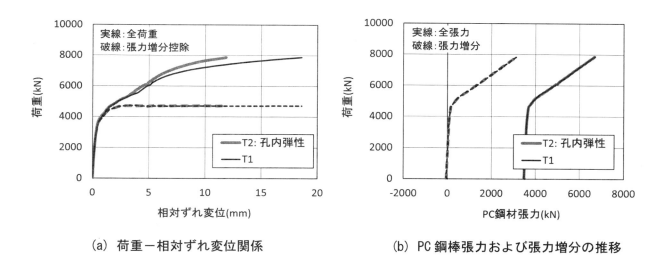

(a) 荷重－相対ずれ変位関係　　　　(b) PC鋼棒張力および張力増分の推移

図 7.3.30　解析結果（T1, T2）

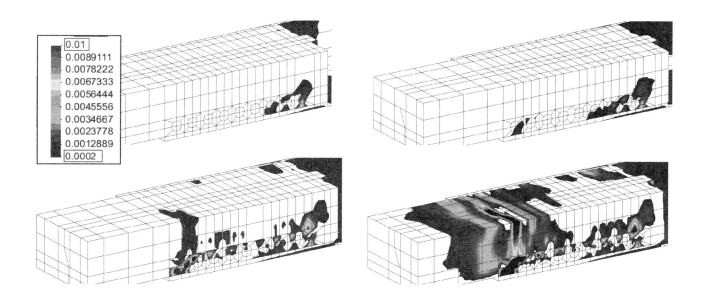

図 7.3.31　X方向直ひずみコンター（T1，左上：0.3mm，右上：0.5mm，左下：1.5mm，右下：3.8mm）

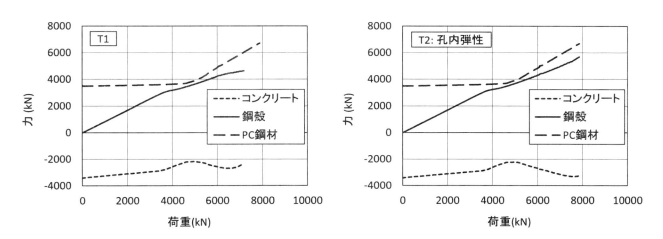

図 7.3.32　分担力評価断面における鋼殻，コンクリートおよびPC鋼棒の負担力（左：T1，右：T2）

(ⅱ) プレストレスの影響

プレストレス力を変化させたケース T4，T5 の結果を，T1 と合わせて図 7.3.33 に示す．荷重－相対ずれ変位関係のグラフには，参考として，PC 鋼材を除去したケース T3 の結果を合わせて示している．T3 は，コンクリート側では軸方向鉄筋のみが引張力に抵抗するため，最大荷重は鉄筋の降伏荷重相当の 1100kN 程度となっている．また，プレストレスを導入していない T4 でも，PC 鋼棒の張力増分を控除した荷重が，T3 の最大荷重相当，すなわち軸方向鉄筋の降伏荷重相当で頭打ちとなっている．さらに，T1，T5 においても，張力増分控除荷重が，鉄筋降伏荷重とプレストレスの合計値にほぼ一致しており，全体として妥当な結果が得られていると判断できる．

T4 および T5 における分担力の推移を図 7.3.34 に示す．PC 鋼棒の張力増加が生じ始める荷重以降，コンクリートの圧縮力が増加する傾向が見られるが，これは前項の T1 に対する考察と同様，ずれ止めにおけるずれ変位が小さい範囲で張力増加を生じるため，後面支圧板の面外変形に起因するコンクリートの支圧力増加が生じているものと考えられる．

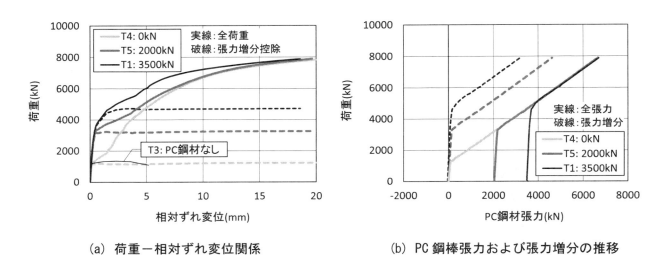

(a) 荷重－相対ずれ変位関係　　　　　　　　(b) PC 鋼棒張力および張力増分の推移

図 7.3.33　プレストレス力の影響（T4，T1，T5）

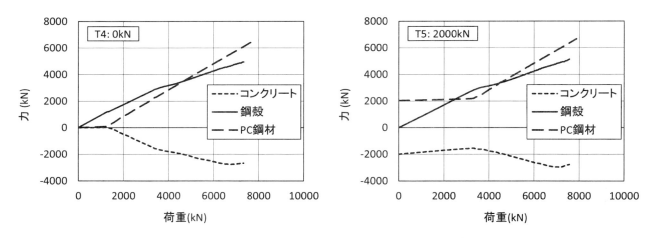

図 7.3.34　分担力評価断面における鋼殻，コンクリートおよび PC 鋼棒の負担力（左：T4，右：T5）

（ⅲ）接合部長の影響

接合部長を変化させたケース T6，T7 の結果を，T1 と合わせて図 7.3.35 に示す．接合部長が短いケース T6 の荷重－相対ずれ変位関係において，荷重 2000kN 強から傾きが大きく低下し，4000kN 強から PC 鋼棒の張力増分が顕著に生じている．一方，接合部長が長いケース T7 では，4600kN 程度までほぼ直線的に荷重が増加し，その後 PC 鋼棒の張力増分が顕著に生じている．ケース T1 は 3500kN 程度で最初の傾き変化が生じていることから，この傾き変化点の荷重は接合部長（孔個数）の増加とともに増大する傾向が見られる．T シリーズでは，引張力によりプレストレスが消失後，鋼殻仕口部付近で貫通ひび割れを生じ，鉄筋が降伏して荷重が頭打ちとなる（張力増分控除荷重）が，ずれ止め個数が少ない T6 では，ずれ止めのせん断抵抗力が小さいため，プレストレスが消失する引張力に達する前に，ずれ止めが非線形領域に入ってずれ変位が増大するものと考えられる．ケース T1 では，ずれ止めの非線形化がプレストレスの消失と同等かそれより若干低い荷重で生じており，接合部長の長い T7 ではプレストレス力相当に引張力に十分抵抗できるだけの孔数が配置されていると考えられる．以上のことは，図 7.3.36 に示す分担力の推移において，T6 ではコンクリート圧縮力の減少（＝ずれ止めのずれ変位の増加），T7 ではコンクリート圧縮力の増加（＝後面支圧板の面外変形に起因する支圧力増加）が生じていることからも裏付けられる．

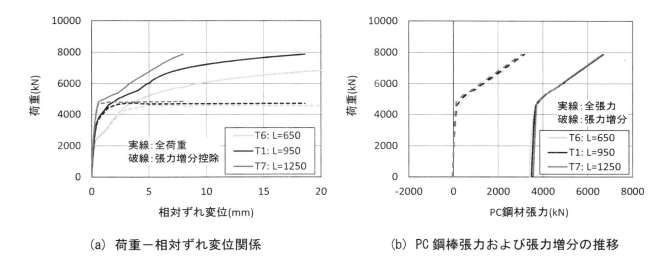

(a) 荷重－相対ずれ変位関係　　　　　　　　(b) PC 鋼棒張力および張力増分の推移

図 7.3.35　接合部長の影響（T6, T1, T7）

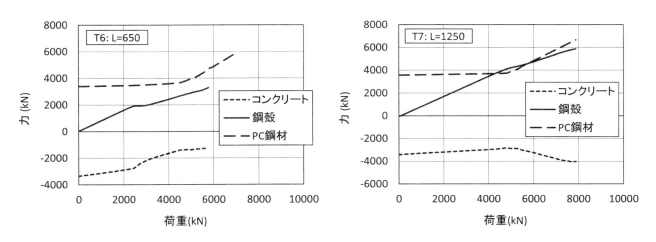

図 7.3.36　分担力評価断面における鋼殻，コンクリートおよび PC 鋼棒の負担力（左：T6，右：T7）

(ⅳ) 摩擦係数の影響

　摩擦係数を変化させたケース T8, T9 の結果を，T1 と合わせて図 7.3.37 に示す．引張載荷なので，摩擦係数の影響はそれほど大きくないと考えられたものの，初期プレストレスの導入により，鋼殻内コンクリートのポアソン効果に伴う拘束圧が存在するため，摩擦による影響はそれなりに生じている．摩擦係数が大きいケースでは，4600kN までの載荷範囲において，同じ荷重に対するずれ変位が小さく，接合部鋼殻と内部コンクリートが一体となって挙動していることが分かる．したがって，ずれ止めにおけるずれ変位はほとんど生じず，プレストレス力と鉄筋降伏荷重の合計に相当する4600kNを境に，PC 鋼棒の張力が増加していく傾向が見られる．

　T8 および T9 における分担力の推移を図 7.3.38 に示すが，いずれにおいても分担力の推移にはほとんど差異が見られない．ずれ止めにおけるずれ変位が小さいため，PC 鋼棒の張力増加に伴う後面支圧板の面外変形に起因するコンクリート圧縮力の増加傾向が見受けられる．

　なお，摩擦係数を 0.0 としたケース T1 では，ずれ止めの非線形化に伴う影響が若干見受けられるため，今回対象とした接合部諸元では，鋼とコンクリートの一体性の閾値は摩擦係数 0.0～0.5 の間に存在すると考えられる．

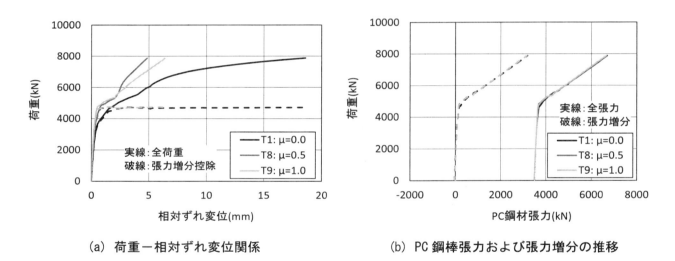

(a) 荷重－相対ずれ変位関係　　　　　　　　(b) PC 鋼棒張力および張力増分の推移

図 7.3.37 摩擦係数の影響（T8，T1，T9）

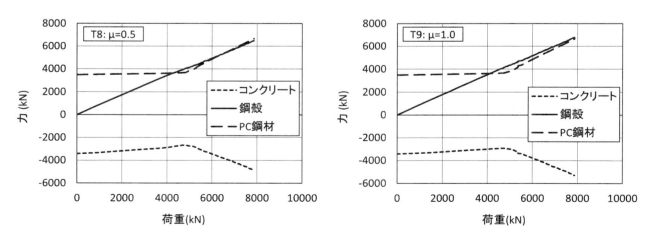

図 7.3.38 分担力評価断面における鋼殻，コンクリートおよび PC 鋼棒の負担力（左：T8, 右：T9）

e）まとめ

本節では，鋼桁－PC桁直列接合で用いられる後面支圧板方式の接合部に関する模型実験を対象とした非線形FEM解析を行い，接合部諸元の各種要因が荷重－相対ずれ変位関係や最大荷重，接合部の耐荷メカニズムに及ぼす影響を検討し，複数の応力伝達機構の荷重分担率を非線形領域まで明らかにすることを目的とした検討を行った．得られた知見を以下にまとめる．

圧縮力を受ける接合部において，今回対象とした基本ケース（C1）では，載荷初期のずれ止めと後面支圧板の荷重分担率は概ね1/2ずつであるが，荷重が増加するとずれ止めの分担率が低下し，後面支圧板の分担率が増加する．

後面支圧板の板厚を増加させると，最大荷重も大きく増加する一方で，接合部長を長くしてずれ止めのPBL孔数を増加させても荷重はほとんど変わらない．このことから，後面支圧板近傍コンクリートの破壊が接合部としての耐力の決定要因になっていることを示唆している．なお，後面支圧板はそれに近いPBL孔のずれ変位を抑制する働きをするため，結果として複数のPBL孔では載荷方向にずれ抵抗力の分布が生じる．一方，接合部長の増加（ずれ止めのPBL孔数の増加）により，載荷初期の荷重分担率は変化する．

鋼－コンクリート間の摩擦係数が大きくなると，荷重－ずれ変位関係の初期剛性が増加し，同一荷重に対するずれ変位が小さく抑えられる．また，最大荷重も増加はするものの，0.5～1.0程度で頭打ちになる．今回の検討では，ずれ止めと摩擦の分担率を分離できておらず，この点は今後の課題としたい．

引張力を受ける接合部において，荷重からPC鋼棒の張力増分を控除した荷重は，初期導入プレストレスと軸方向鉄筋の降伏引張力の合計に概ね一致する．また，ずれ止めを介して伝達される力と後面支圧板近傍コンクリートの圧縮力の変化傾向は，後面支圧板の面外変形とずれ止めのずれ変位の大小に依存して変化するものと考えられる．例えば，接合部長が短くした場合，ずれ止めのずれ変位が相対的に大きくなり，鋼殻内コンクリート（特にずれ止め近傍）の損傷が早い段階で増大するため，結果として後面支圧板近傍コンクリートの圧縮力（プレストレス）が低下する．一方，接合部長が長い場合や，鋼－コンクリート間の摩擦係数が大きい場合は，ずれ止めでのずれ変位が小さく抑えられ，鋼殻とその内部のコンクリートが一体として挙動するため，引張力は主として軸方向鉄筋とPC鋼材により負担されるとともに，PC鋼材の張力増分によって後面支圧板に面外変形が生じ，鋼殻内コンクリートの圧縮力が増大する．

参考文献

1) 望月秀次，安藤博文，宮地真一，柳澤則文，高田嘉秀：孔明き鋼板ジベルを用いた混合桁接合部の静的力学特性に関する実験的検討，構造工学論文集，Vol.46A，pp.1479-1490，2000.3
2) 土木学会複合構造委員会：複合構造ずれ止めの抵抗機構の解明への挑戦，複合構造レポート10，土木学会，pp.172-183，2014
3) 岡村甫，前川宏一：鉄筋コンクリートの非線形解析と構成則，技報堂出版，1991
4) Maekawa, K., Pimanmas, A. and Okamura, H.: *Nonlinear Mechanics of Reinforced Concrete*, Spon Press, 2003
5) 土木学会：2014年制定複合構造標準示方書，2015.3

7.3.3 直角方式の接合

本章では，直角方式の接合の場合における力の伝達と耐荷挙動の説明およびイメージ図を示す．直角方式の接合として，ここでは，鋼箱桁とRC橋脚の剛結接合に代表されるような鋼部材とRC部材がいずれも棒部材の直角方式の接合，および鋼製柱とRCフーチングの接合に代表されるような鋼部材が棒部材で，RC部材がマスな部材の直角方式の接合について示す．

(1) 鋼箱桁とRC橋脚の剛結

図7.3.39に，鋼桁とRC橋脚の剛結イメージを示す．力の伝達と耐荷挙動について，鋼部材とRC部材とが接した状態から始め，耐荷力あるいは破壊形態を改善していくには，どのような方法が考えられるかという観点で力の伝達方法について記述した．その際，断面力として接合部に曲げモーメントが作用する場合とせん断力（橋脚に対して）が作用する場合とで分けて記す．基本的な考え方として，曲げモーメントはRC橋脚への偶力に変換し圧縮側と引張側とに分けて考える．よって，RC橋脚に作用する軸力はこの偶力に軸力を加えることで考慮することができる．

鋼箱桁（S部材）とRC橋脚（RC部材）の組み合わせにおいて，耐荷力を向上させていく方法を考えていく際には，各部材の形状によっても異なる．例えば，S部材とRC部材の接合面では圧縮力はコンクリートへの支圧力として伝達されるが，S部材の形状により剛性が異なるため支圧応力度の分布が異なり，コンクリートの支圧耐力も異なる．ここでは，S部材は1室箱桁として検討した．

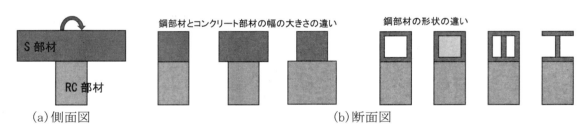

図7.3.39　鋼桁とRC橋脚の剛結イメージ図

1）曲げモーメントの伝達

STEP1　部材同士が接した状態（**図7.3.40**）

　圧縮側：S部材のフランジからコンクリートへ支圧力として伝達

　引張側：S部材のフランジとコンクリートとの付着力による伝達

引張側において，自重と付着力を上回る引張力となった際に，S部材とRC部材とが離れ，S部材が浮き上がり，曲げモーメントに抵抗できなくなる．

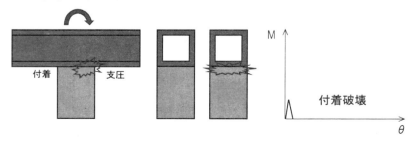

図7.3.40　STEP1　接合形状と曲げモーメント回転角関係

STEP2　引張側補強1（アンカー配置）（**図 7.3.41**）

　圧縮側：S部材のフランジからコンクリートへ支圧力として伝達
　引張側：S部材にアンカー筋を配置し，アンカー筋の引張抵抗によりコンクリートへ伝達

　引張側において，アンカー筋を配置して力を伝達する．アンカー筋が少ないとアンカー筋が降伏し破断に至る．アンカー筋を増やすと剛性と耐力が向上し，アンカー筋が降伏した後にアンカー筋の破断，あるいは圧縮側のコンクリートが支圧破壊する．ただし，アンカー筋の定着部破壊は生じないものとする．さらにアンカー筋を増やし，引張側の耐力が十分大きい場合，アンカー筋が降伏する前に圧縮側のコンクリートが支圧破壊する．ただし，コンクリートが支圧破壊するまでS部材が座屈や降伏しないものとする．

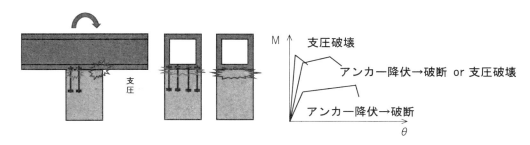

図 7.3.41　STEP2　接合形状と曲げモーメント回転角関係

STEP2'　引張側補強2（ずれ止め配置）（**図 7.3.42**）

　圧縮側：S部材のフランジからコンクリートへ支圧力として伝達
　引張側：S部材にずれ止めを配置し，ずれ止めのせん断抵抗によりコンクリートへ伝達

　引張側において，ずれ止めを配置して力を伝達する．ずれ止めはそのせん断抵抗により機能するので，その方向に見合うようにS部材にずれ止めを配置した鋼材を取り付ける．ずれ止めの破壊形式は，ずれ止めの種類により異なりずれ止め鋼材自身が降伏する場合と周囲のコンクリートが破壊する場合とがあるが，ここでは総じてずれ止め部の破壊と呼ぶ．ずれ止めが少ない場合はずれ止め部が破壊し，ずれ止めを多くしていくとずれ止めを取り付けた鋼材が降伏する．

　引張側の耐力が十分大きい場合，圧縮側のコンクリートが支圧破壊する．ただし，コンクリートが支圧破壊するまでS部材が座屈や降伏しないものとする．

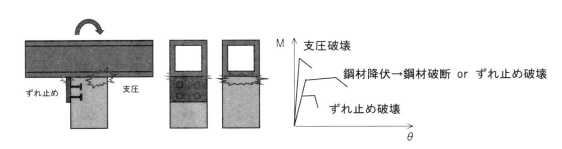

図 7.3.42　STEP2'　接合形状と曲げモーメント回転角関係

STEP3　圧縮側補強（コンクリート強度大，支圧伝達鋼材の剛性大，コンクリート補強）（**図 7.3.43**）
　　圧縮側：S 部材のフランジからコンクリートへ支圧力として伝達
　　引張側：S 部材にずれ止めを配置し，ずれ止めのせん断抵抗によりコンクリートへ伝達
　　圧縮側の支圧破壊で耐力が決まる場合，耐力をより向上させる方法としてコンクリート強度を大きくするほか，支圧力を伝達する鋼材の剛性を大きくすることでコンクリートの支圧力の分布を一様にして支圧耐力を大きくする方法が考えられる．また，支圧力が作用するコンクリートを鉄筋で補強することでコンクリートの脆性的な破壊を改善することができる．

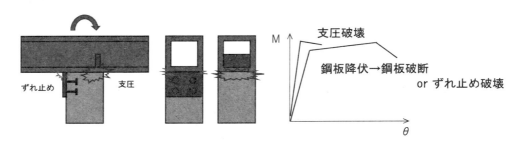

図 7.3.43　STEP3　接合形状と曲げモーメント回転角関係

STEP4　RC を S に埋め込み（S 部材に横桁を配置し RC 部材を S 部材に埋め込む）（**図 7.3.44**）
　　圧縮側：S 部材のフランジからコンクリートへ支圧力として伝達
　　引張側：S 部材にずれ止めを配置し，埋め込んだ RC 部材にずれ止めのせん断抵抗により伝達
　　引張側は，鉄筋の降伏・破断，あるいはずれ止め部の破壊により耐力が決まり，圧縮側は支圧破壊で耐力が決まる．

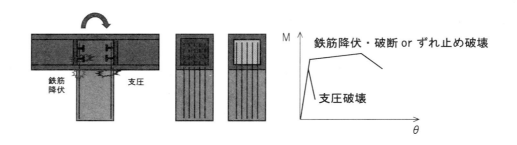

図 7.3.44　STEP4　接合形状と曲げモーメント回転角関係

STEP5　STEP4 の形状で鉄筋が多い場合に鋼桁下フランジをなくす（**図 7.3.45**）
　　圧縮側：S 部材のフランジからコンクリートへ支圧力として伝達（STEP4 とは支圧力の作用方向が異なる）
　　引張側：S 部材にずれ止めを配置し，埋め込んだ RC 部材にずれ止めのせん断抵抗により伝達
　　引張側は，鉄筋の降伏・破断，あるいはずれ止め部の破壊により耐力が決まり，圧縮側は支圧破壊で耐力が決まる．

第7章 異種部材接合部の耐荷メカニズム

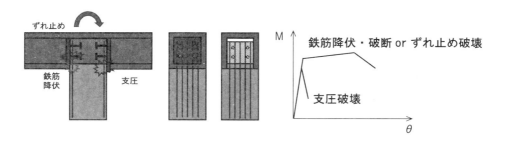

図7.3.45　STEP5　接合形状と曲げモーメント回転角関係

STEP6　SをRCに埋め込む（**図7.3.46**）

　圧縮側：S部材のフランジからコンクリートへ支圧力として伝達

　引張側：S部材にずれ止めを配置し，ずれ止めのせん断抵抗により伝達

　引張側は，埋め込んだ鋼材の降伏・破断，あるいはずれ止め部の破壊により耐力が決まり，圧縮側は支圧破壊で耐力が決まる．

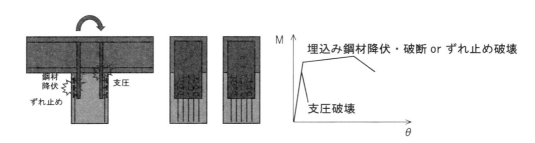

図7.3.46　STEP1　接合形状と曲げモーメント回転角関係

2）せん断力の伝達

　せん断力の伝達については，その伝達パターンの分類を示す．

　①は鋼部材とコンクリート部材の間の付着や摩擦によりせん断力を伝達，②は鋼部材にずれ止めを取り付ける，あるいはアンカー鋼材を埋め込み，それらのせん断抵抗によりせん断力を伝達，③は鋼部材をコンクリート部材に埋め込み，鋼部材によりせん断力に抵抗し，支圧力によりせん断力を伝達する．④はコンクリート部材を鋼部材に埋め込み，コンクリート部材でせん断抵抗をし，③と同様に支圧によりせん断力を伝達する方法である．

①付着・摩擦

②鋼材のせん断，支圧

③鋼材のせん断，支圧

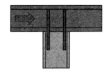

④支圧，RC 部材のせん断

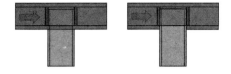

(2) 鋼製柱と RC フーチングの接合

図 7.3.47 に，鋼製柱と RC フーチング接合イメージを示す．力の伝達と耐荷挙動について，鋼箱桁と RC 橋脚の剛結と同じく，鋼製柱部材と RC フーチングが接した状態から始め，耐荷力あるいは破壊形態を改善していくには，どのような方法が考えられるかという観点で力の伝達方法について記述した．その際，断面力として接合部に曲げモーメントが作用する場合とせん断力(橋脚に対して)が作用する場合とで分けて記す．基本的な考え方として，曲げモーメントは偶力に変換し圧縮側と引張側とに分けて考える．よって，鋼製柱に作用する軸力はこの偶力に軸力を加えることで考慮することができる．

鋼製柱（S 部材）と RC フーチング（RC 部材）の組み合わせにおいて，ここでは鋼製柱を円形鋼管として記した．円形鋼管の場合と矩形鋼管の場合の大きな違いは，鋼管が RC フーチングに埋め込まれた場合の支圧応力度の分布と考えられる．

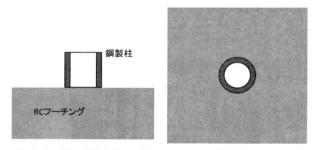

図 7.3.47　鋼製柱と RC フーチング接合イメージ図

1）曲げモーメントの伝達
STEP1　部材同士が接した状態
　圧縮側：S 部材の端部からコンクリートへ支圧力として伝達
　引張側：S 部材端部とコンクリートとの付着力による伝達
　引張側において，自重と付着力を上回る引張力となった際に，S 部材と RC 部材とが離れ，S 部材が浮き上がり，曲げモーメントに抵抗できなくなる．

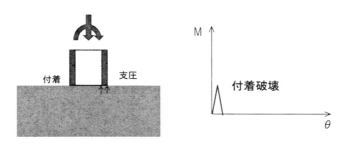

図7.3.48 STEP1 接合形状と曲げモーメント回転角関係

STEP2　引張側アンカー，圧縮側支圧板追加
　圧縮側：S部材端部の支圧板からコンクリートへ支圧力として伝達
　引張側：S部材にアンカー筋を配置し，アンカー筋の引張抵抗によりコンクリートへ伝達

　圧縮側では支圧板を配置し支圧面積を大きくすることで支圧耐力を向上させる．引張側においては，アンカー筋を配置して力を伝達する．アンカー筋が少ないとアンカー筋が降伏し破断に至る．アンカー筋を増やすと剛性と耐力が向上し，アンカー筋が降伏した後にアンカー筋の破断，あるいは圧縮側のコンクリートが支圧破壊する．ただし，アンカー筋の定着部破壊は生じないものとする．さらにアンカー筋を増やし，引張側の耐力が十分大きい場合，アンカー筋が降伏する前に圧縮側のコンクリートが支圧破壊する．ただし，コンクリートが支圧破壊するまでS部材が座屈や降伏しないものとする．

　なお，アンカー筋は鋼管端部に取り付けたフランジに定着する場合のほか，鋼管内にコンクリートを充填し，充填コンクリート部に定着する方法も考えられる．

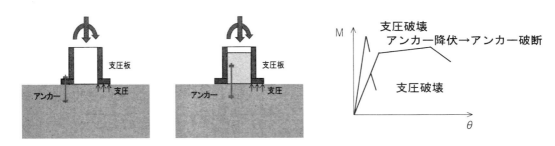

図7.3.49 STEP2 接合形状と曲げモーメント回転角関係

STEP3　鋼管をRCフーチングに埋め込む
　圧縮側・引張側：鋼管とコンクリートの接触面でコンクリートへ支圧力として伝達．付着力や摩擦力によっても伝達する．

　引張側において，鋼管とコンクリートとの付着切れにより鋼管が徐々に抜け出し，コンクリートの局部的な支圧破壊とともに鋼管の抜け出し量が大きくなっていき破壊に至る．

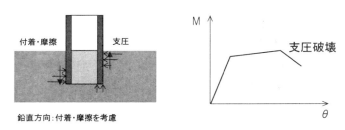

図7.3.50　STEP3　接合形状と曲げモーメント回転角関係

STEP4　鋼管にずれ止めを配置

圧縮側・引張側：STEP3に加えて，ずれ止めにより力を伝達．

STEP3よりもコンクリートとの一体性が高まり，特に引張側において，抜け出しが少なくなり剛性が向上する．ずれ止めの破壊が進行するに従い，鋼管の抜け出しが大きくなり耐力が抵抗する．

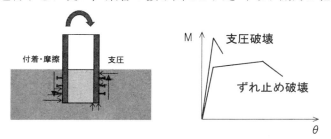

図7.3.51　STEP4　接合形状と曲げモーメント回転角関係

STEP4'　鋼管端部に支圧板を追加

圧縮側・引張側：STEP3に加えて，支圧板により力を伝達．

支圧板が剛であれば，STEP4よりも鋼管の抜け出しに対する抵抗力は大きく剛性も大きくなるが，支圧板までの鋼管の引張ひずみは一様であり，STEP3よりも鋼管の伸びは大きくなる．支圧板が降伏しなければ，RC部材の破壊で耐力は決まり，RC部材の補強筋の量で破壊形態は異なる．

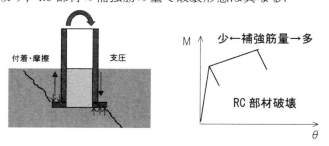

図7.3.52　STEP4'　接合形状と曲げモーメント回転角関係

2）せん断力の伝達

せん断力の伝達については，その伝達パターンの分類を示す．

①は鋼部材とコンクリート部材の間の付着や摩擦によりせん断力を伝達，②は鋼部材にずれ止めを取り付ける，あるいはアンカー鋼材を埋め込み，それらのせん断抵抗によりせん断力を伝達する．③は鋼部材をコンクリート部材に埋め込み，鋼部材によりせん断力に抵抗し，支圧力によりせん断力を伝達する方法である．

①付着・摩擦

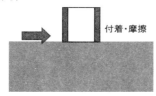

②ずれ止め，あるいは鋼材のせん断

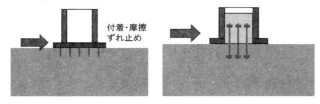

③支圧

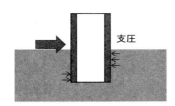

7.4 発展型設計思想について

7.4.1 フレーム解析による簡易な検証

2層ラーメン構造に対して2次元線形フレーム解析を実施し，接合部の剛性が発生断面力に与える影響について検討した．

異種部材接合部の伝達機構の設計においては，ずれ止めの種類や量の選択により，接合部の耐荷力だけでなく剛性も制御できる可能性がある．そこで，本解析では接合部の一部の剛性を増減させた場合に周囲の部材の断面力がどのように変化するかを検討した．

解析モデルを図7.4.1に，境界条件を図7.4.2に示す．フレーム下部は完全固定とし，最上部に水平荷重を与え，各部材に生じる断面力を比較した．解析パラメータは中央接合部の部材の曲げ剛性とし，基本となる曲げ剛性に対し，1/10倍，10倍と変化させた．

表7.4.1に解析結果を示す．解析による比較の結果，最大水平変位は剛性が大きくなれば小さくなったが，最大曲げモーメントおよび最大せん断力については，剛性の大小に関わらず，基本ケースよりも大きくなる結果となった．本検討は非常に簡単なラーメン構造であるが，中央接合部の剛性を変化させることで変位量だけでなく断面力の値，および最大断面力の発生位置を制御できる可能性が示された．

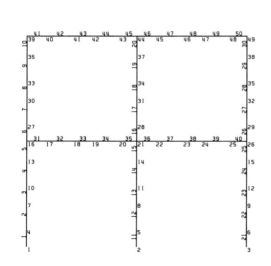

図7.4.1　節点および要素番号

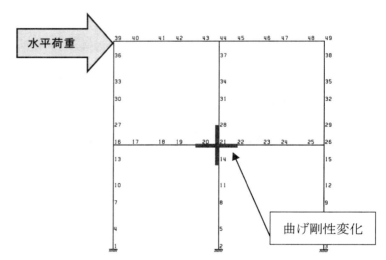

図7.4.2　境界条件

第7章　異種部材接合部の耐荷メカニズム

表 7.4.1　結果一覧

case	モデル	最大水平変位 【節点No.】	最大曲げモーメント 【要素No.】	最大せん断力 【位置】
1	基本	14.4 (1.0) 【No.39】	72.1 (1.0) 【No.20-J】	45.7 (1.0) 【2層目中央柱】
2	中央の接合部のみ曲げ剛性1/10倍	19.8 (1.08) 【No.39】	74.7 (1.04) 【No.20-J】	48.8 (1.07) 【2層目中央柱】
3	中央の接合部のみ曲げ剛性10倍	11.4 (0.79) 【No.39】	-87.4 (1.21) 【No.16-I】	51.8 (1.13) 【2層目中央柱】

()内の数値は基本を1.0とした場合の比率

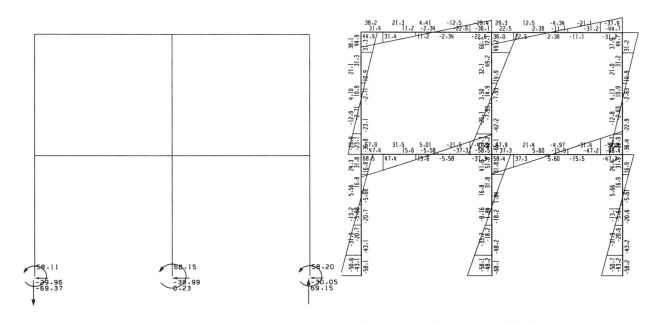

図7.4.3　支点反力（case1）　　　図7.4.4　曲げモーメント図（case1）

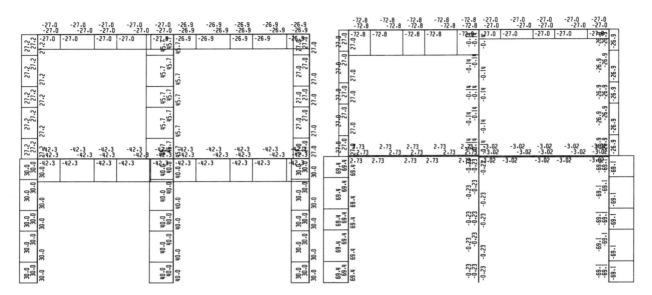

図7.4.5 せん断力図（case1）　　　　　図7.4.6 軸力図（case1）

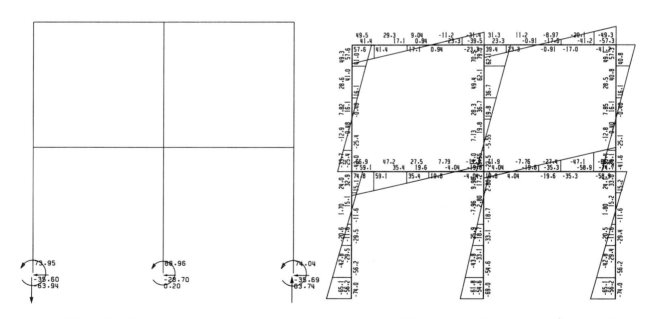

図7.4.7 支点反力（case2）　　　　　図7.4.8 曲げモーメント図（case2）

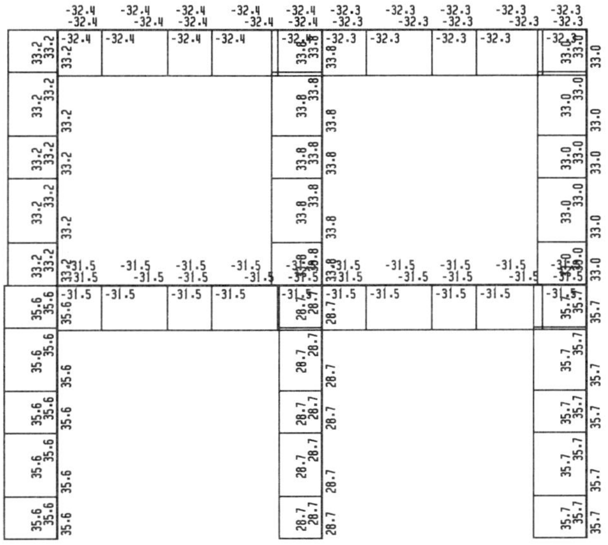

第 7 章　異種部材接合部の耐荷メカニズム

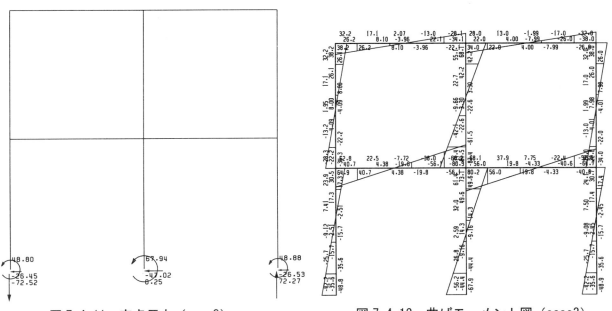

図 7.4.9　せん断力図（case2） 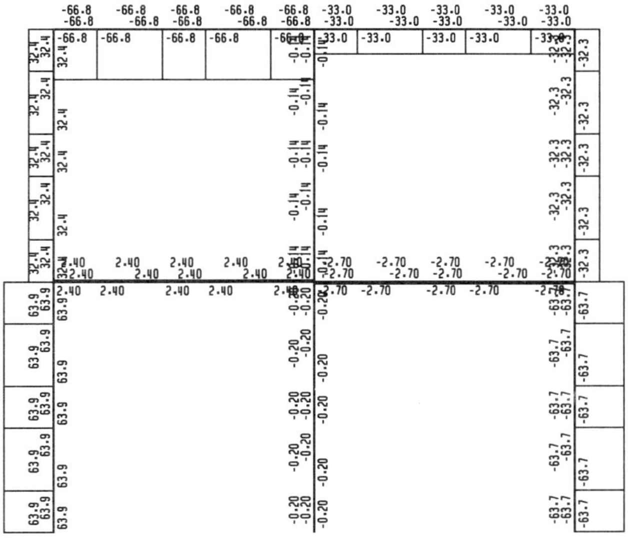　　　　図 7.4.10　軸力図（case2）

図 7.4.11　支点反力（case3）　　　　図 7.4.12　曲げモーメント図（case3）

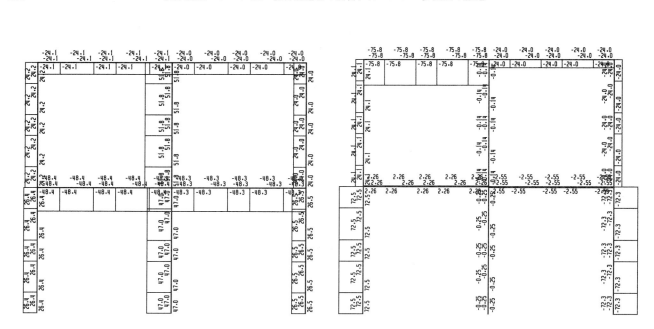

図 7.4.13　せん断力図（case3）　　　　　図 7.4.14　軸力図（case3）

7.4.2 CFT柱と梁接合部での事例

(1) 概要

CFT柱とRC梁の接合部において，鋼材の降伏を許容し変形性能を考慮して設計した鉄道高架橋の検討事例を紹介する（**図7.4.1**）．

鉄道構造物の設計では，地震時に柱や梁の一般部に軽微な損傷を許容するが，接合部は損傷させないことを前提としている．このため，接合部において耐力が余剰であったり，複雑で過密な配筋により施工性が低下するなどの課題があった．兵庫県南部地震以降は，耐震設計に考慮する地震の影響が大きくなったこともあり，接合部の配筋がさらに過密になっている現状がある．

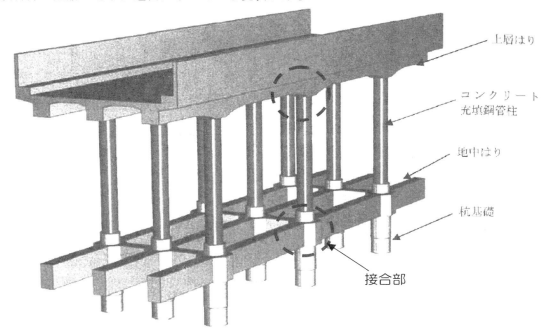

図7.4.1 接合部のイメージ

CFT柱とRC梁の接合では，**図7.4.2**に示すように十字鉄骨を用いた"鉄骨鉄筋差込み接合"が採用されている．本構造では，梁主筋と差込み鉄筋および十字鉄骨が錯綜し，極めて過密な鋼材配置となる場合がある．

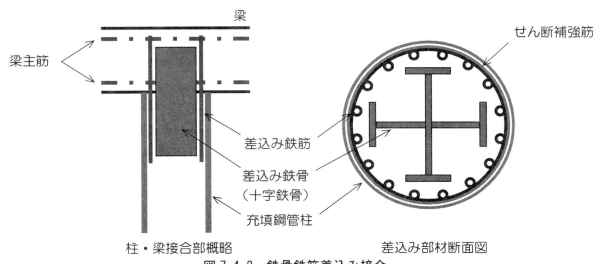

図7.4.2 鉄骨鉄筋差込み接合

そこで，接合部の構造を改良し，模型試験体の正負交番載荷試験により耐荷力と変形性能の確認および評

価方法の検討を行った上で，接合部の降伏を許容し変形性能を考慮した設計を採用して接合部の施工性および経済性を改善した．

(2) 実験の概要[1]

接合部の構造および供試体の形状寸法と試験ケースを図7.4.3に示す．接合部の構造は，差込み鉄骨は配置せず，差込み鉄筋（図ではアンカー筋）のみとした．この接合部の構造（以下、鉄筋差込み方式という）は、鋼管杭とフーチングの接合部に一般に用いられる構造であり，載荷試験はこの接合部の構造を想定して実施している。供試体の設定では，鉄道分野において鋼管杭が採用されるような設計条件（ラーメン高架橋，液状化地盤等）を対象とした実構造物における鋼管杭として $\phi 900 \times t18mm$ （D/t=50）程度を設定し，供試体はその1/2とした．Case1は現状仕様で，鋼管杭の全塑性曲げ耐力よりも杭頭接合部の耐力が大きくなるように設計している．Case2およびCase3は，軸方向鉄筋比を低減して，鋼管杭の耐力と同等か小さくなるように設計している．Case4〜Case7は，軸方向鉄筋比を一定として，軸力比の影響を検証するためのものである．軸力は，圧縮軸力および引張軸力を-0.3〜0.6の範囲で設定し，載荷中に軸力が一定になるように制御した．水平交番載荷は，載荷方向の鋼管とフーチングとの接合部近傍のアンカー鉄筋に貼付けたひずみゲージの値が，降伏ひずみを超えた時点での載荷点の水平変位をδyとして，δyの整数倍の変位を片振幅とした交番載荷を$2\delta y, 3\delta y \cdots$というように漸次振幅を増加させながら行った．同変位での繰返し回数は3回を原則とした．

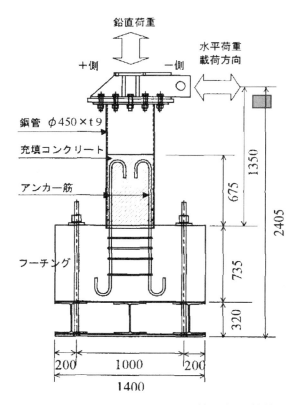

図7.4.3 接合部（鉄筋差込み方式）の試験体および試験ケース[1]

(3) 接合部の非線形特性のモデル化[2]

接合部のモデル化は、接合部コアは剛域とみなして、その周囲の伝達領域の変形性能を考慮して行う。接合部の非線形特性のモデル化は，"鉄道構造物等設計標準・同解説　耐震設計"におけるRC部材モデルを

もとに，交番載荷実験結果からM－θ関係を図7.4.4に示すようなトリリニアモデルとして設定した．

M_y，$θ_y$は，引張側の最外縁の鉄筋が降伏する時の曲げモーメントと部材角で，部材角には杭側・フーチング側両方での鉄筋の抜け出しを考慮する．M_m，$θ_{m1}$は，コンクリートの圧縮ひずみがコンクリートの終局ひずみに達する時の曲げモーメントと部材角で，終局ひずみには充填鋼管柱部材と同等の値が期待できると仮定した．また，部材角には軸方向鉄筋の抜け出しによる回転角の2倍を加えたものとする．$θ_{m2}$は，コンクリートの終局ひずみに達した時の曲率と最外縁鉄筋が終局ひずみに達した時の曲率の小さい方の値に等価塑性ヒンジ長を乗じたものとした．塑性ヒンジ長は鉄筋の定着長としている．このように、接合部の非線形特性は、鋼管端部近傍における差し込み鉄筋の伸び出しを表現したものである。

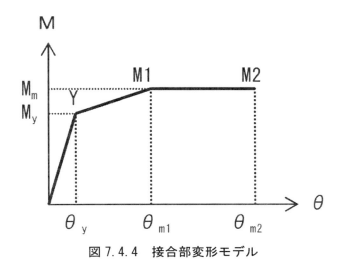

図 7.4.4　接合部変形モデル

(4) 実験結果[2)]

図7.4.5に，Case1～Case3の結果を示す．いずれの供試体も破壊形態は，鋼管基部の仮想RC断面において，引張鉄筋が降伏し，圧縮側のコンクリートの圧壊が進行するといった曲げ破壊であった．いずれのケースにおいても，M1点およびM2点の計算値のプロットはほぼ実験値と一致していることが分かる．

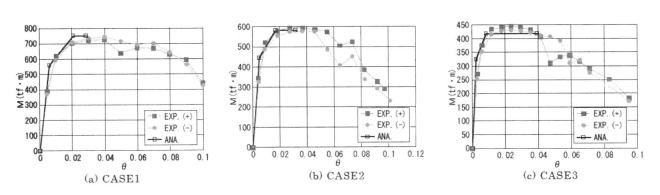

図 7.4.5　実験結果 M－θ 曲線（実験値，計算値）[2)]

(5) 構造系での検証

図7.4.6に示すモデルで検証を行った．RC杭およびCFT柱が10m間隔，柱の高さ7.5で，図の赤丸で示した接合部に(4)のM－θ関係を導入した．解析ケースは，基準となる鉄骨鉄筋差込み方式（柱上部のみ）と，

鉄筋差込み方式である．鉄筋差込み方式では，鉄筋を一部アンボンドにして鉄筋の局所的な応力集中を抑え変形性能を向上させたケース（アンボンド方式）を加えた．

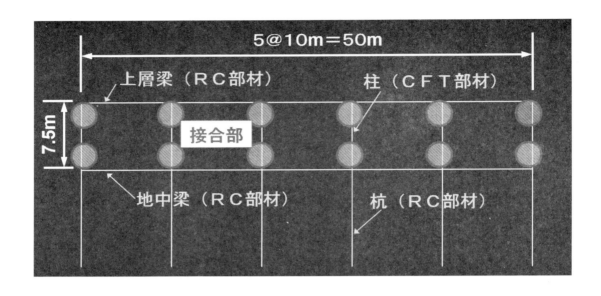

図7.4.6 検証した実構造モデル

接合部のM−θ関係を図7.4.7に示す．鉄骨鉄筋差込み方式は，接合部をCFT柱部材等の隣接部材の耐力より大きくなるように設計（耐力設計）しているため，鉄筋差込み方式と比べてかなり大きな耐力となっている．アンボンド方式は，鉄筋差込み方式と同等の耐力を有し，変形性能のみが1割程度上回っている．

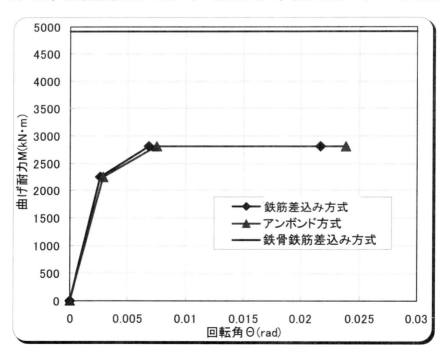

図7.4.7 接合部のM−θ関係

橋軸方向のプッシュオーバー解析における荷重（震度）と変位の関係を図7.4.8に示す．接合部のモデルが変わっても挙動に大きな違いはない．また，許容できる最大変位は，鉄筋差込み方式が最も大きくなり、損傷レベルの制限値に対して最も余裕のある結果となった．

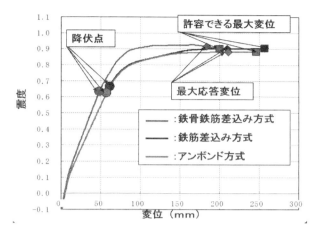

図7.4.8　解析結果（荷重－変位関係）

以上の解析結果から，鉄筋差込み方式に着目して，設計上可能な範囲で経済性を追求した結果を図7.4.9に示す．鉄筋差込み方式は、鉄骨が不要であるため，接合部の鋼重減や施工性の向上が期待できる．また、接合部の耐力が低減されたことにより、CFT部材の鋼管の厚さを、鉄骨鉄筋差込み方式と比較して1mm薄くでき経済的となることが分かった．

このように、接合部に降伏を許容して変形性能を考慮することにより、接合部の構造の簡素化の効果のみならず、CFT柱部材の鋼管の断面減の効果も期待できることが確認された。

接合方法	従来方式 （鉄骨鉄筋差込み接合）	提案方式 （鉄筋差込み接合）
接合部断面図		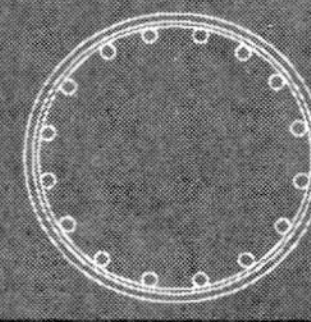
鋼管厚（鋼管径）	10mm (800mm)	9mm (800mm)
接合部部材性能設定	降伏させない （十分剛な部材）	変形量を算定 （非線形部材）
破壊形態	柱曲げ破壊 （接合区間剛域）	接合部曲げ破壊

図7.4.9　鉄骨鉄筋差込方式と鉄筋差込み方式の比較（試設計結果）

参考文献

1) 平田尚，神田政幸，谷口望，濱田吉貞，江口聡，木下雅敬：鋼管杭とフーチングとの接合部に関する実験的研究，構造工学論文集，Vol.50A，pp.35-44，2004.3
2) 江口聡，神田政幸，谷口望，平田尚，：鋼管杭とフーチングの接合部に関する研究（その2：モデル化手法），土木学会第58回年次学術講演会，Ⅰ-512，pp.1023-1024，2003.9

7.4.3 橋梁を対象とした検証

土木学会複合構造標準示方書では,「異種部材接合部を有する構造物では,所要の要求性能を満足するように,異種部材接合部と一般部の限界状態へ至る順位を明確にしなければならない.」と,一般部が接合部に先行して限界状態に達する設計思想の考えではない.解説文では,「非線形性を取り入れた設計や,接合部を一般部に先行して降伏させ,意図的に構造を変えることにより構造物全体の安全性を確保する設計方法も考えられる.」としている.この場合,構造物全体の挙動は接合部に支配されるため,接合部が損傷を受けた後の接合部自体の挙動および構造物全体の挙動を正確に把握する必要となる.

ここでは,前述したとおり,接合部を一般部より先行して降伏させ,意図的に構造を変えても構造が成立するかどうか,実構造を例に挙げ整理することにする.ただし,接合部は降伏以降,塑性ヒンジが形成されるものと仮定し,すぐに構造不安定にならないものとする.なお,上下部一体構造では,塑性ヒンジは,下部工のみに設け,上部工には設けない設計方針が一般的であるが,今回は,上部工にも設けるものと仮定する.

なお,接合部の破壊型式として,接合部を周辺部材に先行して破壊させない場合は「従来型」,接合部を周辺部材に先行して破壊させる場合は「発展型」と定義する.

(1) 桁＋桁の接合

a) 比較的規模の大きい橋梁の中央閉合部に鋼桁を設ける場合

図 7.4.15 に示すとおり,接合位置は支間中央から中間支点よりのため,発生曲げモーメントは比較的小さい領域である.特に塑性ヒンジを期待する位置でないため,接合部は周辺部材に先行して破壊させない従来型でよい.

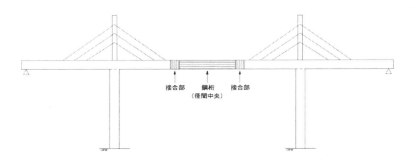

図 7.4.15 比較的規模の大きい橋梁の中央閉合部に鋼桁を設ける場合

b) 中規模程度の橋梁で最大支間部に鋼桁を設ける場合

図 7.4.16 に示すとおり,接合位置はインフレクションポイント付近のため,発生曲げモーメントは小さい.特に塑性ヒンジを期待する部位でないため,接合部は周辺部材に先行して破壊させない従来型でよい.

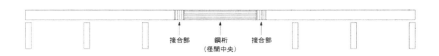

図 7.4.16 中規模程度の橋梁で最大支間部に鋼桁を設ける場合

c) T桁ラーメン橋の側径間に鋼桁を設ける場合

接合部が最大曲げモーメント発生付近のため,降伏後,接合部に塑性ヒンジ機能を持たせることで,接

合部を周辺部材に先行して破壊させる発展型でもよい．

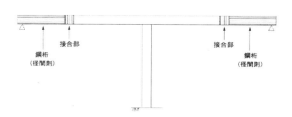

図 7.4.17 T桁ラーメンの側径間に鋼桁を設ける場合

(2) 隅角部の接合

門型ラーメンの上部工および横梁に鋼桁を使用する場合，門型ラーメンの隅角部は，正負の曲げモーメントが作用し，応力の伝達機構が複雑な部位であるが，接合部に塑性ヒンジの機能を持たせることで，周辺部材に先行して破壊させる発展型でもよい．

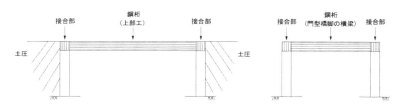

図 7.4.18 門型ラーメンの上部工および横梁に鋼桁を設ける場合

(3) 橋脚＋桁の接合

a) 高橋脚上に接合部を設ける場合

支点上に負曲げモーメントが卓越するので，接合部に塑性ヒンジ機能を持たせる発展型でもよい．ただし，上下部一体構造では，上部工との橋脚付け根に塑性域を設定することが多いため，どちらをヒンジ構造にするかは検討が必要となる．

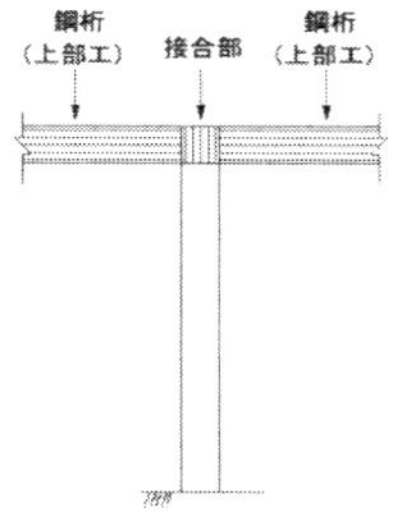

図 7.4.19 高橋脚上に接合部を設ける場合

b) 低い橋脚に接合部を設ける場合

支点上に発生する負曲げモーメントよりもせん断力が卓越するので，接合部に塑性化を期待する発展型より，周辺部材に先行して破壊させない従来型でよい．

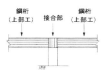

図 7.4.20 低い橋脚に接合部を設ける場合

c) 橋脚の中間付近に接合部を設ける場合

橋脚下端部に発生する最大曲げモーメントより，小さい領域のため，特に塑性化を期待する位置でないため，周辺部材に先行して破壊させない従来型でよい．

図 7.4.21 橋脚の中間付近に接合部を設ける場合

(4) 橋脚とフーチングの接合

a) フーチング内に接合部を設ける場合（鋼橋脚）

フーチング内に接合部を設ける場合，上部工を上から支えることができ，接合部の補修が可能であれば，接合部をヒンジ構造にする発展型にしてもよい．また，上下部一体構造では，フーチングとの橋脚付け根に塑性域を設定することが多いため，どちらをヒンジ構造にするかは検討が必要となる．なお鋼橋脚のため，付け根部の座屈に対する検討も必要となる．

図 7.4.22 フーチング内に接合部を設ける場合（鋼橋脚）

b) フーチング内に接合部を設ける場合（橋脚が鋼管コンクリート）

上述 a)と同様のことがいえる．ただし，橋脚を鋼管コンクリートとすることで，①より，座屈耐力が向上する．

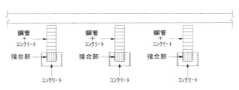

図 7.4.23 フーチング内に接合部を設ける場合（橋脚が鋼管コンクリート）

(5) フーチングと杭の接合

フーチング内に杭を接合する場合，接合部が土中に埋まるため，接合部の補修が困難となることが多い．したがって，周辺部材に先行して破壊させない従来型の方がよい．

7.4.4 課題

前述 7.4.3 おいて，接合部を一般部より先行して降伏させ，意図的に構造を変えても構造が成立するかどうか，実構造を例に挙げ整理した．その結果，接合部が降伏以降塑性ヒンジの形成が可能な場合，接合部を周辺部材より先行して破壊させる「発展型」の破壊型式でも構造が成立する場合もあると考える．これらを実現するためには，接合部における回転性能をもたせた塑性ヒンジ機能の設計方法の確立，接合部の破壊メカニズム（耐力，破壊モード）の整理が，今後の課題として挙げられる．

（執筆者：篠崎　裕生，平　陽兵，西永　卓司，牧　剛史）

第8章 おわりに

　委員会の最終目標は，「複合構造物の耐荷メカニズムを解明した上で，材料の損傷イベントを定義し，損傷イベントを適切に組み合わせた設計法を構築することで，複合構造物を多様な要求にこたえることにできる構造形式とすること」にある．

　報告書をみると，コンクリート（ひび割れ，圧壊），鉄筋（降伏，破断，はらみ出し），鉄骨・鋼板（降伏，破断，座屈），接合部（ずれ止めの降伏・破断，はく離）など，構成材料の各種イベントの発生順序と，構成材料の力学条件・配置，境界条件について，逐一追跡した結果が各種部材ごとにまとめられており，部材のパフォーマンスとの因果関係についても言及している．それぞれの構造部材で検討した事例からみえてきた主な項目は，以下のとおりである．

- 合成はりの事例のように，必ずしも現行の耐荷力算定方法の背景と損傷イベントが合致しないものの，別の要因によって結果的に耐荷力を確保できていた事例． → <u>耐荷メカニズムに則したマクロ式の見直し</u>
- 合成版のように，曲げ計算の前提確保を目的に細目的に配置されているずれ止めがせん断補強効果としても期待される事例． → <u>副次的な効果の定量化</u>
- SRC 部材のせん断のように，設定した限界状態を超えた領域でも，鉄骨の損傷状況によって荷重保持を大いに期待できる事例． → <u>理想的な限界状態の設定方法，指標，値の見直し</u>
- 異種部材接合部のように，橋梁形式に依存した合理的な接合方法，周辺部材に対する接合部の破壊先行のあり方が変わる事例． → <u>構造系としての設計法の提示</u>
- 異種材料のモデル化のように，解析の目的によっては，接合面におけるずれ変形を考慮する必要がある事例→ <u>解析における接合面のモデル化のあり方の提示</u>

　さて，土木学会複合構造標準示方書の改訂（2019年制定予定）が計画されているなかで，本委員会が取組んだ損傷イベント順序の体系化（パターン化）から，発信が期待される成果は以下のとおりである．

○ <u>設計編［標準編］</u>
○ <u>合成版，合成梁，CFT 部材，SRC 部材</u>
・損傷イベントの発生・順序（耐荷メカニズム）に順応した耐荷力算定マクロ式の見直し
・副次的な効果の探索，定量化：焦点を当てていなかった他の性能への正負の効果について
・鉄筋，鋼板の座屈（はらみ出し）の役割とモデル化
・理想的（合理的）な限界状態，指標，値の提案
・構造物としての性能照査法の確立
・FEM と実験結果の耐荷メカニズム（損傷イベントの発生順序）の整合と FEM の複合構造物への適用性の拡大
○ <u>異種部材接合部，異種材料接合部</u>
・各種接合部の損傷イベントの整理（破壊メカニズム）
・非線形解析法によるモデル化，評価の適用性の検討

古より日本人は，感性を研ぎ澄ますことで物事を区分して認識してきた．例えば，世界の言語と比較しても日本語には雨・風・色などを表現する言葉が豊富にあるように，あるいは海外では廃棄されうる食材が日本食になるように，対象の特徴を見出し，活かすことに長けてきた民族であった．

　インフラ整備の分野でも例外ではなく，洪水・台風・地震・津波という風土に強制された技術進化の中で，自然に対してむやみに人工を強いることなく，自然の特徴を見出し，素材の特徴を最大限活かすことで，安定な状態に努めてきた形跡があった．明治期の石狩川改修では，過度に強制せずに河川の自然な流れの平衡状態を保つように必要な部分を必要な量だけ改修することを主張した旧来の工法論が，欧州発のショートカット型放水路建設論と真っ向から対決した．つまり，原理を見出して，それに見合ったオーダーメイドな施策をするのが日本人技術者の筋だった．

　最近，震災復興や五輪開催に関連して，土木分野における最前線の技術やビジョンに触れる機会が多い．振り返ると，土木技術の標準化，普遍化の実現は，明治期および戦後の社会の急速な整備を実現してきた．同時に，これは新しい課題に対する思考停止を促すものではなく，次なる挑戦への土台であることも，改めて認識させられる．ロベール・マイヤールは，ヨーロッパにある石造アーチ橋の形状にとらわれることなく，鉄筋・コンクリートという素材に適した構造形式を提案した．まだまだ伸びしろの大きい材料の潜在能力を如何に引き出すか，多方面から思考していくことに，真面目に取り組む時期に日本はきている．

　「複合構造物の耐荷メカニズム研究小委員会（H212）」の経験を基に，技術と社会の相互信頼感を深める役割を果たすための示方書に資する議論を深め，示方書が設計者の豊かな発想の足かせとなることの無いように，安定した案を発信していくことに引き続き努めていきたいと考える．

（執筆者：渡辺　健）

土木学会　複合構造委員会の本

複合構造標準示方書

	書名	発行年月	版型：頁数	本体価格
	2009年制定 複合構造標準示方書	平成21年12月	A4：558	
※	2014年制定 複合構造標準示方書　原則編・設計編	平成27年5月	A4：791	6,800
※	2014年制定 複合構造標準示方書　原則編・施工編	平成27年5月	A4：216	3,500
※	2014年制定 複合構造標準示方書　原則編・維持管理編	平成27年5月	A4：213	3,200

複合構造シリーズ一覧

	号数	書名	発行年月	版型：頁数	本体価格
	01	複合構造物の性能照査例 －複合構造物の性能照査指針（案）に基づく－	平成18年1月	A4：382	
	02	Guidelines for Performance Verification of Steel-Concrete Hybrid Structures （英文版　複合構造物の性能照査指針（案）　構造工学シリーズ11）	平成18年3月	A4：172	
	03	複合構造技術の最先端 －その方法と土木分野への適用－	平成19年7月	A4：137	
	04	FRP歩道橋設計・施工指針（案）	平成23年1月	A4：241	
	05	基礎からわかる複合構造－理論と設計－	平成24年3月	A4：116	
※	06	FRP水門設計・施工指針（案）	平成26年2月	A4：216	3,800
※	07	鋼コンクリート合成床版設計・施工指針（案）	平成28年1月	A4：314	3,000
※	08	基礎からわかる複合構造－理論と設計－（2017年版）	平成29年12月	A4：140	2,500

複合構造レポート一覧

	号数	書名	発行年月	版型：頁数	本体価格
	01	先進複合材料の社会基盤施設への適用	平成19年2月	A4：195	
	02	最新複合構造の現状と分析－性能照査型設計法に向けて－	平成20年7月	A4：252	
	03	各種材料の特性と新しい複合構造の性能評価－マーケティング手法を用いた工法分析－	平成20年7月	A4：142 ＋CD-ROM	
	04	事例に基づく複合構造の維持管理技術の現状評価	平成22年5月	A4：186	
※	05	FRP接着による鋼構造物の補修・補強技術の最先端	平成24年6月	A4：254	3,800
※	06	樹脂材料による複合技術の最先端	平成24年6月	A4：269	3,600
※	07	複合構造物を対象とした防水・排水技術の現状	平成25年7月	A4：196	3,400
※	08	巨大地震に対する複合構造物の課題と可能性	平成25年7月	A4：160	3,200
※	09	FRP部材の接合および鋼とFRPの接着接合に関する先端技術	平成25年11月	A4：298	3,600
※	10	複合構造ずれ止めの抵抗機構の解明への挑戦	平成26年8月	A4：232	3,500
※	11	土木構造用FRP部材の設計基礎データ	平成26年11月	A4：225	3,200
※	12	FRPによるコンクリート構造の補強設計の現状と課題	平成26年11月	A4：182	2,600
※	13	構造物の更新・改築技術 －プロセスの紐解き－	平成29年7月	A4：258	3,500
※	14	複合構造物の耐荷メカニズム－多様性の創造－	平成29年12月	A4：300	3,500

※は、土木学会および丸善出版にて販売中です。価格には別途消費税が加算されます。

定価（本体 3,500 円＋税）

複合構造レポート 14
複合構造物の耐荷メカニズム－多様性の創造－

平成 29 年 12 月 15 日　第 1 版・第 1 刷発行

編集者……公益社団法人　土木学会　複合構造委員会
　　　　　複合構造物の耐荷メカニズム研究小委員会
　　　　　委員長　齊藤　成彦
発行者……公益社団法人　土木学会　専務理事　塚田　幸広

発行所……公益社団法人　土木学会
　　　　　〒160-0004　東京都新宿区四谷 1 丁目（外濠公園内）
　　　　　TEL　03-3355-3444　FAX　03-5379-2769
　　　　　http://www.jsce.or.jp/
発売所……丸善出版株式会社
　　　　　〒101-0051　東京都千代田区神田神保町 2-17　神田神保町ビル
　　　　　TEL　03-3512-3256　FAX　03-3512-3270

©JSCE2017／Committee on Hybrid Structures
ISBN978-4-8106-0944-8
印刷・製本：キョウワジャパン（株）　　用紙：（株）吉本洋紙店

・本書の内容を複写または転載する場合には、必ず土木学会の許可を得てください。
・本書の内容に関するご質問は、E-mail（pub@jsce.or.jp）にてご連絡ください。